海绵城市系统化方案编制理论与实践

（上册）

马洪涛◎主编

中国建筑工业出版社

图书在版编目（CIP）数据

海绵城市系统化方案编制理论与实践：上、下册／
马洪涛主编. —北京：中国建筑工业出版社，2020.10
　　ISBN 978-7-112-25414-9

　　Ⅰ.① 海… Ⅱ.① 马… Ⅲ.① 城市规划－研究－中国
Ⅳ.① TU984.2

　　中国版本图书馆CIP数据核字（2020）第167499号

本书全面系统地阐述了海绵城市建设的背景，深入研究了系统化方案的编制方法，并总结了6个经典案例，具有系统性、科学性和典型性强的特点，对指导海绵城市建设项目顺利落地具有重要作用，为读者快速了解海绵城市建设以及如何编制海绵城市系统化方案提供参考，为顺利推进海绵城市建设提供科学有效的技术支撑，为政府和城市管理者提供决策依据。

责任编辑：李　杰
助理编辑：葛又畅
责任校对：王　烨

海绵城市系统化方案编制理论与实践
马洪涛　主编
*
中国建筑工业出版社出版、发行（北京海淀三里河路9号）
各地新华书店、建筑书店经销
北京锋尚制版有限公司制版
北京京华铭诚工贸有限公司印刷
*
开本：850毫米×1168毫米　1/16　印张：41¾　字数：983千字
2020年12月第一版　　2020年12月第一次印刷
定价：320.00元（上、下册）
ISBN 978-7-112-25414-9
（36378）

永遇乐·海绵城市

马洪涛

　　华夏九州，水患无常，浊水洋洋。人水争地，本底破坏，设施短板显。沉疴已成，整治维艰，急盼综合施策。治冥顽，系统统筹，海绵理念为先。

　　巴蛇初始，七十五文，国家绸缪整肃。三十试点，机玄巧运，全域推进起。悄然回首，七年建设，安全幸福安康。谋复兴，海绵城市，实为益彰。

本书编委会

主　　　编：马洪涛

副　主　编：许　可　郭迎新　周　丹　张　伟　王　磊

编写组成员：赵晨辰　常胜昆　肖朝红　王　翔　国　帅　孟恬园

　　　　　　聂　超　李　兵　许慧星　吕　梅　梁雨雯　张海行

　　　　　　王腾旭　杨丽琴　桑非凡　郝　婧　国小伟　朱玉玺

　　　　　　杨文辉　程慧芹

序

我国正处在城镇化高速发展时期，传统建设理念的影响下，城市下垫面过度硬化，切断了水的自然循环过程，改变了原有的自然生态本底和水文特征，带来了水生态恶化、水资源紧缺、水环境污染、水涝灾害频发等一系列问题。2013年中央城镇化工作会议上，习近平总书记明确要求"在提升城市排水系统时要优先考虑把有限的雨水留下来，优先考虑更多利用自然力量排水，建设自然积存、自然渗透、自然净化的海绵城市"。2014年底，财政部、住房和城乡建设部、水利部印发《关于开展中央财政支持海绵城市建设试点工作的通知》（财建〔2014〕838号），开展中央财政支持海绵城市建设试点工作，先后确定了两批共计30个国家级试点城市，涵盖了不同地区、不同气候类型以及不同城市规模，通过试点形成一套可复制、可推广的海绵城市建设制度、经验和做法。

海绵城市建设是适应新时代城市转型发展的新理念和新方式，是系统解决城市水问题的重要抓手，也是落实生态文明的重要举措。推进海绵城市建设，一方面要加快城市建设理念的转型，另一方面要加快补齐城市基础设施建设短板，使城市既有"面子"、又有"里子"。通过加强城市规划建设管理，保护和恢复城市海绵体，有效控制雨水径流，由"快排"转为"渗、滞、蓄、净、用、排"，将海绵城市建设与生态文明建设、城市功能优化升级有机融合，逐步形成"全流程管控、全社会参与"的海绵城市建设新格局，从而实现修复城市水生态、改善城市水环境、保障城市水安全、提升城市水资源承载能力、复兴城市水文化等多重目标。

海绵城市建设是一项系统工程，传统规划更多关注宏观把控，对海绵城市建设项目实施指导相对不足，而设计又过于注重专业细节，缺乏对项目与项目之间的综合统筹，影响整体建设的系统性。因此，需要对现有规划设计体系进行优化，编制海绵城市系统化方案，建立衔接规划和设计的桥梁。

海绵城市系统化方案注重系统谋划、综合统筹，基于海绵城市自身的复杂性，各系统间相互影响、相互制约，系统内部受边界条件、上下游、左右岸等影响也存在盘根错节的关系，需要系统协调水安全、水环境、水生态、水资源之间的关系，综合统筹水量与水质、生态与安全、分布与集中、绿色与灰色、景观与功能、岸上与岸下、地上与地下等关系，构建"源头减排、过程控制、系统治理"的工程体系，防止系统的碎片化或项目的过度工程化，实现海绵城市建设效果的最优化。

《海绵城市系统化方案编制理论与实践》一书系统梳理了海绵城市建设背景，深入研究了海绵城市系统化方案的编制方法，归纳总结了6个海绵城市建设试点城市的系统化方案案例，可为全国其他城市编制系统化方案提供技术支撑，是一部兼具理论性、科学性与系统性的佳作，欣然为序！

中国工程院院士
住房和城乡建设部科学技术委员会城镇水务专业委员会主任委员
住房和城乡建设部海绵城市建设技术指导专家委员会主任委员
教育部环境类专业指导委员会副主任委员
中国环境科学学会副理事长
中国能源学会副会长
中国城镇供水排水协会科技发展战略咨询委员会副主任委员

前 言

海绵城市建设是贯彻落实习近平生态文明思想的重要举措，是推进城市建设高质量发展的有力抓手。为有效破解海绵城市建设中显现出的目的不清、缺乏统筹、碎片化建设、项目混乱等问题，提高城市涉水基础设施建设的系统性和科学性，城市建设需要创新规划设计的方法和模式，在规划与设计之间增加海绵城市系统化方案，实现规划的细化落实和设计的综合统筹。海绵城市系统化方案规划建设区从目标导向出发，明确自然本底保护和规划管控的要求，建成区从解决问题的角度出发，按照"源头减排、过程控制、系统治理"的体系，综合统筹水生态、水安全、水环境、水资源系统之间的关系，确定项目和设施的类型以及具体建设要求，理清项目和效果、项目和项目之间的关系，加强项目的可实施性，保障海绵城市建设成效。

本书撰写历时一年多时间，包括三大部分和13个章节，结合了多个海绵城市建设试点城市的经验，是编者们近年来项目积累的总结，也是全体智慧的结晶，为读者快速了解海绵城市建设以及如何编制海绵城市系统化方案提供参考，为顺利推进海绵城市建设提供有效的科学技术支撑，为政府和城市管理者提供决策依据。本书第一部分是背景篇，主要阐述了我国海绵城市的建设背景以及国外相关理念的发展，梳理了我国海绵城市的政策基础以及发展历程，分析了我国海绵城市建设面临的挑战，提出了海绵城市建设的解决途径，明确了系统化方案的概念、定位以及主要内容。第二部分是方法篇，主要围绕自然本底、水生态、水环境、水安全和水资源等涉水问题的调查分析、目标指标的确定、建成区以及新建区的方案编制等方面，系统介绍了编制方法和主要内容，通过借助先进的技术手段进行定量分析，识别现状问题，构建最优系统方案，保障相关措施能够达到海绵城市建设效果，同时明确了编制的要求和成果产出，为全国其他城市编制系统化方案提供了技术支撑。第三部分是案例篇，归纳总结了福州、厦门、萍乡、珠海、宁波、青岛等6个海绵城市建设试点城市的系统化方案案例，涵盖南方与北方、老城与新城、平原与丘陵等不同类型，可为全国其他同类型城市的海绵城市建设及系统化方案的编制提供借鉴和参考。

本书编写过程中，我们得到了多方的大力支持和帮助，在此谨向住房和城乡建设部、中国城镇供水排水协会表示感谢，向萍乡市住房和城乡建设局、厦门市海沧区建设局、福州市住房和城乡建设局、宁波市住房和城乡建设局、宁波市地下空间开发利用管理服务中心、青岛市住房和城乡建设局、青岛市李沧区城市管理局、珠海市住房和城乡建设局、珠海市斗门区住房和城乡建设局、珠海市斗门区城市建设更新管理办公室等地方住建管理部门表示感谢，向厦门市城市规划设计研究院、福州市规划设计研究院、珠海市规划设计研究院等地方规划院表示感谢！最后，特别感谢中国市政工程华北设计研究总院有限公司及兄弟单位的大力支持！由于本书体量较大，难免存在疏漏和不足，请读者提出宝贵意见。愿本书能够为广大海绵城市建设管理人员、研究人员、规划设计人员、建设施工人员以及全国大中专院校相关学科师生提供经验和参考，让我们共同为海绵城市建设添砖加瓦，全力打造天蓝、地绿、水碧、城美的生态宜居家园！

目 录/Contents

下册

背景篇

第1章 海绵城市的概念和发展

1.1 建设背景

1.1.1 海绵城市的建设背景

目前，我国处于城镇化快速化发展时期，城市建设取得了显著成就。据国家统计局数据显示，2018年全国城镇人口为83137万人，占全国总人口的59.58%，1978~2018年的中国城镇化率见图1-1；城区面积为20.08万km^2，占国土面积的2.06%。俨然，作为一个发展中国家，中国现在正处在城市化的高峰期，人口和财富不断向城市集中，城市建设用地不断扩张，城市经济持续发展，城市各项活动从自然界不断索取物资和能量，对社会经济、自然资源和生态环境产生了巨大的影响和干扰，引发较多的矛盾和问题，其中资源过快的消耗，整体环境品质加剧下降尤为突出。与此同时，随着生活水平不断提升，人民群众对环境质量、城市舒适的需求越来越重视，迫使重新审视传统城市建设模式，提出更科学、更长效、更生态、更经济的建设理念，以保障群众生产生活和城市有序运行。

1978~2018年常住人口城镇化率(%)

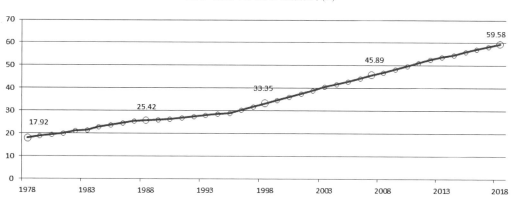

图1-1
1978~2018
年的中国城镇
化率
资料来源：国
家统计局网站

我国城市开发的突出特点是大面积使用硬质化地面铺装，这对城市未来生态发展造成深远的影响。大量硬化的城市屋面、道路、地面等设施直接改变了城市原有自然生态本底和水文特征，原本城市中有较好渗透性的土壤被硬化地面取代，大大小小的湖泊、沼泽被填平，使得具有不可压缩性的"水"在城市中的"藏身之处"剧减。大量的拦水造坝、截弯取直、盲目开挖、"三面光"工程切断了地表、土壤与水面的连接通道，切割了上下游生态通道，使得原本清澈灵动的流水变死水、自然弯曲的河道被拉直。城市下垫面的改变破坏了原有的降雨规律、产汇流特征，表现在降雨产流和汇流两个阶段：（1）降雨产流过程中由于下垫面的渗透、截留能力大大减弱，同等降雨条件下的产流量大大增加，径流系数显著提高；（2）在汇流过程中，硬化地面和雨水管道中的汇流时间比非硬化地面汇流快，导致管道和河道径流峰值增加并提前，对城市排水管网和受纳水体造成了更大的压力。打破了产汇流规则，导致一旦城市遭遇强暴雨袭击，突然倍增的洪水无法得到渗透、滞蓄及蒸发等过程的分解，大量雨水无法快速下渗，水系统的正常循环被打破，城市下垫面特征的改变造成了径流量增加，峰值提前。但同时很多城市基础设施薄弱，排水设施排水能力不足，大量径流无法及时排走，来不及排走的雨水会在城市里肆意奔流，于是，道路瞬间成"河流"，广场立即变"湖泊"，建设在河道、湖畔等低洼地带的居民区、工厂等，随之成了泽国，给经济的发展和环境安全带来了巨大的隐患。

2010年住房和城乡建设部对全国351个城市的内涝情况调研显示，自2008年，有213个城市发生过不同程度的积水内涝，占调查城市的62%；有137个城市一年内城市内涝灾害甚至超过3次以上，甚至扩大到干旱少雨的西安、沈阳等西部和北部城市。内涝灾害最大积水深度超过50mm的城市占74.6%，积水深度超过15mm的超过90%。积水时间超过0.5h的城市占78.9%，其中有57个城市的最大积水时间超过12h[1]。由此可见，内涝问题辐射全国各大中小城市，困扰着我国政府、工程技术人员和社会公众。与此同时，随着生活水平的提高，市民对生活环境的要求也不断提高，习惯了快节奏的生活方式，对突然发生的积水和交通瘫痪等更是"零容忍"[2]。

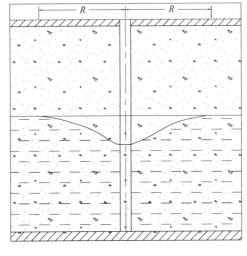

图1-2 地下水降落漏斗示意图
资料来源：《地下水降落漏斗分类研究》

人口的大集中使得水资源被快速消耗，城市大面积硬化地表无法很好地留住水资源，地下水得不到回补，潜水面下降，形成不断扩张的地下水漏斗，打破水资源平衡（图1-2）。目前，我国北方地区地下水含量呈逐年下降趋势，由于地下水的补给速度非常慢，开采后即使进行水位恢复也难以改变土层高度，对地下水源、土地造成不可再生的伤害，严重阻碍城市的发展。根据资料显示，我国人均水资源量不足世界平均水平的1/3，全国600多个城市中，有400多个存在不同程度的缺水[3]。城市高速的经济发展并未匹配高效用水方式与超前的节水意识，粗放、低效、过度浪费的用水使得城市水资源危机进一步恶化，影响居民生活水平，更对城市经济发展总量及城市经济结构产生长远的、消极的影响。

另外，近年来频繁报道的有关水体黑臭、水环境污染的新闻引起了社会的关注和居民的恐慌，严重破坏城市的形象。根据住房和城乡建设部和生态环境部组织的对全国地级及以上城市的黑臭水体排查结果，截至2016年年底，全国295个地级及以上城市中，有220个城市排查确认黑臭水体2026个，地域分布呈现南多北少的特点。约60%的黑臭水体分布在东南沿海等经济相对发达地区。36个直辖市、省会城市、计划单列市建城区中，有31个城市排查确认黑臭水体638个。全国74.5%的地级以上城市中河道水体存在黑臭水体[4]。虽然我国城市市政基础设施投入力度持续加大，但其建设水平仍然偏低，达不到水生态环境质量要求，水环境污染作为我国较为普遍的"城市病"，其成因也是由于城市污水的收集与处理存在短板。进一步细化分析原因则是，不渗透的路面使得降雨未被自然净化，进而携污染物快速排放；不完善的管网设施使大量雨、污、废水得不到收集；不健康的地下管网导致大量污水外漏；不常态的管网疏通工作带来大量管网沉积污染物随雨水直接排入水体。

频次高发的涉水问题同城市人口增长、资源短缺、经济发展快速和资源环境约束等各个矛盾交织叠加，为我们带来前所未有的挑战。研究分析城市各类水问题，发现核心成因均归根于城镇化进程中，传统的建设模式破坏了自然生态本底与水文循环，进而影响城市降水、地表径流与水体环境等，各类变化的互相耦合进而导致城市水安全缺乏保障、水资源紧缺、水生态恶化等一系列问题。若要综合解决以上城市"社会病"，应摒弃传统高度硬化的建设模式，转变城市的发展理念，采用系统的规划管理建设方式，逐步恢复自然本底及水文循环，从源头减排、过程控制、系统治理综合考虑，提升人民的居住舒适度。

基于以上，国家提出建设自然积存、自然渗透、自然净化的"海绵城市"。所谓海绵城市，是指通过加强城市规划建设管理，充分发挥建筑、道路和绿地、水系等生态系统对雨水的吸纳、蓄渗和缓释作用，有效控制雨水径流，实现自然积存、自然渗透、自然净化的城市发展方式。通过海绵城市建设，降雨时能够就地或者就近"吸收、存蓄、渗透、净化"径流雨水，补充地下水、调节水循环，在干旱缺水时有条件将蓄存的水"释放"出来并加以利用，从而使水在城市中的迁移活动更加"自然"。通过城市规划、建设的管控，综合采用"渗、滞、蓄、净、用、排"等工程技术措施，控制城市雨水径流，最大限度地减少由于城市开发建设对原有自然水文特征和水生态环境造成的破坏，使城市能更好地适应环境变化和应对自然灾害。通过人工和自然的结合、生态措施和工程措施的结合、地上和地下的结合，解决城市内涝、水体黑臭等问题，实现"修复城市水生态、涵养城市水资源、改善城市水环境、提高城市水安全、复兴城市水文化"等多重目标。

1.1.2 国外相关理念的发展

在发达国家城镇化发展过程中，也曾出现由城市开发建设带来的水环境污染、水资源紧缺、水安全缺乏保障、水文化消失等一系列问题。各个国家根据自身特点，逐步调整城市规划、建设和管理理念等，提出了合适的建设管理方法有效地应对此类"涉水"问题。

美国针对雨水污染提出实施雨污分流、建立合流制储存设施及低影响开发（Low Impact Development，LID）技术。LID最早在马里兰州的乔治王子郡实践，主要在临街住宅的前庭院建设雨水花园，解决社区街道雨水排水问题[5]。通过分散的、小规模的源头控制达到对暴雨所产生的径流和污染的控制，使开发地区尽量接近开发前自然的水文循环，有效地提升地表水和地下水的质量，保持水生生物资源和生态系统的完整性[6]。

德国作为世界上雨水收集、处理、利用技术较先进的国家之一，为提高城市排涝能力，推广"洼地—渗渠系统"。"洼地—渗渠系统"包括各个就地设置的洼地、渗渠等组成的设施，这些设施与带有孔洞的排水管道连接，形成一个分散的雨水处理系统。通过雨水在低洼草地中的短期储存和渗渠中的长期储存，保证尽可能多的雨水得以下渗。该系统代表了"径流零增长"的排水系统设计新理念，其目标是使城市范围内的水量平衡尽量接近城市化之前的降雨径流状况[7]。

英国为解决传统排水体制产生的多发洪涝、严重的污染和对环境破坏等问题，将长期的环境和社会因素纳入排水体制及系统中，建立了SUDS（Sustainable Urban Drainage Systems）系统。SUDS系统由传统的以排放为核心的排水系统上升到维持良性水循环高度的可持续排水系统，在设计时综合考虑径流的水质、水量、景观潜力和生态价值等。由原来只对城市排水设施的优化上升到对整个区域水系统的优化，不仅考虑雨水，还考虑城市污水与再生水，通过采取综合措施来改善城市整体水循环[8]。

澳大利亚为解决全境降水量少及日益密集的城市化率导致的城市自然水循环平衡和持续被打破等问题，提出水敏感城市设计（Water Sensitive Urban Design，WSUD）[9]。WSUD是通过不同空间尺度上的城市规划和设计，将"水"置于城市设计的开端，并将其贯穿于每一环节，使水资源的使用、储存和再利用在一个"可持续"的框架中运行，将自然界的水循环、建成环境和传统地下水系统有机联系起来，创造一个更为安全、高效的水循环系统，提高城市对洪涝灾害的免疫能力。

新加坡为了应对城市化进程中的环境问题提出中央地区水环境总体规划和"活力（Active）、美观（Beautiful）、洁净（Clean Water）"的城市导则——ABC水域设计导则。ABC计划旨在将下水道、沟渠、水库改造成为富有活力的、美丽的、洁净的小溪河流与湖泊，目标是综合环境、水体和社区，以创造一个充满活力、能够增强社会凝聚力的可持续城市发展空间。从源头、过程和系统三方面寻求解决方案，以便有效地管理雨水径流，降低城市洪灾风险[10]。

相较于国外先进的理论基础与丰富的实践经验，虽然我国针对生态雨洪管理的研究很多，但由于缺乏相关的规章制度和具体量化指标的指导与约束，能够落地的成熟项目相对不多。因此，基于国外先进的雨水基础设施规划模式及方法，结合我国实际需求和问题，提出海绵城市建设，并为此积极研究制定相关科学性、前瞻性的政策、技术及评价检验要求，进而系统指导城市走生态化发展道路。

1.2　理念提出

1.2.1　政策基础

2013年12月，习近平总书记在中央城镇化工作会议上发表讲话强调："在提升城市排水系统时要优先考虑把有限的雨水留下来，优先考虑更多利用自然力量排水，建设自然积存、自然渗透、自然净化的海绵城市。"习近平总书记的讲话第一次提出了建设海绵城市的要求，为全国解决城市水问题指明了方向。

2014年3月14日，习近平总书记又在中央财经领导小组第5次会议上要求"建设海绵城市、海绵家园"；2015年12月，中央城市工作会议召开，习近平总书记、李克强总理分别做出重要讲话，要求建设海绵城市。

为贯彻落实习总书记有关海绵城市的建设要求，财政部、住房和城乡建设部、水利部联合印发《关于开展中央财政支持海绵城市建设试点工作的通知》，在全国范围内选取重点城市开展试点。

在海绵城市建设工作进程中，各级政府及相关领域的专家反复研究我国涉水问题，发现许多发达国家在城镇化发展过程中，也曾出现过类似情况，他们提出的低影响开发设计、水敏感城市设计、可持续城市排水系统等技术方法，有效应对了各自的问题。纵观各国雨洪管控的相关研究，可以发现，随着人们的环境意识逐步提升，建设方法和理念也随之不断调整。以上城市雨洪管理手段对我国现状水问题的解决有很好的启示和借鉴作用，但更需结合我国国情及特色问题，探究适合我国特有的海绵城市建设方法。

针对我国的国情，一方面加快补齐城市基础设施补短板，另一方面要考虑未来水环境综合提升。海绵城市建设并不只是单纯的工程项目，而是能够系统统筹城市规划、建设、管理的发展方式，以持续指导城市建设，造福子孙后代[11]。

对标党的十九大关于生态文明建设的新方针新任务，"必须树立和践行绿水青山就是金山银山的理念，在2020年前，坚决打好污染防治攻坚战；到2035年，生态环境根本好转，美丽中国目标基本实现；到2050年，要在基本实现现代化的基础上，把我国建成富强民主文明和谐美丽的社会主义现代化强国"，海绵城市建设也应该是生态的、绿色的、能维持人与自然和谐健康发展的。反观现阶段我国面临的水资源紧缺、水体污染和洪涝灾害等社会问题，海绵城市建设应成为落实生态文明建设的重要举措，有效实现修复城市水生态、改善城市水环境、提高城市水安全等多重目标。因此，海绵城市建设应定位于城市发展理念的层次，长期地、持续地运用于我国城市开发建设，而非暂时堆砌工程项目，短期单方面解决现状问题。

2015年，国务院办公厅发布的《关于推进海绵城市建设的指导意见》（国办发〔2015〕75号）明确指出，海绵城市是指通过加强城市规划建设管理，充分发挥建筑、道路和绿地、水系等生态系统对雨水的吸纳、蓄渗和缓释作用，有效控制雨水径流，实现自然积存、自然渗透、自然净化的城市发展方式。通过海绵城市发展，城市能深入强化城市自然山水格局保护，统筹绿色与灰色基础设施建设，最大限度地减少城市开发建设对原有生态环境造成的破坏，提高水源涵养能力，缓解雨洪内涝压力，促进水资源循环利用，逐步修复已被破坏的城市生态系统。由此可见，海绵城市是能够落实城镇化绿色发展的重要方式，能有效缓解生态环境与社会经济发展的矛盾，全面落实推动建设资源节约、环境友好的绿色城市。再者，海绵城市能有效缓解人民日益增长的美好生活需要和不平衡不充分的发展之间的矛盾，助力经济结构转型升级，开拓绿色经济发展模式，解决我国城市生态环境，特别是涉水相关问题。

1.2.2 发展历程

针对海绵城市建设，党中央、国务院多次在有关文件和会议中提出了具体要求，各部委认真贯彻落实相关部署，积极开展国家海绵城市试点，及时发布相关政策、技术标准规范等。

2013年12月，中央城镇化工作会议上，习近平总书记明确要求"在提升城市排水系统时要优先考虑把有限的雨水留下来，优先考虑更多利用自然力量排水，建设自然积存、自然渗透、自然净化的海绵城市"，首次提出海绵城市相关理念。

2014年2月，住房和城乡建设部城市建设司2014年工作要点中明确提出，大力推行低影响开发建设模式，加快研究建设海绵型城市的政策措施。

2014年3月14日，习近平总书记在中央财经领导小组第5次会议上要求"建设海绵城市、海绵家园"。

2014年10月，住房和城乡建设部印发《海绵城市建设技术指南——低影响开发雨水系统构建（试行）的通知》（建城函〔2014〕275号），从规划、设计、建设、施工及运行维护等方面明确了海绵城市建设的要求，指导各地开展海绵城市建设工作。

2014年12月，财政部、住房和城乡建设部、水利部联合印发了《关于开展中央财政支持海绵城市建设试点工作的通知》（财建〔2014〕838号），明确中央财政对海绵城市建设试点给予专项资金补助及相关考核要求。

2015年1月20日，财政部、住房和城乡建设部、水利部发布《关于组织申报2015年海绵城市建设试点城市的通知》（财办建〔2015〕4号），明确2015年海绵城市建设试点城市申报指南。同年3月，最终确定16个城市获得海绵城市试点的资格。

2015年7月10日，住房和城乡建设部办公厅印发《海绵城市建设绩效评价与考核指标（试行）》（建办城函〔2015〕635号），明确了海绵城市建设绩效评价与考核指标分为水生态、水环境、水资源、水安全、制度建设及执行情况、显示度六个方面18项具体考核指标。

2015年8月10日，水利部发布《关于推进海绵城市建设水利工作的指导意见》（水规计〔2015〕321号），提出了海绵城市建设水利工作的总体思路和主要任务。

2015年9月11日，住房和城乡建设部公布《关于成立海绵城市建设技术指导专家委员会的通知》（建科〔2015〕133号），成立了"住房和城乡建设部海绵城市建设技术指导专家委员会"。

2015年9月29日，国务院总理李克强主持召开国务院常务会议。会议指出，要按照生态文明建设要求，建设雨水自然积存、渗透、净化的海绵城市，以修复城市水生态、涵养水资源，增强城市防涝能力，扩大公共产品有效投资，提高新型城镇化质量。

2015年10月9日，国务院新闻办公室举行推进海绵城市建设有关政策例行吹风会，会上透露了海绵城市建设总体目标。

2015年10月11日，国务院办公厅发布《关于推进海绵城市建设的指导意见》（国办发［2015］75号），意见明确，通过海绵城市建设，最大限度地减少城市开发建设对生态环境的影响，将70%的降雨就地消纳和利用。到2020年，城市建成区20%以上的面积达到目标要求；到2030年，城市建成区80%以上的面积达到目标要求。

2015年12月10日，住房和城乡建设部、国家开发银行联合发布《关于推进开发性金融支持海绵城市建设的通知》（建城［2015］208号），要求国家开发银行作为开发性金融机构，要把海绵城市建设作为信贷支持的重点领域，更好地服务国家经济社会发展战略。

2015年12月20日至21日，中央城市工作会议提出要提升建设水平，加强城市地下和地上基础设施建设，建设海绵城市。

2015年12月30日，住房和城乡建设部、中国农业发展银行联合发布《关于推进政策性金融支持海绵城市建设的通知》（建城［2015］240号），要求各级住房城乡建设部门要高度重视推进政策性金融支持海绵城市建设工作，把中国农业发展银行作为重点合作银行，加强合作，最大限度发挥政策性金融的支持作用，切实提高信贷资金对海绵城市建设的支撑保障能力。

2016年2月2日，国务院发布《国务院关于深入推进新型城镇化建设的若干意见》（国发［2016］8号），明确表示要推进海绵城市建设，营造城市宜居环境。

2016年2月6日，中共中央国务院发布《中共中央国务院关于进一步加强城市规划建设管理工作的若干意见》（中发［2016］6号），强调推进海绵城市建设是全面提升城市功能的重要渠道，并提出要推动新型城市建设，对大型公共建筑和政府投资的各类建筑全面执行绿色建筑标准和认证。

2016年2月25日，财政部、住房和城乡建设部、水利部联合印发了《关于开展2016年中央财政支持海绵城市建设试点工作的通知》（财办建［2016］25号）明确了第二批海绵城市试点的相关要求及申报审批流程。

2016年3月11日，住房和城乡建设部印发了《海绵城市专项规划编制暂行规定的通知》（建规［2016］50号），要求设市城市均要编制海绵城市专项规划，与城市道路、排水防涝、绿地、水系统等相关规划做好衔接，并将批准后的海绵城市专项规划内容，在城市总体规划、控制性详细规划中予以落实。

2016年3月24日，财政部、住房和城乡建设部联合印发《城市管网专项资金绩效评价暂行办法》（财建［2016］52号），明确了海绵城市建设试点绩效评价指标体系。

2017年3月5日，李克强总理在政府工作报告中提出要统筹城市地上地下建设，推进海绵城市建设，使城市既有"面子"、更有"里子"。第一次将海绵城市写入政府工作报告。

2018年12月26日，住房和城乡建设部组织制订了国家标准《海绵城市建设评价标准》

GB/T 51345—2018，规范了海绵城市建设效果评价，提升了海绵城市建设的系统性。

此外，2017至2018年间，住房和城乡建设部结合海绵城市建设要求，分专业制（修）订了《城镇内涝防治技术规范》GB 51222—2017、《城镇雨水调蓄工程技术规范》GB 51174—2017、《透水沥青路面技术规程》CJJ/T 190—2012、《透水水泥混凝土路面技术规程》CJJ/T 135—2009、《城市水系规划规范》GB 50513—2009、《建筑与小区雨水控制及利用工程技术规范》GB 50400—2016、《海绵城市建设工程投资估算指标》ZYA1—02（01）—2018等文件，从各方面、各层次系统地指导海绵城市建设、运维和管理。

现阶段，住房和城乡建设部与财政部、水利部确定了30个城市开展海绵城市建设试点，涵盖了东中西部地区、大中小城市、南北方区域，以期探索出可复制可推广的海绵城市建设经验。30个国家试点城市在群众关切的治理水体黑臭、缓解城市内涝、提升人居环境等方面取得初步成效。如南宁那考河、常德穿紫河等群众长期诟病的黑臭水体得到系统整治，变成令人向往的滨水公园；北京市对中心城区环路的近70座下凹式立交桥区进行海绵化改造，2016年7月20日暴雨期间，完成改造的立交桥区无内涝积水现象；西咸新区在试点区域实施海绵城市建设，缓解了内涝压力，在同样降雨条件下，与非试点区域出现较大面积内涝，形成鲜明对比；萍乡金螺峰公园、南宁市石门森林公园、南湖公园等经过海绵化改造后，提升了景观环境，成为群众休憩的好去处。

1.3 建设要求

党的十九大报告中明确指出我国社会目前的主要矛盾是人民日益增长的美好生活需要与不平衡不充分的发展的矛盾，要求我们坚持人与自然和谐共生。建设生态文明是中华民族永续发展的千年大计，必须树立和践行绿水青山就是金山银山的理念，坚持节约资源和保护环境的基本国策，像对待生命一样对待生态环境，统筹山水林田湖草系统治理，实行最严格的生态环境保护制度，形成绿色发展方式和生活方式，坚定走生产发展、生活富裕、生态良好的文明发展道路，建设美丽中国，为人民创造良好生产生活环境，为全球生态安全做出贡献。

海绵城市建设是适应新时代城市转型发展的新理念和新方式，有利于推进生态文明建设、绿色发展；有利于推动城市发展方式转型；有利于推进供给侧结构性改革；有利于提升城市基础建设的系统性。

海绵城市依照尊重自然、顺应自然、保护自然的原则，采用节约优先、保护优先、自然恢复等方针，有效减轻城市建设对自然生态本底的影响，改善城市内涝、黑臭水体、水资源短缺等问题，打造蓝色交织、清新明亮、水城共融的城市新面貌，有效地践行绿色发展方式，推进生态文明建设理念的落地。

通过海绵城市建设转变现阶段城市盲目发展方式，改变单纯工程建设模式，改变简单化的"七通一平"，改变大面积硬质铺装等不生态、不绿色的做法，将梳山理水与造地营城相协调，系统梳理城市自然本底条件及存在问题，多角度、多维度综合考虑发展方向，在满足国家相关要求的同时，切实解决城市发展的自身诉求，推动新时期城市发展方式的顺利转型。

在海绵城市建设过程中，了解城市居民最关心最直接最现实的利益问题，有针对性地、科学合理地补齐基础设施短板，解决民生问题的同时为城市居民提供更多的生态产品供给，对标以"效果"为导向的要求，提高公共服务供给的质量，保障公共服务的有效性和合理性。依靠海绵城市建设需求推动新型产业的发展，做好新形势下的供给侧结构性改革的决策部署。

海绵城市是一种城市发展方式，是理念而非工程。海绵城市建设理念应在城市规划、建设、管理全过程中得到落实，从启端规划层面考虑雨水蓄排平衡的空间布局，在建设过程中统筹建筑小区、道路广场、园林绿地、给水排水、河湖水系等各方关系与影响，在城市建设与管理中全方位持续精细化运行，保障建设功能的发挥与各类设施有效运行。海绵城市建设理念更加系统、全面、科学地梳理了现有的城市建设工作，长效地、持续地指引城市建设更自然、更生态、更功能，打破现有城市基础建设"碎片化"现状，提升城市建设系统性。综上，通过海绵城市建设，我们应该系统地解决以下问题：

一是改善城市的生态环境。实现城市与自然生态协调发展，修复城市水生态环境，加强绿色和灰色基础设施统筹，通过截断外源污染，消灭污水直排、控制合流制溢流、削减面源污染；强化城市自然山水格局保护，减少内源污染，增加水体的环境容量，保证水体的生态基流和生态修复，推进再生水回用于城市河道景观用水。利用海绵理念，自然积存、自然净化、自然渗透，将片区各类"水"串联融合，系统改善城市生态环境、缓解城市内涝、提升城市人居环境。

二是提升城市综合防灾减灾能力。最大限度地保护城市开发前本底条件，保护原有的河流、湖泊、湿地、坑塘、沟渠等水生态敏感区，并留有足够涵养水源且能应对较大强度降雨的林地、草地、湖泊、湿地，维持城市开发前的自然水文特征。提高城市的蓝绿空间占比，结合城市蓝线划定和河湖保护，确定蓄排平衡关系。构建源头减排、排水管渠、排涝除险的综合体系，定量化地表示彼此之间的关系，促进雨水的渗透、储存和净化，解决城市排水防涝问题，在内涝防治标准下，降低城市发生内涝灾害的积水深度、积水时间、积水面积等。

三是扩大优质生态产品的供给。恢复河道的自然连通，构建水清岸绿景美的城市滨水空间，增加老百姓能够休闲娱乐的场所；重新构建城市生态系统，充分发挥自然空间对水的蓄滞与净化作用，改善城市小气候，缓解热岛效应；促使城市回归自然，可持续提供更多优质生态产品以满足人民日益增长的美好生活需要。

四是提高老百姓获得感和幸福感。对城市整体建设、修复、改造、升级老旧城区，解决道路破损、车位紧缺、交通拥挤、秩序混乱、脏乱差等"城市病"，以解决城市内涝、雨水收集利用、黑臭水体治理为突破口，推进区域整体治理，减小海绵城市建设的指标、目标和现状之间的"差值"，解决老百姓的实际需要，使老百姓切身体会到变化，全面凸显以人为本，坚持民生优先的理念，使老百姓有获得感和幸福感，逐步解决人民日益增长的美好生活需要和不平衡不充分的发展之间的矛盾[2]。

第2章 海绵城市建设面临的挑战

2.1 海绵城市存在的挑战

海绵城市作为城市发展的重要理念，经过第一批和第二批国家海绵城市试点城市的探索，积累了一定的建设经验，但现阶段仍然存在较大的挑战，主要表现在以下三个方面。

2.1.1 规划设计缺乏系统统筹

海绵城市自身的复杂性决定了海绵城市理念的实施需要多部门多专业沟通融合，而现阶段规划与设计之间缺乏系统统筹，具体表现在管理部门之间、不同项目之间、项目与系统之间以及系统内部。

1. 管理部门之间缺乏系统统筹

海绵城市建设涉及城市空间的每一寸土地，绿地、道路、公园、广场、河道水系、屋面等都是承载海绵城市建设的空间要素，而这些要素分别归属于不同的管理部门，包括住建、环保、水利、交通、园林绿化等。各个部门从自身利益出发，通过编制相关专项规划等方式对各要素进行独立管理，在我国城乡规划体系中形成完整的竖向体系，但各部门之间缺乏横向沟通交流，不同工程体系各自为营，不能形成协同作用，削弱了工程的整体性功能，而且各部门开展工程建设时序不统一，容易造成重复建设或建设空白区，在海绵城市前期探索过程中增加了许多沟通协调成本。

2. 不同项目之间缺乏系统统筹

在落实海绵城市建设过程中，根据海绵城市建设的目标、任务和要求制定实施方案并将方案落实到工程上，不同工程按照所在区域或专业切分成不同的具体项目，但具体项目之间缺乏统筹。例如，区域内涝治理涉及源头径流控制、上游排水管网的建设和下游强排泵站，如果同时开展专业设计，会出现市政排水设计师按照排水管渠规划标准进行管网设计，而下游泵站按照现状排水需求进行设计。由于缺乏项目之间的统筹协调，源头减排、管网设计和泵站设计工况不一致，即使各部分已发挥各自作用，也可能出现泵站成为整个系统的瓶颈，造成排水不畅、高标准建设的管渠系统发挥不出最大作用等问题，导致整个排水系统运行效率不高。

3．项目与系统之间缺乏统筹

任何一个工程项目都不是一个孤立的单元，其作用往往会在较大范围内产生影响，在更大的空间中发挥作用。但在实际操作过程中，工程项目往往是"头痛医头、脚痛医脚"，对于项目在系统中起到的作用没有清晰的定位，无法获取各项目在系统建设中的作用，造成工程项目碎片化。

例如，下凹桥区积水点治理，应该在明确下凹桥区积水来源、主要通过地表汇入还是通过管网汇入、泵站的设计服务范围多大、管道系统能力够不够、系统内近期有没有其他相关项目实施、方案应该与现有系统及规划系统如何衔接等问题的基础之上制定方案，工程方案只有衔接好这些问题才能真正发挥作用。而在实际设计中通常会直接加大泵站流量来解决积水问题，缺乏整体性和系统性论证，实际上如果积水点是客水流量大造成的，单纯加大泵站流量很难解决问题。

4．系统内部缺乏统筹

缺乏系统统筹不仅体现在多目标工程体系之间，同一目标下，源头减排、过程控制、末端治理工程系统也没有做到协调统筹。一个完整的工程系统包含多个工程项目，设计过程中通常将每个工程项目细分给不同专业的设计人员，各专业设计人员着眼于本专业的设施工艺进行设计，很少沟通处理相关要素间的关系，造成工程与其他要素之间关系不协调。例如，末端截污工程设计，只顾按规范标准要求的截污倍数设计截流管网，不去论证污水处理厂规模是否能够处理截流的雨污水、雨天污水厂进水有机物浓度是否满足污水处理厂处理工艺要求等，往往会造成截污工程完成后整个系统排放的总污染物比不截污之前还要多。

另外，系统内部缺乏统筹还可能导致各专业按照各自需求进行设计，忽略专业之间的相互影响和作用，造成工程浪费，例如源头控制措施设计专注于设施内部结构层设计，忽略上游实际收水范围的分析，导致设施规模很大，但实际雨水汇不进设施。

2.1.2　规划层面缺乏系统分析

虽然相关专项规划的部分基础设施具备一定的可操作性，但整体来说，规划层面一般做不到对工程方案进行系统的量化分析，直接导致工程项目落地性差、建设效果不明、社会资本引入边界不清等问题。

1．缺乏系统论证，落地实施性差

现阶段，城市总体规划、分区规划、控制性详细规划以及国土空间总体规划和详细规划等上位规划主要对大型基础设施布局、规模、建设标准等做出宏观指示，偏重战略性和全局性，不足以直接指导工程建设。而专项规划一般按照不同专业分别编制，与海绵城市建设相关的各类专项规划，例如排水规划、绿地系统规划、防洪规划、水系（蓝线）规划、道路规划等，编制内容虽在上位规划基础上进行了深化，具备一定可操作性，但仍处在较为宏观的层面，缺乏系统的定量分析和操作性指导，无法满足工程落地编制深度。且由于规划层面对现状无法做到逐一调研，项目的落地性和可实施性分析不足，进一步加大了项目实施期间无法落地的风险。

2．建设效果不明，实施计划依据不足

海绵城市建设试点实施以来，多数城市编制了海绵城市专项规划，有些城市还组织编制了各区县的海绵城市专项规划，并且将海绵城市专项规划部分指标纳入了城市总体规划修编的专题研究中。但受编制内容和编制深度限制，规划层面无法对各汇水分区或管控分区制定定量的工程指导方案。加上设计单位编制水平参差不齐，对海绵城市理念理解层次不一致，存在编制规划时只是机械地分解指标的情况，没有做到对工程体系进行系统统筹及量化分析，只顾堆砌源头减排、过程控制和末端治理工程，缺乏海绵城市建设理念实施的有效管控体系和定量化的工程指导方案，项目建设目标、任务和要求不明确，政府无法根据规划制定项目实施计划，也无法做到对建设投资心中有数。

3．社会资本采购边界不清，不利于按效付费机制的落实

海绵城市建设实施过程中，国家鼓励采用PPP（公私合营模式）等模式引入社会资本进行建设，一般政府引入社会资本会通过打包多个项目进行发包，这样建设审批手续少，且一次性可审批多个项目，大大缩短建设周期。然而海绵城市总体规划、专项规划甚至详细规划一般没有针对严重涉水问题排水分区项目包层面的目标体系和指标体系构建，政府在发包前不能清楚地知道项目包的建设效果、厘不清项目实施边界，导致建设过程中社会资本方、政府资本方之间常常由于上下游、左右岸等边界问题在绩效考核时发生扯皮。而且在发包前没有制定系统的定量指标体系，工程建设完成后政府无法对工程进行绩效考核，不利于按效付费机制的落实。

2.1.3 规划设计衔接传导不畅

海绵城市建设推进过程中，规划与规划、规划与建设之间衔接传导不畅的问题表现较为突出。规划与规划之间衔接不畅主要表现为规划指标体系脱节和工程措施脱节，规划与建设之间传导不畅主要表现在工程项目脱离原有规划，实施效果不能达到规划预期。

1．规划与规划之间衔接不畅

对于规划而言，城市总体规划、控制性详细规划以及国土空间总体规划和详细规划等上位规划通常以指标形式来保证规划的权威性和城市建设质量，各类专项规划在实际操作过程中通常会以上位规划指标为导向逐层分解。各部门在编制各自领域的专项规划时由于编制时间和不同专业对指标的侧重点不同，上位规划中的同一指标经不同专项规划分解后可能存在较大差异，最终导致规划与规划之间指标不衔接，甚至存在矛盾。

海绵城市建设要实现保护水生态、改善水环境、保障水安全、涵养水资源等多重目标，而相关专项规划中缺乏系统统筹，各专项规划自成体系，相互之间缺乏沟通和有效衔接，导致工程项目重复、规模不一致等问题。例如，在水环境治理专项规划中需建设初期雨水调蓄

池2000m³，在排水防涝专项规划中需建设雨水调蓄池5000m³，在非常规水资源再生利用规划中需建设雨水调蓄池1000m³，在实施过程中如何取舍，能否采用绿色设施代替其中一部分规模，这应该是多目标统筹下决定的，只有通过系统统筹使各专项规划形成协同作用，才能达到最优的建设效果。而在海绵城市建设推进过程中，恰恰缺少这样一个统筹过程。

2．规划与建设之间传导不畅

一方面，问题导向思维下可能出现工程建设只为解决眼前问题而脱离规划的情形。城市相关规划通常是对城市空间要素整体性和系统性的安排，偏重于指标控制，但指标控制过于抽象，由指标到工程实施可能会出现多种分解方案，哪种方案最合理，在工程设计时通常不会进行系统分析。在现实操作过程中，通常秉承工程导向的思维，具体工程项目以解决具体问题为目的，基本脱离原有规划，这样可能会出现工程反复建设，造成投资极大浪费。例如内涝点治理，今年施工修建泵站，明年依然内涝，发现可能是管网能力不足，再开工扩大管网，如此反复，给老百姓的感觉就是年年都在施工，问题依旧年年出现。

另一方面，不同主管部门的建设项目缺乏与其他部门规划的统筹协调。海绵城市建设中水环境、水安全、水生态、水资源工程体系涉及城市建设的各个部门，项目的建设效果上仅评估自己的目的是否达标，不注重与其他规划的衔接与统筹，忽略了项目的多重作用和叠加效应。

2.2　挑战存在的原因

海绵城市理念在建设实施、长期推广过程中面临巨大挑战，主要是受规划建设过程的长期性、自身的复杂性及现阶段规划建设衔接传导的艰巨性等客观因素影响。

2.2.1　规划建设过程的长期性

现阶段，我国已建立成熟的规划建设体系，从规划制定到项目设计、工程实施再到运营维护，每一个环节里都有数个程序，有些程序需要经历数月甚至数年时间，例如大型工程落地可行性研究有可能经过数十年的论证才能确定是否能够实施。由此可知，城市规划建设是一个长期的过程，规划体系的建立也需要经历一个长期过程。

我国海绵城市建设从2013年中央城镇化工作会议明确提出海绵城市，到2015年、2016年两批试点城市申报及建设，到2018年、2019年两批试点城市建设考核，再到如今的海绵城市建设模式总结及推广，已经经历了7年的时间。但海绵城市理念的实施仍处于初级阶段，规划建设过程的长期性决定了海绵城市理念在城市建设中持续融入必然也要经历一个长期的过程。

另外，海绵城市理念能否在城市规划建设中持续融入落实还有赖于长效机制的保障，例如部门合作机制的建立、国家层面政策的倾斜、财政的支持、规划设计体系的建立、强制性制度的建立等。如果没有长效机制保障，多数城市做的海绵城市建设相关工作，例如编制专项规划、制定相关标准等，不能得到有效落实，可能会不了了之，但完整的海绵城市长效机制的建立也需要一个长期的过程。

2.2.2 海绵城市自身的复杂性

海绵城市建设作为生态建设理念的新模式，涉及城市经济发展、区域生态保护、环境保护、城市建设等方面，从工程角度出发构建水生态、水安全、水环境、水资源等几个工程体系，其复杂性主要体现在各工程体系内部和工程体系之间。

系统内部的复杂性主要是因为每个工程体系影响因素众多，各个因素之间又会相互作用，相互影响。例如水安全工程体系中，内涝成因分为外部和内部原因。外部原因包括山洪等客水汇入，下游水位的顶托或者限流等因素导致排水口雨水排不出或内河河水无法排放形成内涝。内部原因包括不透水陆面覆盖度过高导致降雨产流量高、雨水管网排水能力不足、排涝泵站和收水设施（雨水篦子）建设不足、内部调蓄空间不足、城市内河排放能力不足等。再如水环境工程体系中，造成水体黑臭或水环境污染的原因也分为外部和内部原因。外部原因主要包括上游来水携带污染和下游污水渗入，内部原因包括点源、面源、内源污染排放和水体环境承载力不足等。

系统之间的复杂性主要因为工程体系之间相互联系，这就要求系统整体协调发展，发挥协同作用。例如在解决内涝和水环境污染（黑臭）问题时，海绵城市的源头—过程—末端工程体系中多数工程同时具备多种功能，三段工程系统间相互影响，对径流量控制和污染控制相互作用。如源头小区项目通过地表雨水径流控制延缓了雨水汇流时间，减少了外排径流量，从而起到了延缓峰现时间，削弱洪峰流量的作用，减少对下游雨水管网的排水压力或对合流制管网溢流的影响。同时雨水径流经过LID设施后，雨水径流的面源污染会有效削减，或通过小区合流制或雨污混接改造起到源头控制点源污染的作用，因此源头小区项目还会对流域内水环境污染控制起到一定的源头减排作用。最后源头小区项目建设还会同步提升小区内部景观和环境，完善小区安全、休闲、停车等功能。排水管网建设项目一方面要考虑提高管网排水能力，达到排水通畅，同时又要考虑采取有效措施防止下游水体倒灌进入管网形成内涝。对于合流制管网一方面要考虑减少溢流量，提高截流倍数，降低溢流频次，但同时也应考虑提高污水处理厂入厂浓度，不能过度提高截流倍数导致大量雨水进入污水处理厂，增加污水处理厂的处理压力，降低污水处理厂的效率。调蓄设施（调蓄池）包含径流调蓄池和CSO调蓄池建设时，径流调蓄池要兼顾内涝防治涝水存储，旱天回用，同时该设施还能起到一定的面源污染去除，尤其是对SS的有效去除效果。由此可见，系统间极为复杂，各系统不是独立的体系，它们相互作用，建设时可以通过对系统间建设内容和建设量的调整达到污染控制和水量控制的目的（图2-1）。

海绵城市建设的复杂性要求海绵城市需系统统筹，同时需定量评估各工程系统的影响。

2.2.3 衔接传导任务的艰巨性

海绵城市专项规划是建设海绵城市的重要依据，是城市规划的重要组成部分，规划的编制通常需要多个专业共同协作，受规划的定位、深度和内容限制，一般只在较宏观层面安排

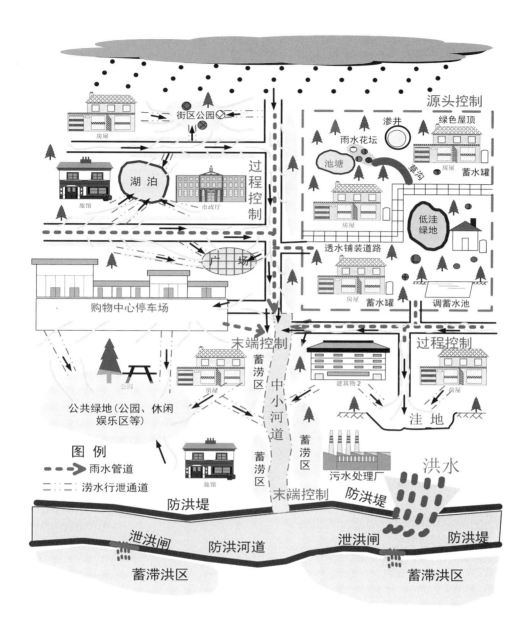

图2-1 排水防涝控制系统示意图
资料来源：《北京市中心城防洪防涝系统规划》

工程项目以达到规划设定的目标、指标，项目落地性较差；而工程设计是海绵城市实施过程中必然经历的阶段，是具体工程建设的重要依据，一般按照专业进行切分、细化，以某个专业为主，其他相关专业配合，设计师从微观层面表达工程单体的结构、工艺、尺寸等，一般只关注具体项目本身，不关注整体效果。

　　规划和设计两者的职能决定了它们处于两个较极端的层面，一个偏重宏观的指标把控，无法逐一详细调研区域内现状情况来确保建设项目的可实施性，另一个偏重微观的落地指导，无法实现对区域或其他项目进行统筹协调。这必然会导致以下几个问题：首先，只关注本专业而不关注整体的实施效果，就无法获悉海绵城市的目标可达性，比如雨水工程只关注雨水管道和泵站的修建，不关注整体是否能满足内涝防治的要求；其次，具体项目建设只关注项目本身，而不是从流域角度进行思考，合理统筹各系统、各项目之间的关系，造成整个系统不协调，项目碎片化；第三，针对具体项目的设计简单套用规范要求，不从解决问题的角度思考，合理确定不同项目的建设要求，容易造成系统局部项目失灵，成为整个系统的瓶颈；最后，规划为了达到海绵城市的建设要求，希望持续地实现海绵城市的建设要求，但设计只关注项目建设的最优，对项目后续运营管理等环节不关注，必将导致海绵城市建设不能持续稳定发挥作用。

总之，规划与工程落地两者之间缺乏沟通衔接的桥梁，如何通过构建海绵城市规划设计体系，将海绵城市理念从规划层面有效传导过渡至工程建设中，我们面临的任务还十分艰巨。

第3章 海绵城市建设解决途径

海绵城市是城市发展方式的重要理念转变，是系统解决城市水问题的重要抓手。海绵城市自身极为复杂，而建设中普遍存在传统海绵城市规划与设计体系脱节、协调衔接不足的问题，重点表现在：传统规划更多关注宏观把控，对区域的海绵城市建设落地实施指导相对不足。而设计更多关注项目本身，但缺乏对项目间的综合统筹思考，对项目自身在城市片区海绵城市建设中的作用和定位不清晰，导致设计与规划不够协调衔接，影响整体建设的系统性，对设施建设效果缺乏综合统筹[12]。本书的研究重点是落实海绵城市建设的系统性推进思路，加强现有规划、设计的协调衔接，使海绵城市的各项目统筹协调以达到建设效果，寻求海绵城市建设现状问题的解决途径，利用海绵城市破解城市涉水问题。

为提高城市涉水基础设施建设的系统性和科学性，破解海绵城市建设中显现的建设目的不清、缺乏统筹、碎片化建设、项目混乱等问题，需要创新规划设计的方法和模式，为顺利推进海绵城市建设提供科学有效的技术支撑；需要对现有规划设计体系进行优化，在规划与设计之间增加海绵城市系统化方案编制环节，建立海绵城市相关规划与建设项目设计的沟通桥梁和中间纽带，构建措施与效果的桥梁，实现规划到设计的指导，实现规划的细化落实和设计的综合统筹。

编制海绵城市系统化方案是对原有规划设计体系进行优化，需要改变传统的规划设计思维，将碎片化建设思路转变为系统性推进的思维。编制过程应突出系统思维、综合统筹的思路，采用定量分析作为数据支撑，因此在编制过程中需要借助更为先进的技术措施如数学模型为定量分析提供技术基础，构建最优的工程的方案，保障相关措施能够达到建设效果。

3.1 转变建设理念

3.1.1 科学认识海绵城市的内涵

虽然海绵城市理念提出至今已近7年，全国试点第一批和第二批试点城市也逐步验收，但在海绵城市建设过程中，对海绵城市仍存在诸多误区，认为海绵城市是建设工程，将其等同于低影响开发设施甚至是透水铺装或雨水调蓄设施等，认为落实海绵城市建设理念是增加工作量等。

将海绵城市系统化方案作为城市系统推进海绵城市建设、系统解决城市涉水问题的重要技术支撑，必须正本溯源，科学认识海绵城市的内涵，不应把海绵城市等同于海绵工程将其工程化，更不应等同于透水铺装、调蓄池等将其产品化，海绵城市应是适应新时代城市转型发展的新理念和新方式。海绵城市建设是城市发展理念的转型，是提高城市涉水基础设施系统性的重要抓手[1]。

《国务院办公厅关于推进海绵城市建设的指导意见》（国办发〔2015〕75号）[13]指出，海绵城市是指通过加强城市规划建设管理，充分发挥建筑、道路和绿地、水系等生态系统对雨水的吸纳、蓄渗和缓释作用，有效控制雨水径流，实现自然积存、自然渗透、自然净化的城市发展方式。借助海绵城市建设解决城市发展的诸多涉水问题，应科学认识海绵城市的内涵。

海绵城市建设有利于推进生态文明建设和绿色发展，有利于推动城市的发展转型，有利于推进供给性的结构性改革，也有利于提升城市基础建设的系统性。第一，海绵城市是解决城市在落实生态文明理念、绿色发展中遇到的问题的一种途径，落实海绵城市理念，提升城市水环境质量，提高城市的保障能力，所以海绵城市有利于推进生态文明建设和绿色发展；第二，城市发展转型需要综合系统统筹，寻求城市经济发展和环境生态保护的平衡点，保障城市发展可持续发展，而海绵城市建设理念即为一种城市发展转型的新途径新方法，对未来城市开发建设提供了可持续的建设思路；第三，通过海绵城市建设扩大优质生态产品的供给，建设优质的城市蓝绿空间，恢复城市的水环境和水生态系统，为老百姓提供优质的生活环境，通过海绵城市建设提升公共基础设施水平和有效性，有利于推进供给侧的结构性改革。

3.1.2 转变传统的规划设计思维

遵循自然水文循环的客观规律，充分认识到海绵城市建设的系统性，用系统的思维编制海绵城市系统化方案，改变传统的规划设计思维，主要表现在五个方面[12]：

1. 由工程导向性思维向需求导向性思维转变

目前许多地区存在为了海绵而海绵的情况，为落实海绵城市的建设和规划要求，不根据区域自身需求，不与城市的水问题相结合，盲目生成一批海绵城市建设项目，尤其是大量的源头减排项目，对项目所在地区的居民生活造成了诸多不便，但建设效果并没有起到改变和提升老百姓居住环境的效果，因此没有得到老百姓的认可。从工程导向思维出发，为了海绵而海绵的做法与海绵城市建设的初衷相背离。

认识到海绵城市建设的系统性，用系统的思维编制海绵城市系统化方案，应以解决城市水安全、水环境、水资源、水生态等突出水问题为核心目标，以未来城市建设实现绿色可持续发展为目标，将解决城市涉水问题、满足城市可持续发展作为需求出发，研究确定海绵城市建设的工程体系，通过海绵城市建设切实实现改善城市的生态环境，提升城市防灾减灾能力，扩大优质生态产品的供给，提升老百姓的获得感和幸福感。

2．由碎片化的项目思维向流域整体系统性考虑转变

回看近7年的海绵城市建设之路，碎片化建设的问题也极为突出，将海绵城市建设分解为多个互不相关的建设项目的现象极为普遍。谈及海绵城市，城市或区域能够列出大量的建设项目，但各个项目之间的关系并不清楚，源头减排、管网改造提升、河道综合整治等各类项目各自为政，项目之间的相互影响缺乏分析，只见项目不见流域，只见工程不明效果，碎片化建设极为明显。

系统推进海绵城市建设，打造海绵城市的连片效应，应将流域或者排水分区的涉水问题作为一张图，通过系统统筹的思路将海绵城市"源头减排、过程控制、系统治理"各环节、灰色设施和绿色设施进行统筹，分解成一张张的拼图。衔接好海绵城市的"源头减排、过程控制、系统治理"各个阶段的项目之间的关系，从流域或排水分区的整体性系统统筹各个环节工程的措施和规模，避免工程的重复和浪费，避免由于措施空白导致的效果不良，将各个拼图拼凑成一张完整的图片。

3．由简单套用标准规范的设计思维向按需求确定设施规模转变

海绵城市涉及城市建设的方方面面，涉及专业广、部门多，经过若干年的探索，国家和地方先后出台了海绵城市、市政、环境、黑臭水体等相关标准和规范作为规划设计的参考，但标准和规范覆盖度仍不全面，且存在区域适用性。而实际操作远比规范复杂得多，设计过程中单纯地套用规范标准是不可取的，一方面，其不一定适宜项目区域状况，另一方面，没有从达到目标的需求确定各类设施的规模，可能造成工程措施的浪费或不足。

海绵城市系统化方案编制时，应从系统整体出发，根据项目区的问题，科学统筹不同环节设施的作用占比，核算确定各类设施的规模，并且结合项目概况制定因地制宜的设计措施，避免盲目套用规范，应从实际建设需求出发，合理确定设施规模。

4．由单纯追求工程的项目建设最优向全生命周期总体最优转变

只关注项目的设计、施工等过程以保障工程建设质量最优，往往会忽略后续运行维护阶段的管理，导致工程建设优良，但后续运维不良，未发挥建设效果。如透水砖和透水混凝土的运维对其效能发挥影响极为显著，其透水性能在不定期冲洗的情况下三年内会迅速衰减。

因此海绵城市建设不仅应关注工程建设的最优，还应延伸到包含规划、设计、施工、验收、运维等工程的全生命周期，保障工程全生命周期达到最优，才能持续稳定发挥海绵城市建设的有效性。

5．由单一专业设计向多专业融合转变

海绵城市涉及专业广，但现在多数设计仍以单一专业完成相关设计工作，如市政道路的海绵城市设计主要为道路专业完成相关设计，虽然景观专业会配合完成绿化设计，但均未对道路海绵系统进行深入的设计研究；源头减排项目主要由给水排水专业或景观专业单独组织设计，给水排水专业设计的源头减排项目忽略设施的景观效果，景观专业设计忽略设施的功能性，忽略景观效果会影响老百姓对效果的满意度，忽略功能会影响建设的效果，从而不能达到海绵城市建设多专业充分融合实现建设最优的目的。

系统推进海绵城市建设，应打破单一专业设计的状况，多专业相融合，充分发挥各专业优势，打造功能性、景观性兼备的海绵城市建设项目，提升老百姓的满意度。

3.2 优化编制方法

编制海绵城市系统化方案应强调系统谋划、综合统筹，考虑协调水安全、水环境、水生态、水资源多个系统间的关系，综合统筹"源头减排、过程控制、系统治理"等措施之间的关系，从解决问题的角度出发，通过定量分析，明确工程措施和效果之间的关系，制定最优的工程体系。通过海绵城市系统化方案将项目与效果之间的关系梳理清晰，明确工程体系，将项目与项目之间的关系梳理清晰，明确项目建设的具体要求，从而将项目有机结合在一起，实现综合统筹，防止系统的碎片化或项目的过度工程化。

3.2.1 强调系统谋划

海绵城市系统化方案的重点是系统化，海绵城市系统化方案是从流域或排水分区出发，对水安全、水环境、水生态、水资源多个系统进行系统谋划。基于海绵城市自身的复杂性，各系统间相互影响、相互制约，系统内部受边界条件、上下游、左右岸等影响也存在盘根错节的关系，因此强调系统谋划既要关注系统内部的影响，也要关注各个系统间的影响。

1. 系统内的系统谋划

海绵城市水安全、水环境、水生态、水资源、水文化各个系统内部极为复杂，涉及源头、过程和系统的各个环节，各环节相互影响、相互制约。

分析影响城市内涝的成因，除受源头地块的产流情况、雨水管网的排水能力、下游河道的行泄能力等多重影响外，流域外的上游来水和下游河道排泄能力也起到至关重要的作用。分析导致水体黑臭或水体污染的原因也是如此，除考虑污水收集和处理系统导致的污染物直排入河，面源污染未控制、底泥污染释放等诸多因素外，水体自身的环境容量和上游大量污染物过境都是重要因素。因此导致城市水问题的成因涵盖源头、过程和系统多个环节，系统内部极为复杂。

基于水系统的复杂性，分析城市涉水问题，制定城市水问题解决方案时，应从系统的思维进行考虑，系统分析导致水问题的源头、过程、系统原因，制定全过程的源头减排—过程控制—系统治理工程方案。

用系统的思维谋划解决城市水问题的工程方案，分析导致水问题的主要原因和各原因在其中所起到的作用，按照源头减排、过程控制、系统治理的思路制定多个方案，包括侧重灰色设施、侧重绿色设施、采用灰绿有机结合等，综合比选可实施性、经济性、有效性，最终确定最优的工程方案。

2. 系统间的系统谋划

城市水安全、水环境、水生态、水资源各个系统非相互独立，而是相互作用、相互制约。城市水体的水量水质本来就是相辅相成的，无法独立分开对待。

河道的水位和流速对水体的污染物扩算和转移起到至关重要的作用，同时对水生态系统影响极大，不同水深和流速下水生态系统差别较大，对雨水就地利用影响也就更大。而在合流制排水体制下，水安全和水环境两系统在岸上本就相互影响、相互制约。源头径流总量控制和径流污染控制涉及水安全、水环境、水生态和水资源各个系统。调整适宜的河道水位和流量，实行雨污分流改造或提升合流制截流倍数，对源头地块进行源头减排改造，对各个系统都有一定作用，因此独立分析各个系统的问题是不可取的，独立制定各个系统的工程方案也是不可取的，应从系统谋划的思路考虑城市水安全、水环境、水生态、水资源各个系统之间的关系。

系统间的系统谋划，不仅要分析导致水问题的系统之间的相互影响，还要考虑同一个项目应同时满足解决内涝、消除黑臭（改善水环境）、修复水生态的要求，因此要统筹水安全、水环境、水生态、水资源各方面要求，形成一套统一的建设要求。从系统的思维考虑水安全、水环境、水生态、水资源的解决方案和工程体系。除考虑各个系统内部之间的相互影响，还要考虑系统间的相互影响，制定多个方案，从工程实施性、经济性、可行性、有效性等方面综合评估、多方比选，评估某一系统的工程对另一个系统的影响，并纳入其工程体系，避免工程重复，达到工程方案最优的目的。

3.2.2　突出综合统筹

海绵城市系统化方案应突出综合统筹，重在协调水质和水量、生态和安全、灰色和绿色、分散和集中、景观和功能五个关系，见图3-1。综合统筹，达到建设效果的最优[14]。

1. 处理好水质和水量的关系

水质和水量相辅相成，是统一的整体。单纯研究水量和水质都是不可取的，因此研究中应统筹考虑水量和水质，统筹考虑水安全和水环境系统。除了在制定工程方案时统筹考虑水质和水量的关系，在管理和运维上，也应统筹管水量的水利部门、管水质的环保部门以及管黑臭水体治理的住建部门，打破多头管水但管不实管不好的状况，通过海绵城市建设将水量和水质管理结合起来统筹考虑。

图3-1 海绵城市系统化方案编制的五个关系综合统筹

2. 处理好生态和安全的关系

海绵城市建设既要关注生态，也要关注安全问题。建设生态的河流、生态宜居的城市是现在城市建设普遍追求的目标，城市建设中应尽量采用生态、环保、绿色的理念建设，但保障安全是首要任务，建设中过分强调生态，在现有用地紧缺的条件下，强制拆除堤防是不可取的。因此海绵城市系统化方案既要重点解决城市内涝积水等水安全问题，也要构建优良的城市水生态系统，两者相互平衡，才能既保障安全又实现生态建设。

3. 处理好灰色和绿色的关系

灰色设施包括城市市政管网及泵站、污水处理设施及调蓄池、综合管廊等各类设施，具有实施效果好、占地小、运行稳定等优点，但存在投资大、维护成本高等缺点。而绿色设施包括雨水花园、生态湿地、生物滞留设施等，具有投资相对较小、维护相对简单、景观生态效益好等优点，但存在占地大、受气候影响运行存在季节性等缺点。海绵城市系统化方案应合理处理灰色和绿色的关系，在城市老城区结合现状改造条件，采用灰绿结合的方式，在城市新城区可优先采用绿色设施，辅助灰色设施建设，实现灰绿有机结合。

4．处理好分散和集中的关系

分散和集中主要体现在城市污水处理或水资源利用等方面。规划城市污水处理设施时，应统筹考虑污水收集设施、污水处理设施以及污水再生利用的可行性、经济性和实施性。采用大集中的方式虽然可以实现用地集约建设，提高处理效能，但不利于污水再生利用，需通过远距离调水实现回用。但过度分散的方式不利于管理和运维，处理效能也会相对较低，但有利于就地回用。因此海绵城市系统化方案应处理好分散和集中的关系，采用集散结合的方式，统筹考虑项目建设的多个方面。

5．处理好景观和功能的关系

各专业工作未能实现有机融合。景观和给水排水专业分割清晰，互相沟通不足，导致给水排水专业设计的工程过多关注功能性，但景观效果较差，从而影响了老百姓对海绵城市的满意度和接受度。而景观专业设计的工程过多关注设施的景观性，忽略了设施的功能性，缺乏对地下管网设施的衔接，建设效果不明晰。海绵城市系统建设最终应提供优良的生态供给，具备良好的功能，兼具优美的景观表现，才能得到老百姓的最终认可。因此海绵城市系统化方案应统筹海绵城市工程的景观性和功能性，达到景观和功能的完美融合。

3.2.3 加强定量分析

海绵城市系统化方案需系统谋划、综合统筹，构建最优的工程方案，实现最优的工程效果，系统统筹水安全、水环境、水资源、水生态等多个系统之间的关系，将项目与效果之间的关系梳理清晰，明确灰色和绿色各类措施所起的作用，将项目与项目之间的关系梳理清晰。因此海绵城市系统化方案必须以定量的分析作为技术支撑才能实现上述要求。系统化方案加强定量分析，重点是弄清项目区的底数，定量分析水问题成因，结合工程方案动态反馈，优化调整方案，确保工程方案最优。

1．清晰的底数分析

翔实、准确的现状分析是开展规划设计的重要前提，除收集整理项目区大量的现状资料和详细的现状调研外，海绵城市系统化方案还应增加对现状本底的定量分析，获取城市开发建设清晰的底数。

对现状本底的定量分析，包括对城市自然本底条件的分析，城市污水系统如管网、泵站、排口、污水处理设施等的定量调研和分析，城市雨水系统如管网、泵站、河道、调蓄设施等的定量调研和分析，以及随着城市发展建设产汇流规律的定量定性分析。清晰的底数为做出合理、可行、科学的目标和技术方案提供了基础先决条件。

2．定量的问题分析

海绵城市建设的重点是解决城市的涉水问题，尤其是解决突出的城市内涝积水和水环境污染等问题。对现状的问题进行定量分析，对内涝积水情况如历史内涝积水点发生区域和对应的降雨情况，内涝积水点的积水深度、积水时间和积水范围等应有明确的数据支撑，并对其成因进行定量分析，明确导致问题的各个原因起到的作用，才能为制定更为科学合理的方案提供技术基础。

3．动态评估确保工程最优

海绵城市系统化方案的目标是从解决问题的角度出发，明确工程措施和效果之间的关系，制定最优的工程体系。因此需借助定量分析，一方面定量分析各个项目对建设效果的影响，另一方面还要定量分析各个项目之间的关系，并明确各个项目在系统中所起到的作用，综合分析项目组合后是否能够达到区域的建设要求。需构建动态评估的定量分析体系，输入工程方案后，核算其建设效果并进行反馈，根据评估结果优化工程方案，最终使得工程方案达到最优。

3.3　提升技术手段

海绵城市系统化方案需系统谋划水安全、水环境、水生态、水资源等多个系统，需综合统筹工程建设的全生命周期，统筹海绵城市建设涉及的多个专业、多个因素、多个部门，还需大量的定量分析提供技术支撑，这对编制海绵城市系统化方案提出了相当高的技术要求。从事相关工作的设计人员既要了解各个专业、各个环节、各个领域的专业知识，又要掌握先进的模型工具和技术手段支撑方案制定，这是转变传统规划设计思维的先决基础条件。

3.3.1　依靠技术手段获取资料

清晰的底数分析是支撑海绵城市系统化方案编制的重要基础，而获取准确详细的现状资料又是底数分析的基础，但很多数据获取难度较大，需借助专业的技术手段辅助获取。

例如，市政管网是影响水环境的重要因素，污水管道存在破损、淤积以及由于入流入渗、混错接和污水偷排、漏排、错排导致污染物入河，都是影响水环境污染的重要原因。管网排查诊断需借助管道潜望镜检测（QV）、声呐检测、管道闭路电视检测（CCTV）等技术手段实现。当污水管道高水位运行时，大范围开展CCTV的管网排查费用较高，难度较大，还需借助在线监测技术，通过连续监测水质和水量数据对管网系统进行诊断评估，确定入流入渗、偷排漏排、混错接严重区域，从而指导管网详细排查工作开展的优先级，为管网修复改造提供技术数据支撑。为获取河道断面、沿河排口、管道水质，还可采用临时采样检测或临时监测等方式。

现状调研时，还可借助航拍、GPS等手段辅助获取现状资料。依靠航拍等技术手段，在较短时间内获取大范围的现场照片，获取某次暴雨情形下的城市内涝积水情况、项目现状建设条件等。现状调研可利用GPS等技术手段辅助定位，采集并记录现场照片，为后续设计积累现状设计资料。

3.3.2 借助模型定量评估

海绵城市系统化方案编制宜借助模型作为辅助工具，通过反复计算和模型验证辅助优化方案，开展城市内涝治理、水环境提升、控制指标分解、设施布局等，提高方案的科学性，确保目标的可达性。因此参编人员应熟悉国内外先进的水文、水环境、水动力、市政等专业模型工具，了解各类模型的适用条件和优缺点，分辨各类模型在方案编制过程中的用途和数据分析的有效性。同时还应清楚模型的重要参数率定的方法，从而提高模拟结果的可靠性。

借助数学模型用于海绵城市系统化方案的定量评估分析，主要体现在：（1）现状分析时对编制区域的产汇流特征进行模拟分析，可用于对比分析传统开发建设和海绵城市开发建设两种模式对城市水文循环的影响；（2）对现状问题成因分析时，借助模型进行模拟评估，可定量分析各种原因对问题的影响和贡献，从而支撑优化调整方案；（3）方案制定过程中，开展年径流总量控制率等指标分解时，使用模型辅助进行指标校核，并根据指标辅助开展源头低影响开发设施的布局优化。借助模型对方案验证校核，不断反馈，调整优化方案最终形成最优的工程方案。同时对方案的目标可达性进行定量的评估分析。

借助模型进行系统化方案的定量评估分析，应重点考虑参数的选择和率定环节的技术要求。合理的参数确定和率定，对于模型评估的科学合理性极为重要。参数率定一般采用人工试错法以及基于优化思想的参数自动优化方法，对于一些具备物理特征的参数，可采用人工试验获取相关参数，确保模型模拟的可靠性。

很多分布式水文和水环境模型以地理信息系统GIS为模型的输出平台，如输出年径流总量控制率和年径流污染控制要求等。另外借助GIS、遥感解译软件对现状地形、地貌、竖向、土壤、地下水、下垫面条件等进行空间分析的应用也较普遍。因此应熟悉掌握GIS、RS等软件工具，借助专业软件工具支撑方案制定，既有助于提高分析的可视化水平，又可以提高空间分析的科学性和合理性。

第4章　系统化方案概念与定位

4.1　现行规划建设管理体系

目前，我国已建立起比较完善的规划建设管理体系，根据管控对象的不同，分为城乡（国土空间）规划管理体系和工程建设项目管理体系。

4.1.1　城乡（国土空间）规划管理体系

4.1.1.1　城乡规划

2019年《中共中央　国务院关于建立国土空间规划体系并监督实施的若干意见》（中发〔2019〕18号）发布以前，依照《中华人民共和国城乡规划法》（以下简称《城乡规划法》），我国城乡规划主要包括制定、实施、修改和监督检查等环节[15]，下文主要对制定和实施环节进行介绍。

根据《城乡规划法》第一章第二条，我国的法定规划包括"城镇体系规划、城市规划、镇规划、乡规划和村庄规划。城市规划、镇规划分为总体规划和详细规划。详细规划分为控制性详细规划和修建性详细规划。"其中：

城镇体系规划的内容应当包括：城镇空间布局和规模控制，重大基础设施的布局，为保护生态环境、资源等需要严格控制的区域。

城市总体规划、镇总体规划的内容应当包括：城市、镇的发展布局，功能分区，用地布局，综合交通体系，禁止、限制和适宜建设的地域范围，各类专项规划等。规划区范围、规划区内建设用地规模、基础设施和公共服务设施用地、水源地和水系、基本农田和绿化用地、环境保护、自然与历史文化遗产保护以及防灾减灾等内容，应当作为城市总体规划、镇总体规划的强制性内容。

乡规划、村庄规划的内容应当包括：规划区范围，住宅、道路、供水、排水、供电、垃圾收集、畜禽养殖场所等农村生产、生活服务设施、公益事业等各项建设的用地布局、建设要求，以及对耕地等自然资源和历史文化遗产保护、防灾减灾等的具体安排。乡规划还应当包括本行政区域内的村庄发展布局。

同时，根据《城乡规划法》实施的相关要求，城市、县、镇人民政府应当根据城市总体规划、镇总体规划、土地利用总体规划和年度计划以及国民经济和社会发展规划，制定近期建设规划，近期建设规划的规划期限为五年。

《城乡规划法》中没有规定控制性详细规划和修建性详细规划的具体内容，仅规定城市人民政府城乡规划主管部门和镇人民政府，根据城市和镇总体规划的要求，负责组织编制城市的控制性详细规划；城市、县人民政府城乡规划主管部门和镇人民政府可以组织编制重要地块的修建性详细规划，修建性详细规划应当符合控制性详细规划。但在第三章"城乡规划的实施"中明确了出让地块的规划条件、选址意见书、建设用地规划许可证和建设工程规划许可证的给定和核发均应以控制性详细规划为依据，或符合控制性详细规划；需要建设单位编制修建性详细规划的建设项目，还应当在建设工程规划许可证核发环节提交修建性详细规划。乡村建设规划许可证的核发要求也与建设用地规划许可证和建设工程规划许可证的核发类似。

基于前述内容以及相关实践，可以看出，我国城乡规划制定和实施体系的内容要求可概括为：

（1）城镇体系规划、城市和镇的总体规划主要进行宏观管控，侧重于城镇空间布局的划定（特别是为保护生态环境、资源等需要严格控制的区域）、规模的控制、重大基础设施的布局等。

（2）详细规划分为控制性详细规划和修建性详细规划，是指导出让地块的规划条件、选址意见书、建设用地规划许可证和建设工程规划许可证给定和核发等城乡规划实施环节的依据，地块的建设和管控要求均需要在详细规划中落实。但《国务院关于第六批取消和调整行政审批项目的决定》（国发〔2012〕52号）文件中取消了重要地块城市修建性详细规划的审批，进一步加速了修建性详细规划由规划行政主管部门组织编制向市场行为的转变[16]，修建性详细规划进一步弱化，在建设工程规划许可证的核放环节，建设工程设计方案和城市设计方案正在逐步取代修建性详细规划的作用。

（3）出让地块的规划条件、选址意见书、建设用地规划许可证和建设工程规划许可证，即"两证一书"发放，是落实规划的重要环节。

（4）乡规划、村庄规划的制定和乡村建设规划许可证的核发与城市规划的制定是结合乡和村庄规模小、对实施要求高的特点，将城镇体系规划、总体规划、详细规划的全部或部分内容进行统筹和整合；乡村建设规划许可证也与之类似，是建设用地规划许可证、建设工程规划许可证在乡村层面的整合。

（5）近期建设规划是以重要基础设施、公共服务设施和中低收入居民住房建设以及生态环境保护为重点内容，与国民经济和社会发展规划以及城建、水务部门编制的计划相比，约束性和针对性弱。

自2008年《城乡规划法》发布实施以来，城乡规划体系在我国城乡建设管理中发挥了重要作用，其制定和实施体系的特点和问题主要有：

（1）注重空间上的规划管控。从城镇体系到具体项目、从宏观到微观均有管控，如新建、改建、扩建项目均需办理一系列行政许可手续。

（2）空间管控上系统性强，但实施时序上针对性弱。规划，特别是控制性详细规划，内容全面，综合性强，能统筹兼顾近期远期、各专业系利益等多种关系，"两证一书"保证了新、改、扩建项目能按规划要求落实，规划的刚性大（具体办理流程在工程建设管理体系章节中详述）。但由于规划部门不负责实施，因此，无论是近期建设规划还是年度实施计划，都是城乡规划的弱项，对具体实施的规模、时序均不能把控。

（3）存在与其他涉及国土空间规划重叠冲突的情况。除了城乡规划主管部门主导编制的城乡规划以外，与国土空间相关的规划还有国土资源主管部门主导编制的土地利用规划、发展改革主管部门主导编制的主体功能区规划等，各个规划存在相互协调不够，交叉重叠比较多的问题。同时《城乡规划法》中未对自然保护区、交通、能源、水利、农业、信息、市政等基础设施，公共服务设施，军事设施，以及生态环境保护、文物保护、林业草原等专项规划编制的组织单位和具体内容提出明确要求。

（4）部分项目未纳入规划体系。"两证一书"只针对新、改、扩建项目，其他如小区改造、道路大中修、绿地公园翻修、不独立占地的小项设施建设等大量项目未纳入城乡规划实施管理体系。但作为城市系统的一部分，此类项目数量多、与市民接触多，如果没有统筹结合好，很容易影响城市系统功能的实现和城市品质的提升。

4.1.1.2　国土空间规划

2019年5月23日，《中共中央 国务院关于建立国土空间规划体系并监督实施的若干意见》（中发〔2019〕18号）（以下简称《意见》）正式发布，重点解决规划类型过多、内容重叠冲突，审批流程复杂、周期过长，地方规划朝令夕改等问题，整体谋划新时代国土空间开发保护格局，综合考虑人口分布、经济布局、国土利用、生态环境保护等因素，科学布局生产空间、生活空间、生态空间，建立全国统一、责权清晰、科学高效的国土空间规划体系。文件发布后全国全面建立起国土空间规划体系，将原有的主体功能区规划、土地利用规划、城乡规划等空间规划融合为统一的国土空间规划，实现"多规合一"。

国土空间规划体系把规划体系分为四个子体系：按照规划流程分为规划编制审批体系和规划实施监督体系；按照支撑规划运行分为法规政策体系和技术标准体系。这四个子体系共同构成国土空间规划体系。从规划层级和内容类型来看，国土空间规划又分为"五级三类"："五级"是从纵向看，对应我国的行政管理体系，即国家级、省级、市级、县级、乡镇级；"三类"是指规划的类型，即总体规划、详细规划、相关的专项规划[17]，其中：

全国国土空间规划是对全国国土空间做出的全局安排，是全国国土空间保护、开发、利用、修复的政策和总纲，侧重战略性，由自然资源部会同相关部门组织编制，由党中央、国务院审定后印发。省级国土空间规划是对全国国土空间规划的落实，指导市县国土空间规划编制，侧重协调性，由省级政府组织编制，经同级人大常委会审议后报国务院审批。市县和乡镇国土空间规划是本级政府对上级国土空间规划要求的细化落实，是对本行政区域开发保护做出的具体安排，侧重实施性。需报国务院审批的城市国土空间总体规划，由市政府组织编制，经同级人大常委会审议后，由省级政府报国务院审批；其他市县及乡镇国土空间规划由省级政府根据当地实际，明确规划编制审批内容和程序要求。各地可因地制宜，将市县与乡镇国土空间规划合并编制，也可以几个乡镇为单元编制乡镇级国土空间规划。

在市县及以下编制详细规划。详细规划是对具体地块用途和开发建设强度等做出的实施性安排，是开展国土空间开发保护活动、实施国土空间用途管制、核发城乡建设项目规划许可、进行各项建设等的法定依据。在城镇开发边界内的详细规划，由市县自然资源主管部门组织编制，报同级政府审批；在城镇开发边界外的乡村地区，以一个或几个行政村为单元，由乡镇政府组织编制"多规合一"的实用性村庄规划，作为详细规划，报上一级政府审批。

海岸带、自然保护地等专项规划及跨行政区域或流域的国土空间规划，由所在区域或上一级自然资源主管部门牵头组织编制，报同级政府审批；涉及空间利用的某一领域专项规划，如交通、能源、水利、农业、信息、市政等基础设施，公共服务设施，军事设施，以及生态环境保护、文物保护、林业草原等专项规划，由相关主管部门组织编制。相关专项规划可在国家、省和市县层级编制，不同层级、不同地区的专项规划可结合实际选择编制的类型和精度。

以国土空间规划为依据，对所有国土空间分区分类实施用途管制。在城镇开发边界内的建设，实行"详细规划+规划许可"的管制方式；在城镇开发边界外的建设，按照主导用途分区，实行"详细规划+规划许可"和"约束指标+分区准入"的管制方式。对以国家公园为主体的自然保护地、重要海域和海岛、重要水源地、文物等实行特殊保护制度。

同时，国土空间的编制要求中特别强调了体现战略性、提高科学性、加强协调性、注重操作性。

国土空间规划优化的内容和特点是[18]：

（1）指明了规划的方向和意义。《意见》把人民满意、绿色生态放在首位，提出建立全国统一、责权清晰、科学高效的国土空间规划体系，是加快形成绿色生产方式和生活方式、推进生态文明建设、建设美丽中国的关键举措，是坚持以人民为中心、实现高质量发展和高品质生活、建设美好家园的重要手段，是保障国家战略有效实施、促进国家治理体系和治理能力现代化、实现"两个一百年"奋斗目标和中华民族伟大复兴中国梦的必然要求。划定生态保护红线、永久基本农田、城镇开发边界等空间管控边界；量水而行，保护生态屏障，构建生态廊道和生态网络，推进生态系统保护和修复；坚持陆海统筹、区域协调、城乡融合，着力完善交通、水利等基础设施和公共服务设施等内容被提到一个前所未有的高度。

（2）进一步强化了约束性和权威性。国土空间规划是自上而下编制，同时还规定下级规划要服从上级规划，专项规划和详细规划要落实总体规划。目的是把党中央、国务院的重大决策部署，把国家安全战略、区域发展战略、主体功能区战略等国家战略，通过约束性指标和管控边界逐级落实到最终的详细规划等实施性规划上，保障国家重大战略落实和落地。同时国土空间规划一经批准，任何单位和个人不得随意修改和违规变更，改变了过去规划调整比较随意、朝令夕改等问题。

（3）提升了规划的协调性和操作性。国土空间规划将主体功能区规划、土地利用规划和城乡规划等空间规划相融合，成为"一张图"，相关专项规划要遵循国土空间总体规划，不得违背总体规划强制性内容，其主要内容要纳入详细规划。同时按照谁组织编制、谁负责实施的原则，明确了专项规划的组织编制部门，确保规划能用、管用、好用。

（4）不涉及项目建设体系，但为规划与项目建设的衔接预留了空间。由于国土空间规划仍属于规划系统，重点体现系统性和管控，因此仍不涉及项目建设相关管理内容，也并没有对近期规划提出要求，但《意见》明确专项规划可结合实际选择编制的类型和精度，也为主管部门组织编制近期规划或近期实施方案提供了弹性，专项规划编制部门和项目组织实施部门的统一也为两者的衔接预留了空间。

4.1.2 工程建设项目管理体系

工程建设项目管理是针对工程项目建设程序各阶段的管理。2019年3月13日，《国务院办公厅关于全面开展工程建设项目审批制度改革的实施意见》（国办发〔2019〕11号）正式发布，将工程建设项目审批流程主要划分为立项用地规划许可、工程建设许可、施工许可、竣工验收四个阶段。其中，立项用地规划许可阶段主要包括项目审批核准、选址意见书核发、用地预审、用地规划许可证核发等。工程建设许可阶段主要包括设计方案审查、建设工程规划许可证核发等。施工许可阶段主要包括设计审核确认、施工许可证核发等。竣工验收阶段主要包括规划、土地、消防、人防、档案等验收及竣工验收备案等。

本书主要根据项目决策的类型，参考目前部分城市审批改革的最新结果总结我国工程管理的主要流程和方式。以项目决策的类型来划分，我国工程项目主要分为审批制、备案制、核准制以及政府和社会资本合作（PPP）四大类型。

4.1.2.1 审批制项目

审批制项目是指采取直接投资和资本金注入的方式的政府投资项目。

其中：

（1）部分城市会将投资额比较小的项目的项目建议书及可行性研究报告的编制和审批合并为建设方案编制和审批。

（2）部分不需要办理选址意见书、建设用地规划许可证、用地预审意见、划拨决定书、土地使用证、建设工程规划许可证的项目，如小区改造、道路大中修、绿地公园翻修、不独立占地的小项设施建设，可根据相关规定豁免相关材料。

（3）根据《国务院办公厅关于全面开展工程建设项目审批制度改革的实施意见》（国办发〔2019〕11号），可以将用地预审意见作为使用土地证明文件申请办理建设工程规划许可证。

（4）根据《国务院办公厅关于全面开展工程建设项目审批制度改革的实施意见》（国办发〔2019〕11号），部分地区在探索取消施工图审查（或缩小审查范围）、实行告知承诺制和设计人员终身负责制等内容。

4.1.2.2 备案制项目

根据《中共中央 国务院关于深化投融资体制改革的意见》，在国务院颁布的《政府核准的投资项目目录》范围以外的企业投资类项目，一律实行备案制。

4.1.2.3 核准制项目

实行核准制的投资项目是指企业投资列入国务院颁布的《政府核准的投资项目目录》内的项目。实行核准制的企业投资项目的工程建设管理流程与备案制项目基本一致，但在立项用地规划许可阶段，需向政府提交项目申请报告（可行性研究报告）。政府对企业提交的项目申请报告，从维护经济安全、合理开发利用资源、保护生态环境、优化重大布局、保障公共利益、防止出现垄断等方面进行核准。项目经核准后转入工程建设许可阶段。

4.1.2.4 政府和社会资本合作（PPP）类项目

实施政府和社会资本合作（PPP）项目决策程序的项目，是指政府为增强公共产品和服务供给能力、提高供给效率，与社会资本建立的利益共享、风险分担及长期合作关系的建设和运营模式的项目。这类项目，一般仍纳入正常的基本建设程序，按照审批制项目程序要求完善工程建设项目管理。在此基础上还应按照PPP模式的内涵、功能作用、适用范围和管理程序等规定，完善相关程序。

（1）识别、筛选适用PPP模式备选项目，列入项目年度和中期开发计划。

（2）政府指定实施机构组织编制实施方案报告，并提交联审机构审查。项目实施机构应对公共服务类项目实施方案进行物有所值和财政能力验证，通过验证的，项目实施机构报政府审核；未通过验证的，可在实施方案调整后重新验证。经重新验证仍不能通过的，不再采用政府和社会资本合作模式。

总结我国工程建设项目管理体系的特点是：

（1）工程建设项目管理主要是针对单个工程建设项目管理，其管理的主要环节包括：项目建议书编制和审批、选址意见书核发、用地预审、用地规划许可证核发、可行性研究报告编制和审批、设计方案审查、初步设计及概况审查、建设工程规划许可证核发、施工图设计审核、施工许可证核发、竣工验收备案等。

（2）随着我国政府职能转变和深化"放管服"改革、优化营商环境政策不断落实，我国工程建设项目管理体系在保证项目管控到位、有力的基础上正在不断优化工作流程、缩减审批时间。

（3）随着城市建设程度的不断加深，针对某一方面综合整治的需求越来越大，比如城市排水防涝治理、城市黑臭水体治理、海绵城市建设等都涉及大量的工程项目，投资和建设主体可能不一致，同时项目之间有很强的关联性，需要综合统筹才能发挥最佳效益，目前的工程项目管理体系缺少对此环节的要求和管理，但可参考政府和社会资本合作（PPP）类项目编制实施方案的形式，再根据项目不同的类型、投资和建设主体，按照国家工程建设项目审批和管理要求进行管理。

4.1.3 小结

我国城乡（国土空间）规划管理体系和工程建设项目管理体系相互关联、相互结合。城乡（国土空间）规划管理体系在宏观层面对工程建设项目提供功能上的指引和空间上的控制，在项目决策和部分项目实施的环节中又进行微观的管控，系统性强；工程建设项目是对规划管理要求的深入和落实，实操性强。但在实际操作中，由于有大量的工程项目未纳入城乡（国土空间）规划管理体系，容易出现在工程建设流程上虽然是完善的，但由于缺乏统筹协调，对整个城市系统创造效益很少，甚至带来负面影响的情况。

因此在某一实施阶段，为达到系统性治理的目标，往往需要制订系统化的实施方案，对某一区域与治理目标相关的工程建设项目进行综合统筹实施。如2013年和2016年，北京市政府先后印发了《北京市加快污水处理和再生水利用设施建设三年行动方案》（2013～2015年）和《北京市进一步加快推进污水治理和再生水利用工作三年行动方案（2016年7月～2019年6月）》。而最新的国土空间规划体系明确专项规划的组织编制部门为相关管理部门，并明确提出专项规划可结合实际选择编制的类型和精度，也为主管部门组织编制实施方案创造了条件。

4.2 海绵城市规划设计体系

4.2.1 目前海绵城市规划设计体系存在的问题

根据《城乡规划法》《海绵城市专项规划编制暂行规定》，结合最新的《中共中央 国务院关于建立国土空间规划体系并监督实施的若干意见》（中发［2019］18号）要求，海绵城市规划是城乡（国土空间）规划管理体系中的重要组成部分，属于专项规划部分，是从加强雨水径流管控的角度，提出城市层面落实生态文明建设、推进绿色发展的顶层设计，明确修复城市水生态、改善城市水环境、保障城市水安全、提高城市水资源承载能力的系统方案[19]。

但正如前文所说，我国城乡（国土空间）规划管理体系是分级管控，国土空间规划分为"五级三类"，对于像北京、上海这类特大型城市甚至还需要增加分区规划等新的规划类别。海绵城市大量的管控和实施要求基于详细规划地块层面和近期实施层面，因此仅仅对市级（也包括部分县级、乡镇级）总体规划层面编制海绵城市专项规划，是远远不能满足海绵城市建设要求的[20]。

实际操作中，很多城市提出了海绵城市专项规划（总体规划层面）在实施落地中面临的困境[21~22]，部分学者也做了将海绵城市规划体系构建[23~25]和海绵城市规划向详细规划延伸的探索[26~29]，但还缺少梳理、解决海绵城市规划设计体系内，特别是城乡（国土空间）规划管理体系与工程建设项目管理体系之间问题的系统性论述，迫切需要结合最新的国土空间规划管理体系改革和海绵城市建设工程建设管理的实际要求，重新梳理海绵城市规划设计体系。

4.2.2 海绵城市规划设计体系的构建

结合我国国土空间规划体系构建的最新要求，统筹城乡（国土空间）规划管理体系与工程建设项目管理体系，笔者认为海绵城市规划设计体系应由海绵城市总体规划（包括海绵城市分区总体规划）、海绵城市详细规划、海绵城市系统化实施方案（或海绵城市近期实施规划）、工程项目建议书和可行性研究报告、工程项目海绵城市设计方案、工程项目海绵城市施工图设计等内容组成。由于修建性详细规划功能弱化，逐渐被建设工程设计方案和城市设计方案所取代，因此本书不再对修建性详细规划中海绵城市的相关内容进行论述。

以下主要介绍海绵城市规划设计体系各部分的主要定位和功能。

4.2.2.1　海绵城市总体规划

海绵城市总体规划（包括海绵城市分区总体规划）属于城乡（国土空间）规划管理体系中的专项规划部分。根据《中共中央 国务院关于建立国土空间规划体系并监督实施的若干意见》（中发〔2019〕18号）的要求，"国土空间总体规划是详细规划的依据、相关专项规划的基础；相关专项规划要相互协同，并与详细规划做好衔接"，"相关专项规划要遵循国土空间总体规划，不得违背总体规划强制性内容，其主要内容要纳入详细规划"。海绵城市总体规划应是科学有序推进海绵城市建设，实现修复城市水生态、改善城市水环境、保障城市水安全、提升城市水资源承载能力、复兴城市水文化等多重目的的基础[19]，应在国土空间总体规划编制后、国土空间详细规划编制前进行编制。

4.2.2.2　海绵城市详细规划

详细规划是对具体地块用途和开发建设强度等做出的实施性安排，是开展国土空间开发保护活动、实施国土空间用途管制、核发城乡建设项目规划许可、进行各项建设等的法定依据[30]。海绵城市详细规划是对接详细规划这一法定规划、保证从总体建设目标到控制指标逐级分解落实的核心环节。考虑到规划编制的协调性，海绵城市详细规划应在国土空间详细规划之后，或与国土空间详细规划同步编制。

4.2.2.3　海绵城市系统化实施方案

海绵城市系统化实施方案是在海绵城市总体规划或详细规划确定的一个或多个汇水或排水分区范围内，在有限的时间内，系统解决目前存在的涉水问题，并提出对应的工程建设项目库和非工程措施的方案。

4.2.2.4　工程项目建议书、可行性研究报告—海绵城市建设专篇

实际上没有专门的海绵城市工程项目，只有需要落实海绵城市建设理念和要求的工程项目。其项目建议书和可行性研究报告都是建设项目前期工作的重要内容，是建设项目投资决策的重要依据。

4.2.2.5　工程项目设计方案—海绵城市专篇

本书将申请办理建设工程规划许可证阶段需要提供的建设工程设计方案和需发展改革批复的初步设计方案统称为设计方案。海绵城市设计方案或海绵城市专篇是需要落实海绵城市建设要求的建设项目设计方案中必要的组成部分，是落实海绵城市建设要求、指导项目实施重要的工程设计文件。

4.2.2.6　工程项目施工图设计—海绵城市专篇

工程项目施工图设计—海绵城市专篇是需要落实海绵城市建设要求的建设项目施工图设计中必要的组成部分，是施工的依据，是设计和施工工作的桥梁。

海绵城市规划设计体系与城乡（国土空间）规划管理体系和工程建设项目管理体系的关系如图4-1所示。

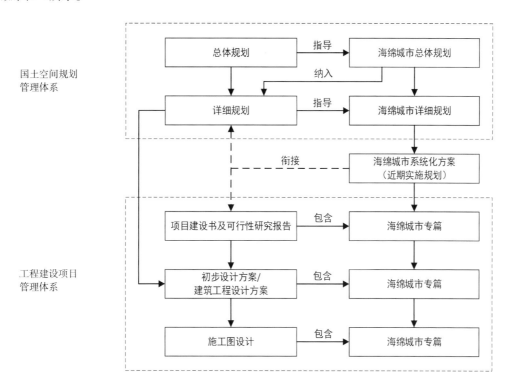

图4-1 海绵城市规划设计体系与国土空间规划管理体系和工程建设项目管理体系的关系

4.3 海绵城市系统化方案的定位、特点和主要内容

4.3.1 定位

通过以上分析可见，海绵城市系统化方案最大的功能是承上启下，它将海绵城市详细规划的原则要求和具体项目的实施相结合，指导详细规划在近期具体实施中落实。

编制海绵城市系统化方案的区域既可以是建成区，也可以是新建区。建成区编制系统化方案的主要目的是解决现状存在的水系统问题，尽可能落实详细规划中确定的目标与指标，并对受实施条件限制无法于近期在地块内实现的情况，给予系统性补救或预留未来实施条件；新建区编制系统化方案的主要目的是通过优化组合和比选，进一步细化项目实施的时序和要求，给出适合区域特点的项目组织实施方式和考核办法，同时保障实施期间也能达到海绵城市建设的要求。

系统化方案既避免了规划中部分内容无法近期实施落地或对部分建设项目无法管控的问题（如老旧小区改造项目一方面由于现有条件所限，可能无法在近期一步到位，达到规划给定的海绵城市管控目标，另一方面由于其不需要办理建设工程规划许可证，实际规划体系往往对其疏于管控），又避免了单个工程项目系统性差，在项目调整过程中可能走样、对城市水系统造成不利影响的问题。由此可见，系统化方案是衔接规划和设计的桥梁。

4.3.2　特点

海绵城市系统化方案的特点：一是整体性，基于流域（水系）整体而不是单个项目制订方案；二是导向性，按需求优先的原则，以问题或目标为导向编制方案，提出的建设项目或非工程措施都与需求紧密相连；三是系统性，方案梳理多工程体系与目标实现之间的关系，进行多工程优化组合与比选，综合考虑经济性、落地性和实施难度，力求做到整体效果最优而不是项目最优；四是协调性，方案整合水利、景观、排水、道路等多个专业，实现功能与景观、功能与功能之间的协调；五是可实施性，与规划不同，系统化方案以现有条件为基础，提出需要实施的工程项目库和非工程保障措施，保证项目在实施期内可以建设完成，建设目标得以实现，整体需求得到满足。

4.3.3　主要内容

海绵城市系统化方案的主要内容包括：

4.3.3.1　深入分析现状情况和存在问题

首先进行自然本底调查、存在问题分析和源头可改造性分析，确定方案编制区域的基本情况、海绵城市建设需求和海绵城市建设的可能性。

自然本底调查主要是调查城市的降雨径流关系、山水林田湖草等自然生态格局总体情况、河湖水系的情况等。其中城市降雨径流关系除了分析多年降雨情况（30年以上）、下垫面变化和土壤及地下水情况外，还应重点分析多年平均径流量等数据；山水林田湖草的自然生态格局情况推荐采用GIS等数据分析工具辅助确定生态的敏感性、低洼地和汇流路径等重点内容；而河湖水系分析除了分析区域内相关主要河道的水文数据外，还应分析其生态基流量、河道消落带等内容。

问题分析时，要因地制宜分析研究区域存在的水生态、水环境、水安全、水资源等问题。特别要注意的是，要结合城市的特点，对存在的问题的严重程度进行排序，如西北区域现有生态保护及水资源的利用是比较重要的问题，而南方沿海城市，水安全和水环境问题则比较突出；要定量化、细化分析，如在水环境方面除分析定量点源、面源、内源、水环境容量等内容外，还应考虑旱、雨季的变化，在水安全方面需要定量分析外江顶托、地垫低洼、客水入侵、管网能力不足、源头控制不利等因素对城市积水风险的影响，最终方案需按照先主后次的顺序制订，体现问题和措施的对应性。

与规划不同，系统化方案现状分析中还需对地块的可改造性进行深入的分析，尽量避免出现确定的指标或目标在实施过程中无法完成，从而影响整体目标实现的问题。

4.3.3.2　科学合理确定海绵城市建设目标

海绵城市建设目标的科学性和合理性十分重要。系统方案与海绵规划，特别是海绵城市总体规划相比，最主要的两点区别是：系统方案的区域相对比较小，规划中确定的部分指标对系统方案可能不适用，需要调整，如地表水功能区达标率在规划中是适用的，但在系统方案中由于河道数量少，就需要明确各条河道的达标情况，而不是笼统地给出达标率；系统化方案给定的实施期限往往比规划期要近，因此部分指标可能会低于规划给定的要求，应避免一蹴而就地确定目标、系统方案无法落地的情况，但在方案中应预留进一步完善优化的可能性，为最终达标创造条件。

4.3.3.3 统筹协调编制系统化实施方案

系统化方案与工程设计体系内的项目建议书、可行性研究报告、初步设计和施工图设计相比，其最显著的特点是系统性。

一方面，方案编制过程中，针对存在的问题，无论是水生态、水环境、水安全还是水资源，方案措施都应与目前存在的主要问题，或者新区建设的目标和需求相结合，按照解决问题有效性的顺序确定工程措施，并进行经济技术比较，评估各类工程措施的效果以及目标的达成情况。同时还应针对黑臭水体、内涝点等问题单独编制方案。

另一方面，往往出现一个工程措施在多个问题解决中都发挥作用的情况，或者多个工程措施需要纳入同一个工程项目中。如河道综合整治工程，可能同时具备解决防洪问题、减少河道顶托、提升河道水环境容量、增加生态岸线长度等功能。系统方案应把工程措施按照源头减排、过程控制、系统治理的思路进行统筹，给出每个工程措施综合解决存在的水生态、水环境、水安全、水资源等问题的要求。

4.3.3.4 制订与系统化方案相协调的保障措施

除工程措施外，系统化方案还应制订与其相协调的保障措施，明确不同类型项目之间的关系，理清责任边界，给出项目建设组织形式和实施方式建议，保证绩效考核的科学性和可操作性。特别是部分业主有将工程项目进行整体打包、采用PPP或EPC+O模式的意向时，系统化方案还应给出科学的打包方及绩效考核方案，避免目前很多PPP或EPC+O项目前期打包不合理，后期可用性服务费或运行费用支付时推诿扯皮的现象。

方 法 篇

第5章　系统化方案的编制思路

5.1　编制要求

系统化方案编制需要进行现场详细踏勘并充分分析,按照系统统筹的思路,采用定量的分析作为支撑,为后续提出合理目标和实施方案奠定基础。具体将从摸清本底、系统统筹及定量决策三方面介绍编制要点。

5.1.1　摸清本底,找到初心

编制系统化方案时,首先对区域的本底条件进行摸排、分析,找到城市或者区域核心水问题,破解城市涉水难题,这也是海绵城市建设的初心和核心目的。系统化方案本底条件分析从调研目的、调研内容及调研深度等方面展开。

5.1.1.1　调研目的

详细、准确的调研是制定科学、合理的技术方案的基础和先决条件,其目的体现在以下三方面:

首先,摸清不同本底的适宜性,有助于有的放矢。我国幅员辽阔,城市受气候、气象影响差异大,尤其是水文、地质条件对海绵城市规划建设影响很大,对海绵城市的需求也不同。根据"七分现状、三分方案"的原则和海绵城市规划建设的目的和内涵,坚持问题导向、需求导向,海绵城市规划建设应重视城市的差异性,如北方土壤适合下渗,南方土壤渗透性较差,渗透性能的准确分析和判断对源头减排设施的选择至关重要。从整个流域系统来看,不仅仅是地域性的差别,每个地块均有其特殊性。因此,海绵城市建设需具体分析每一个地区、流域、片区或地块。

其次,对现状问题的分析有助于摸清产生问题的具体成因。为了更好地编制方案,需要详细调研现状自然本底、水环境、水安全、水资源、水生态及源头改造可行性等具体问题,通过水质及水量监测、模型模拟等手段,找出现状最主要问题,并分析造成以上问题的原因。

最后，基于现状调研分析，做到因地制宜，有助于增强方案的可实施性。针对调研分析出的现状问题及建设需求，结合系统化方案编制区域不同本底条件，因地制宜地确定海绵城市规划建设目标，选择合适的规划途径，安排符合区域实际情况的可落地、可持续实施的项目措施，形成符合实际、实用管用的方案。

5.1.1.2 调研内容

调研内容包括自然本底调查、水环境问题分析、水安全问题分析、水资源问题分析、水生态问题分析及源头改造可行性现状调查与分析等。

（1）自然本底调查

自然本底调查要求调查城市自然生态状况，梳理城市气候降雨、地形地貌、降雨径流关系、区位高程分布、土壤下垫面及山、水、林、田、湖、草等生态本底情况和城市现状，进行降雨径流关系分析、山水林田湖分析以及河湖水系分析等，获取城市的水文循环规律或特征、产汇流特征、土壤类型分布以及不同土壤类型的渗透特点，并以此来评价当地的水文循环特征、城市产汇流特征变化、土壤渗透性能，分析自然山水格局和城市蓝绿空间，为城市汇水分区、年径流总量控制率的确定、河湖生态修复规划设计、实现保护和恢复城市天然海绵体的管控要求提供设计依据。

（2）水环境现状调查与分析

水环境现状调查要求开展详细的流域水环境问题调查和水质监测，涉及河道区域内、区域外上下游及沿线排口水质和流量监测，全线排口溯源排查和底泥监测，城市排水设施分布和运行情况调查，分析区域现状排水体制、现状污水厂情况、现状污水管线及泵站情况、现状截流设施及运行情况、现状雨水系统情况、现状补水工程等，明确河道、排口、设施现状情况及其存在的问题，评估雨水、污水收集及处理系统能力是否充足。通过水质监测获取数据并模拟计算，明确河道现状水环境本底，计算河道水环境容量，分类计算入河污染物，为制定针对性的污染物削减方案奠定基础。

（3）水安全现状调查与分析

水安全问题可通过调查历史内涝积水点、模型模拟等技术手段进行分析。收集梳理城市气候降雨、地形地貌、土壤下垫面、外部河水水位/海水潮位、河道水位等资料，调研现状防洪体系、排涝设施等情况，借助水文、水动力模型分析城市和区域的年降雨特征，并进一步用于内涝分析和雨水管网规模设计校核、模型参数率定。根据水文地质资料分析区域地下水埋深情况、土壤和下渗特点。利用水文模型、水动力模型划分城市汇水区域，完成城市现状用地内降雨的产汇流过程模拟，完成历史内涝积水点的复核。对于现状建设用地阻碍径流或侵占低洼地区的，提供整治方案，调整规划，避免阻碍天然产汇流路径和通道，并评估其是否满足城市防洪排涝要求。

（4）水资源现状调查与分析

水资源现状调查要求弄清城市或区域再生水、集蓄雨水等非常规水资源现状利用情况、非常规水资源利用设施运行情况和存在的主要问题。利用统计分析、GIS空间分析等技术手段，分析现状水资源供需平衡情况，特别是生态用水保障情况。根据非常规水资源设施利用现状，对区域雨水资源与再生水资源的利用潜力进行分析，并对系统化方案提出的实施期内可实施的解决思路进行论证与分析。

（5）水生态现状调查与分析

水生态现状调查要求识别山、水、林、田、湖等生态本底要素，确定重要的水生态敏感区域，并分析敏感原因。通过将现有蓝线、绿线、生态基本控制线等生态线与高度水生态敏感区进行叠加，确定应严守的生态基线范围与未划入生态基线的范围，进而明确区域生态格局中应关注的重点。同时，确定生态空间格局，明确保护与修复要求。

（6）源头改造可行性现状调查与分析

源头改造可行性现状调查要求对建筑小区、市政道路、公园绿地和工厂企业等地块，针对性调查其建设年代、建筑屋顶、硬化铺装、绿地、水面、水系等，分析对比其现状及规划用地性质、容积率、绿地率、铺装情况，研究地块现状及规划排水体制、土壤地质条件、房屋建设情况、绿化景观情况、停车位情况、道路铺装情况、设施完好度、有无雨水利用设施建设空间等，结合居民业主的改造诉求，对地块进行改造技术可行性及必要性分析，确定地块是否改造及改造时序等。

5.1.1.3　调研深度

根据以上调研内容分别介绍调研深度。

（1）自然本底调研深度

自然本底调查应覆盖整个系统化方案编制区域内降雨径流关系、生态要素、河湖水系等类型，对生态本底现状条件、河流地貌、水系（水源地、河流、湖泊）水质和水量监测及水生态系统等内容进行调研。

（2）水环境、水资源调研深度

水环境和水资源结合紧密，在此对两者调研深度一并作要求。水环境及水资源调查应覆盖整个系统化方案编制区域，包括河道及排口水质分析、排水体制分析、排水口调查、区域排水设施现状分析、污染负荷计算、水环境容量分析及对比、非常规水资源现状供需情况、用水潜力及利用难点等类型，需对整个系统化方案编制区域内排水管网、检查井、排口、泵站、处理设施、河道、现状非常规水资源量、供水现状及非常规水资源利用量、现状水资源供需平衡分析等进行调研。

（3）水安全调研深度

水安全调查应覆盖整个系统化方案编制区域，包括内涝情况、积水点情况等类型，对区域内降雨、气候气象等自然特征、流域及区域特征、城市排水特征等进行调研。

（4）源头改造可行性调研深度

源头改造可行性调查应覆盖系统化方案编制区域内所有地块，包括建筑小区、市政道路、公园绿地和工厂企业等用地类型，应对建设年代、停车位情况、设施完好度、现状及规划用地下垫面面积等进行调研。

5.1.2 系统思维，统筹思考

方案制定时，不可"头疼医头、脚疼医脚"，要从"源头减排、过程控制、系统治理"三个方面进行统筹考虑。在编制过程中要从解决问题、统筹关系、梳理边界、理清体系几个方面注重和提高系统性。解决问题方面，需要在源头小区、过程中的管道调蓄等设施、山水林田湖的系统之间寻求合理组合，综合统筹以达到经济高效、落地可行的目的；统筹关系方面，需要统筹好内涝、水体黑臭等问题对不同单体项目的要求，以使具体建设项目达到同时解决内涝和黑臭等多个问题的系统性最优的目标；梳理边界方面，需要理清源头、过程、末端的每个项目之间的"责任分担"，明确不同项目的"职责"，以指导后期的设计；理清体系方面，需要梳理清楚系统内部的关系，如污水系统中污水处理厂、干线系统和CSO截流调蓄的关系，使之规模衔接、匹配。

5.1.2.1 统筹"灰色"与"绿色"的关系

海绵城市建设的理念是"灰绿结合，绿色优先"，即绿色基础设施和灰色基础设施相结合，绿色基础设施优先建设。"绿色"即自然生态。绿色基础设施注重自然生态系统的利用，主要应对大概率中小降雨。"灰色"即蓄水模块、管道建设等地下隐蔽工程。灰色基础设施依靠工程措施，主要应对小概率强降雨。灰绿结合，避免过度工程化对环境生态系统造成的干扰和破坏，适度控制灰色设施的建设规模，提高投资效率。"绿色"与"灰色"要相互融合、互补，不可顾此失彼。更重要的是，通过加强城市规划建设管理，充分发挥建筑、道路和绿地、水系等生态系统对雨水的吸纳、蓄渗和缓释作用，有效控制雨水径流，实现自然积存、自然渗透、自然净化的城市发展方式。

5.1.2.2 统筹系统和碎片的关系

海绵城市建设包括源头减排、过程控制、系统治理。其中，源头减排包括建筑小区、道路以及广场海绵化改造等；过程控制包括管网、调蓄设施、临时净化设施、污水处理厂等；系统治理包括山水林田湖、园林绿地、河道整治等。

根据海绵城市建设要求，对建设项目进行长期系统性安排，结合编制区实际条件和基础，按照项目特点和类型、实施效果，系统推进海绵城市建设，打造海绵城市的连片效应，避免海绵城市的碎片化，把项目关系梳理清楚，合理安排建设项目时序。

5.1.2.3 统筹新区和老区的关系

城市规划建设区和建成区在系统化方案编制中应有所差别。

（1）规划建设区以目标为导向

规划建设区（主要指新区）以目标为导向，控制加法。规划建设区应重点明确管控要求，明确在区域开发建设中需要保护的自然本底和需要控制的竖向、地块指标。具体产出主要是如何将蓝线绿线等自然本底保护要求、区域竖向控制和具体地块径流控制指标反馈到相关法定规划中，避免城市开发对天然水文循环的冲击，减少城市涉水方面问题的发生。

（2）现状建成区以问题为导向

现状建成区（主要指老区）以问题为导向，强化减法。城市建成区应从编制区实际问题出发，通过现场踏勘、走访座谈、监测评估、模型分析等方式，针对内涝积水、水环境恶化、水资源不足等现状问题进行详细科学的分析，并对其原因进行深入分析。针对问题提出具体解决方法，并将各个方面分解落实为具体的建设项目和要求。从源头减排、过程控制、系统治理三个方面对各种建设项目进行综合统筹，明确具体的建设要求。重点是确定解决涉水问题的工程和非工程体系，在上位规划的指导下结合区域特点和可实施性，提出解决问题的具体工程措施。强调项目实施的可操作性，避免大范围拆建，建设项目以点带面达到连片效应的建设要求。具体产出重点是明确工程项目清单，确定每个项目所承担的责任、具体要求和相关标准，将这些要求和标准反馈到设计之中，指导设计，避免项目之间的碎片化，有效解决区域现状涉水问题。

5.1.2.4　统筹涉水各方面的关系

海绵城市建设的核心理念是低影响开发，将自然界的山、水、林、田、湖作为完整的生命共同体，集成LID技术、城市防洪排涝、面源污染防治、合流制排水溢流污染治理等多种技术，统筹保护水生态、改善水环境、保障水安全、涵养水资源等措施，综合分析地块和市政项目的协同作用和功能，实现系统间的统筹、多目标的优化统筹以及系统内部的统筹，提出海绵城市建设任务和规模，避免工作重复。综合利用城市水资源，统筹解决城市的水安全、水环境、水资源、水生态问题，营造城市水文化。

5.1.2.5　长期规划与分步实施相结合

确定工程体系各改造项目时，应根据建设要求、居民诉求、改造条件等综合确定建设类型和要求，加强项目的落地性、可实施性。根据海绵城市建设要求，结合城市总体规划和建设，在各类建设项目中严格落实各层级相关规划确定的海绵城市控制目标、指标和技术要求，对建设项目进行长期系统性安排，结合编制区实际条件和基础，按照项目特点和类型、实施效果，合理安排建设项目时序。按照不同区域建设难易程度，统筹构建自然途径与人工设施，有序推进海绵城市建设进程。

5.1.3　定量决策，模型支撑

定量分析有助于确定城市或区域现状问题的主次关系，找出主要问题，从而提出合理的解决方案。模型作为其中一种定量分析方式，可模拟出多因子变量条件下的定量结果，如不同降雨、地形地貌、下垫面、管网、河道水位等综合情景下的河水水质达标天数、河道水生态破坏程度、内涝点积水原因定量化、城市雨水资源利用等。通过多情景、多目标的模拟分析，进而构建城市水系统水质—水量—水生态联合调控模型，为制定方案提供支撑。因此，有条件的城市推荐利用模型进行定量分析，确定好各个设施和项目在系统中的"职责"，为确定设施规模奠定良好的技术基础，提升方案的科学性。本节将从提高问题成因分析的准确性、确保工程方案的实施效果及提高工程方案的经济性三方面展开介绍。

5.1.3.1　提高问题成因分析的准确性

为增强海绵城市系统化方案的工程落地性，需运用模型准确评估现状系统的管道能力、内涝情况及年径流总量控制率等情况，明确基础条件，识别现有水系问题，分析其成因，为工程体系的构建提供基础。同时，通过模型的运用，指导工程方案的评估和比选，辅助确定工程方案。以下分别介绍水环境、水安全、水资源和水生态等方面的现状分析。

对水环境现状问题的模拟：在充分收集现状数据的基础上，根据水质目标、设计条件，借助先进的水质模型，结合现状调研和相关监测资料，科学定量核算旱季和雨季的城市点源、农村点源、合流制溢流污染、城市面源、农村面源、河道底泥等各类污染物排放量，对比计算得到不同汇水单元或河段的水环境容量，确定不同河段的核心污染源，从而达到抓住核心问题、理清污染源的目的。同时，对各环节物料进行定量平衡计算和分析，为合理确定污水量和收集、处理设施规模提供依据。

对水安全现状问题的模拟：根据城市规模、城市发展水平，确定城市排涝重现期、内涝等级；利用水文模型、水动力模型，进行情景设置，通过模拟短历时、长历时设计降雨情景，划分汇水区域，模拟现状条件下降雨的产汇流过程，获得与历史积水点对应的模型模拟积水点；通过确定管网受顶托、管网传输能力等各类问题占比，定量分析每个积水点的问题，为源头小区改造等实施方案提供数据支撑。同时，可通过水力模型模拟海绵城市建设中的径流、汇流、管道流等过程，评价管道的设计能力，达到评估城市排水能力的作用，根据城市内涝风险等级，对城市内涝风险进行模拟评估。

对水资源现状问题的模拟：利用调研区域的多年平均水资源量（地表水、地下水和重复计算部分）、人均用水量、人均水资源量、多年平均可利用水资源量、人均可利用水资源量等现状水资源量，供水现状及非常规水资源（包括再生水、雨水和海水淡化等）利用情况，进行统计分析，并结合河道生态基流量测算，分析该区域是否存在再生水、雨水等非常规水资源的利用需求。

对水生态现状问题的模拟：利用GIS等分析工具，从空间上定量识别山、水、林、田、湖等生态敏感性区域，利用层次分析法，划分高中低度生态敏感区，重点分析汇流路径、低洼地等重要因素，并与现状建设用地进行对比，评估生态安全格局存在的问题。

5.1.3.2 确保工程方案的实施效果

利用模型等分析工具对系统规划方案进行定性及定量的复核，通过不同的降雨情景分析，进行各种方案评估，利用丰富的量化统计手段评估各方案实施的效果。改造后管网系统能力的提升、内涝的缓解、溢流污染的削减、年径流总量控制率的提高、水环境的达标情况等都可以通过模型的运行计算来得到复核。本部分从水环境改善、水安全提升、水资源利用和水生态修复等方面对工程方案的实施效果进行模拟评估。

针对水环境改善的工程实施效果，需要定量分析污染物的去除效果，分析在旱、雨季等不同情景下能否达到预期目标，在有条件的情况下，建议采用城市水环境数学模型来辅助确定。城市水环境数学模型主要利用水文模型开发、河道水动力模型开发和水质模型开发实现。其中，水文模型用于模拟流域内的降雨产汇流过程，需对城市主要河流进行汇水分区的划分。为便于污染负荷的统计和模型边界的分析，汇水分区主要分为农村径流区和城市径流区。水动力模型用于对流域内现有河道进行建模，设置河道断面，通过与水文模型耦合实现水量的汇入模拟。水质模型用于对城市主要污染负荷类型进行主要污染物指标的模拟。根据污染负荷统计，从而实现污染负荷空间分布落位，并定量评估控源截污的各项措施对污染去除的效果。

针对水安全提升的工程实施效果，需要定量评估各种工程措施的实施效果，并复核积水点消除情况、内涝风险区削减情况和管渠重现期提升情况。城市水安全数学模型主要利用水文模型、河道水动力模型和水质模型进行模拟。运用模型模拟城市排水管网、明渠，排水河道、各种水工构筑物以及二维坡面流，实现流域洪水、城市洪水等的模拟研究。核算实施海绵城市源头减排项目建设，泵站或闸门建设、增强河道及排水管网的排放能力等措施后积水点的消除情况，地势低洼区采取规划调整竖向、海绵项目消纳、提高排水设施排水性能等举措后内涝风险的削减情况，合流制区域经过雨污分流制改造、源头减排项目建设或设置强排泵站后管渠重现期的提升情况，量化城市水系统安全程度。

针对水资源利用的工程实施效果，需要定量分析工业、市政、河湖生态补水的需求，分析雨水资源利用和降雨的关系，充分考虑降雨日和雨后不需要利用雨水的情况，以及综合利用再生水和水库等水源为各类需求供水的情况。有条件时还可利用河道水文模型分析河道补水后能否达到生态流速等。

针对水生态修复的工程实施效果，需要定量分析实施后生态岸线恢复等情况，还可利用模型模拟区域实施海绵型生态节点、水廊道、河湖水系生态修复措施后的水环境质量改善情况。

5.1.3.3　提高工程方案的经济性

不同于传统方案的碎片化模式，海绵城市系统化方案具有全方位、系统性的特征，不仅仅靠灰色设施的提标改造，而是综合了雨水管渠系统改造、排口改造、截污调蓄措施及河道清淤等措施来尝试解决城市目前所面临的一系列问题，其经济性主要表现在两大方面：一是构建系统性的模型可将所有方案综合导入，进行水环境、水安全、水资源、水生态各项指标系统性的评估，借助软件的方案管理模块，进行不同的方案测算，进一步对源头减排、过程控制、系统治理等措施进行优化，确保方案的合理性。二是通过模型进行详细校核，多方案经济比选，全生命周期、全流程综合考虑建设费用、运行费用、征地拆迁难度等，确定最有效和经济合理的海绵城市建设方案，达到进一步提高工程方案经济效益的目的。

5.2　产出

5.2.1　成果构成

海绵城市系统化方案的成果一般包括规划说明书（以下简称说明书）、图集和主要附件。其中，主要附件又包括相关专题研究报告及其他材料。若说明书中方案内容较为复杂或政府部门确有需求，可根据说明书内容编制简本。以下将从说明书、图集、相关专题研究报告及简本四个方面介绍成果产出。

5.2.1.1 说明书

1．主要内容

说明书主要包括方案编制总论、研究区域现状问题分析、目标和技术路线、源头径流控制建设方案、内涝治理系统方案、水生态环境治理方案、水资源综合利用方案、综合统筹方案、近期建设项目工程量和投资估算、预期效果评估及实施保障等内容。

（1）方案编制总论

方案编制总论包括编制背景、原则、研究范围、期限、上位及相关规划等。其中，编制背景主要介绍系统化方案的编制需求、目的及依据；原则即方案编制的整体思路；研究范围即在方案编制区规划范围的基础上，为保证流域的完整性所划定的范围，作为问题分析及方案编制的基础；期限即方案编制的实施期限，一般包括近期期限及远期期限；上位及相关规划一般指总体规划、海绵专项规划、污水专项规划、蓝线规划、绿线规划、水功能区划要求文件及其他相关规划等。

（2）研究区域现状问题分析

研究区域现状问题分析包括研究区域基本情况、现状问题、成因分析等。其中，基本情况一般包括位置与范围分析、地形地貌分析、土壤及地下水分析、降雨特征分析、现状水系分析、土地利用情况分析、现状下垫面分析、本底径流条件分析、海绵化改造性分析、现状排水体制分析、现状防洪排涝系统分析、现状雨水系统分析、现状污水系统分析、现状再生水利用系统分析、现状河道岸线情况分析等；现状问题及成因即对编制区的问题进行总结并进行详细的成因分析，一般从水环境、水安全、水生态、水资源四大方面进行总结并对具体成因进行详细分析，如水环境中水体水质不达标或出现黑臭等问题，成因一般有污水厂（站）能力不足、管网混错接、合流制溢流、工业污水偷排直排、管网空白区、城镇—农业及畜禽养殖业产生的面源污染未进行控制、岸线垃圾及底泥淤积未定期清理等；水安全中洪涝积水的问题，成因一般有现状防洪标准偏低、防洪堤或闸站不达标、截洪沟不完善或不达标、雨水管网能力不足、管网不完善、局部洼地等；水生态中生态岸线率低的问题，成因一般有河道蓝绿线被侵占或硬质化、三面光等；水资源中的再生水、雨水等非常规水资源利用率低的问题，成因一般有再生水利用工程不完善或尚未开展等。

（3）目标和技术路线

目标和技术路线包括定位、建设目标、指标体系、编制思路和技术路线等。该部分的核心内容为建设目标、指标体系及技术路线，以指引系统化方案核心内容的编制，也是方案编制的核心脉络。其中，建设目标一般包括总体目标及分项指标；指标体系一般从水安全、水环境、水生态、水资源、制度保障、显示度等多方面制定；技术路线需根据实际方案的编制情况进行制定，一般可从水环境、水安全、水生态、水资源四个方面分别制定或合并制定。

（4）源头径流控制建设方案

源头径流控制建设方案包括管理单元划分、核心指标分解、场地和道路等不同类型用地源头径流控制方案。其中，管理单元划分一般包括划分原则、方法、具体分析过程及结果；核心指标分解即为便于指标的达标及管控，将指标分解至各管理单元，该内容一般包括上位规划管理单元指标分析、现状本底值及需求分析等内容；场地和道路等不同类型用地源头径流控制方案包括将管控单元的指标分解至各地块及道路项目，应清晰表述项目名称、类别、位置及指标要求，便于政府下发管控指标。

（5）内涝治理系统方案

内涝治理系统方案包括"源头减排、排水管渠、排涝除险、应急管理"的系统工程和非工程方案等。其中，源头减排方案一般包括源头地块类项目的积水点改造、源头径流控制或峰值削减方案；排水管渠一般包括雨水管渠的能力提升及新建方案；排涝除险一般指闸站、防洪堤等防洪工程的能力提升、新建或布局优化等方案；应急管理指为应对工程无法解决的灾害性风暴潮事件所采取的应急措施，一般需根据方案需求增减，包括群众转移、大坝等防洪工程临时保障方案、交通引导方案、卫生救护方案等内容。

（6）水生态环境治理方案

水生态环境治理方案包括"控源截污、内源治理、活水补给、生态修复、长制久清"的工程和非工程方案等。其中，控源截污一般包括污水厂、泵站的扩建或新建、雨污水混接点改造、合流制溢流控制、工业废水偷排直排控制或执法管理、污水管网完善、面源削减方案等；内源治理一般包括岸线垃圾整治、河道清淤方案等；活水补给一般包括水源选取、补水管网建设及补水点选取方案等；生态修复一般包括岸线的生态修复、低洼地保护、蓝绿线划定等方案；长制久清一般指政策上的管控措施，需根据方案实际需求增减，同时需根据实际情况编制。

（7）水资源综合利用方案

水资源综合利用方案包括再生水、雨水等非常规水资源的综合利用方案等。其中，再生水资源利用方案一般包括用水对象、水质要求、用水需求、水源分析、配水方案等；雨水水资源利用方案一般包括雨水利用方式、用水需求、补水点位选取及管网布局等内容。

（8）综合统筹方案

综合统筹方案即对水安全、水环境、水资源、水生态等方案中的所有项目进行总结提炼，避免项目的重复建设，对同一项目实现多个目标的工程进行合并。一般从源头、过程、末端三个方面进行总结，需重点突出单个项目所承担的多目标要求，例如，某源头小区改造项目，既需要实现源头减排项目的指标要求，又需进行水环境方案中源头混错接的分流制改造，还需执行水安全方案中源头积水点的改造等。

（9）近期建设项目工程量和投资估算

近期建设项目工程量和投资估算需根据系统化方案梳理工程建设的项目清单、建设时序和投资需求。该部分主要总结项目数量、投资、各工程类别等内容。

（10）预期效果评估

预期效果评估即通过模型计算等手段，开展目标可达性分析。根据编制经验，其一般包含内涝积水点整治情况的评估分析、年径流总量控制率达标分析及面源污染控制率达标分析。

（11）实施保障

实施保障包括组织、制度、管理、资金、能力建设等方面的保障措施。

2. 图表

编制系统化方案时，为便于读者更好理解文字说明，通常以图表形式重点突出文字说明的核心含义，本部分以文字说明的主要内容为基础，总结归纳相应的图表，并针对不同文字说明背景提出图表的突出重点、图幅数量及必要性。

（1）方案编制总论

方案编制总论一般包括编制背景、原则、研究范围、期限、上位规划等内容。其中，研究范围及上位规划编制内容一般需要配图表进行说明，编制背景、原则、期限等多以文字表述。例如，编制范围作为说明书的重要组成部分，需附图表示具体的编制范围线，一般根据文本情况需要1～2幅图配合表述，应突出编制区在省、市、区的区位。为了更加清晰地表示编制区的位置，可标注主要的河道及路网信息，以快速锁定区域范围。综上原则，从研究范围、上位规划两个方面对方案编制总论所需的图表及图表重点突出内容、数量及必要性进行总结，具体内容见表5-1。

方案编制总论所需图表产出统计表　　　　表5-1

方案内容	序号	图纸/表格名称	重点突出内容	数量（个）	必要性
（一）图					
研究范围	1	编制范围示意图	编制范围及重要河道路网信息	1	高
	2	区位图	编制范围所在省、市、区的区位图	1～2	中
上位规划	1	空间结构规划图	方案编制区空间结构的范围	1	中
	2	规划范围图	方案编制区在上位规划编制区中的位置	1	高
	3	污水系统规划图	（1）方案编制区在上位规划的污水系统中的范围； （2）厂—网—河的分布、规模情况，必要时可局部放大展示方案编制区情况； （3）污水厂规划服务范围	1～2	高
	4	雨水系统规划图	（1）方案编制区在该图中的范围； （2）雨水管网及收纳水体的分布情况，必要时可局部放大展示方案编制区情况	1～2	高
	5	绿地系统规划图	（1）方案编制区在该图中的范围； （2）方案编制区公园绿地的分布情况，对重点说明的公园及绿地进行标注	1	高
	6	水系分布图	（1）方案编制区在该图中的范围； （2）方案编制区河道水系的分布情况，对重点说明的水系进行标注	1	高
	7	蓝绿线规划图	（1）方案编制区在该图中的范围； （2）方案编制区蓝线、绿线的分布情况	1～2	高

续表

方案内容	序号	图纸/表格名称	重点突出内容	数量（个）	必要性
上位规划	8	水功能区划图	（1）方案编制区在该图中的范围； （2）方案编制区水功能区标准	1	高
	9	防洪标准图	（1）方案编制区在该图中的范围； （2）方案编制区各洪涝设施标准清晰	1~2	高
	10	水资源利用规划图	（1）方案编制区在该图中的范围； （2）方案编制区水资源利用的厂、网分布情况	1	高
（二）表					
上位规划	1	城镇等级规划结构一览表	方案编制区所在的城镇等级及人口规模	1	高
	2	城市发展目标指标体系表	海绵城市水环境、水生态、水安全、水资源等方面的重要目标指标值	1	高
	3	污水系统规划一览表	（1）污水厂、泵站近、远期规划规模； （2）污水厂排放标准	1~2	高
	4	雨水系统规划一览表	雨水管网设计标准	1	中
	5	绿地规划统计表	方案编制区内重点保护的公园及绿地	1	高
	6	规划水系统计表	方案编制区内的河道水系长度、宽度等信息	1	高
	7	蓝绿线规划一览表	河道蓝绿线保护宽度	1	高
	8	水功能区划统计表	方案编制区河道的水质标准	1	高
	9	防洪设施规划标准一览表	方案编制区防洪堤、排洪渠、闸、泵站等设施的防洪标准	1	高

（2）研究区域现状问题分析

研究区域现状问题分析包括研究区域基本情况、现状问题、成因分析等，上述内容均需要图表的补充说明。例如，现状问题分析作为方案编制的基础，在对水环境方面的水体水质不达标、黑臭等问题进行分析时，需图示具体黑臭、水质不达标的河道及位置，通过表格总结具体黑臭或不达标河段的名称及长度；对水安全方面的内涝积水点问题进行分析时，需图表说明具体积水点位置、积水时间、模型模拟的积水风险点与现状历史积水点对比情况等；对水生态方面的三面光、生态岸线比例不达标等问题进行分析时，需图示具体硬质岸线或三面光岸线的河段及位置，通过表格说明具体河道硬质岸线长度、占比等信息；对水资源方面区域淡水资源缺乏且水资源利用率低等问题进行详细说明时，一般需图示现状水资源利用工程分布情况，通过表格总结具体水资源的利用量及利用率等数据。综上原则，从基本情况、现状问题及成因分析两个方面对研究区域的现状问题分析所需的图表及图表重点突出内容、数量及必要性进行总结，具体内容见表5-2。

研究区域现状问题分析所需图表产出统计表　　　表5-2

方案内容	序号	图纸/表格名称	重点突出内容	数量（个）	必要性
			（一）图		
基本情况	1	方案编制区区位图	方案编制区在市、区及重点区域中的位置	1	低
	2	方案编制区范围图	研究范围及编制范围	1~2	高
	3	地形地貌示意图	高程、坡度、坡向信息	2~3	高
	4	土壤分布图	土壤分布情况	1	高
	5	土壤地勘点位图	地勘点位分布情况	1	低
	6	降雨数据分析图	近30年平均年降雨数据、月降雨数据变化情况	2	中
	7	短历时降雨及长历时设计雨型图	不同重现期下的雨型分布	>2	高
	8	现状水系图	（1）外江及内河涌分布及名称；（2）现状水系照片	>1	高
	9	土地利用现状图	现状各类用地按照《城市用地分类及规划建设用地标准》GB 50137—2011颜色要求图示	1	高
	10	土地利用规划图	规划各类用地按照《城市用地分类及规划建设用地标准》GB 50137—2011颜色要求图示	1	高
	11	现状及历史影像图	清晰表示历史年份土地下垫面的变化情况	>1	低
	12	模型搭建成果平面图	模型选取参数	1	低
	13	现状可改造项目分布图	可改造项目类别、分布情况、现场问题照片、改造措施等	1~10	高
	14	现状排水体制分布图	现状排水体制分布情况	1	高
	15	现状污水系统图	（1）污水厂、网、河分布及规模情况；（2）污水厂服务范围	1~3	高
	16	现状雨水系统图	雨水管渠及相关河道分布情况	1	高
	17	现状排口分布图	区分排口类别，图示排口的分布、重点标准河道名称	1	高
	18	现状排口分析图	现场调研、普查管网情况及现场调研照片	>2	高
	19	现状积水点分布图	积水点分布情况	1	高
	20	内涝风险点	模型模拟现状内涝风险点的分布情况	1	高
	21	现状防洪工程分布图	现状堤防、闸、站、排洪渠等分布情况	>1	高
现状问题及成因分析	1	现状水体水质情况分布图	河道现状水质分颜色图示，并突出黑臭水体河段、水体水质	>1	高
	2	现状水环境问题分析图	污染源占比分析及相关点源、面源、内源问题分析图	>3	高

续表

方案内容	序号	图纸/表格名称	重点突出内容	数量（个）	必要性
现状问题及成因分析	3	现状水安全问题分析图	积水点、不满足规划标准的雨水管渠分布、内涝风险点的分布及相关成因分析	>5	高
	4	现状水生态问题分析图	现状河道岸线及已建区、未建区、未开发区等建设情况分布	>2	高
（二）表					
基本情况	1	地形信息统计表	不同高程范围、坡度范围的面积及占比	>2	高
	2	土壤类型统计表	不同土壤类型面积	1	中
	3	土壤渗透性分析表	土壤渗透系数	>1	高
	4	降雨数据统计表	多年平均降雨量、最大年降雨量、最小年降雨量、多年平均降雨天数等	>1	中
	5	历史极端台风、暴雨情况统计表	降雨等级、雨量	>1	低
	6	典型年降雨分析表	相关典型年分析的统计表	>1	高
	7	现状江、河、涌、排洪渠统计表	长度、宽度、水深信息	1	高
	8	现状和规划用地对比表	各类用地面积、占比	1	中~高
	9	改造项目表	项目可改造性分析相关内容，如调研项目情况、居民需求情况、项目存在的问题等	>1	高
	10	现状排水体制统计表	排水体制面积、占比	1	高
	11	污水系统统计表	污水厂规模、服务面积、占地信息、服务泵站及管网长度信息	2~3	高
	12	雨水系统统计表	雨水管渠长度、管径信息	1	高
	13	现状排口信息统计表	排口类别、数量、收纳水体	—	高
	14	历史积水点情况一览表	积水点位置、积水深度、积水时间、积水成因等信息	1~2	高
	15	现状防洪设施统计表	位置、现状设防标准、达标情况等	>1	高
现状问题及成因分析	1	现状水系水质情况统计表	水质监测数据及所属水质标准	1	高
	2	点源污染物统计表	不同河道点源入河量及污染物排放量	2~5	高
	3	面源污染统计表	各类面源污染物排放量	3~6	高
	4	内源污染统计表	河道污泥情况及内源污染物排放量	1~3	高
	5	水环境容量分析表	水环境容量及污染物排放量对比关系	1~2	高

续表

方案内容	序号	图纸/表格名称	重点突出内容	数量（个）	必要性
现状问题及成因分析	6	水安全问题及成因统计表	（1）现状雨水管渠及防洪设施不满足规划要求或近期需求的位置、规模、长度、管径等信息； （2）内涝点位置、数量、积水时间； （3）内涝模拟风险点位置、数量及积水时间	>3	高
	7	水生态问题及成因分析表	（1）岸线生态及硬质长度、占比信息； （2）现状用地开发情况； （3）现状径流系数信息	1~3	高
	8	水资源问题及成因分析表	现状水资源利用设施、用途、利用量	0~1	高

（3）目标和技术路线

目标和技术路线主要包括定位、建设目标、指标体系、编制思路和技术路线等。其中，指标体系及技术路线的内容一般需配图表进行说明，定位、建设目标、编制思路等内容通过文字表述即可。指标体系一般从水安全、水环境、水生态、水资源、制度保障、显示度等多方面制定，在分析每项指标的内容及目标值时，通常分析国家要求、上位规划要求、现状本底条件及现状需求等，并借助图表说明。例如在分析年径流总量控制率指标时，需通过图示说明编制区在上位规划及相关管控分区/排水分区中的位置，涉及的管控分区/排水分区要求的指标数据需通过表格形式总结。综上，从指标体系、技术路线两个方面对目标和技术路线所需的图表及图表重点突出内容、数量及必要性进行总结，具体内容见表5-3。

研究区域目标和技术路线所需图表产出统计表   表5-3

方案内容	序号	图纸/表格名称	重点突出内容	数量（个）	必要性
			（一）图		
指标体系	1	水环境分项指标分析图	相关指标在上位规划中的分布情况	≥0	中
	2	水安全分项指标分析图	相关指标在上位规划中的分布情况	≥0	中
	3	水生态分项指标分析图	相关指标在上位规划中的分布情况	≥0	中
	4	水资源分项指标分析图	相关指标在上位规划中的分布情况	≥0	中
技术路线	5	技术路线图	水环境、水安全、水资源、水生态技术路线	1~4	高
			（二）表		
指标体系	1	分项指标统计表	各类分项指标目标值	1	高
	2	分项指标目标确定分析表	相关分项中重点内容，例如水环境的不同文件的水质目标要求、年径流总量控制率需求值与规划值对比表等	≥0	高

（4）源头径流控制建设方案

源头径流控制建设方案主要包括管理单元划分、核心指标分解、场地和道路等不同类型用地源头径流控制方案，上述内容均需配图表进行说明。例如，管控单元划分及核心指标分解需配图说明具体分区边界、指标分布，分析过程中流域划分、排水分区边界、雨水管网分布、地块边界等情况，同时应通过表格说明具体管控分区的名称、面积、指标、径流路径等信息；源头径流控制方案需图示具体项目的分布情况，清晰表示项目位置及项目类别等，具体项目的工程量数据及指标要求需通过表格形式进行说明。综上原则，从管理单元划分及核心指标分解、源头径流控制方案两个方面对源头径流控制建设方案所需的图表及图表重点突出内容、数量及必要性进行总结，具体内容见表5-4。

研究区域源头径流控制建设方案所需图表产出统计表　　　　表5-4

方案内容	序号	图纸/表格名称	重点突出内容	数量（个）	必要性
（一）图					
管控单元划分及核心指标分解	1	管控单元分布图	管控单元划分及范围；相关管控单元划分分析图，如流域划分、排水分区情况等	1~4	高
	2	管控单元指标分布图	指标分布情况	1	中~高
源头径流控制方案	3	源头项目分布图	源头项目分类展示分布、指标目标、LID设施规模情况等	≥2	高
	4	源头项目改造措施图	不同情况的改造措施详图	≥0	中~高
（二）表					
管控单元划分及核心指标分解	1	管控分区及指标统计表	管控分区名称、面积、指标	1~4	高
源头径流控制方案	2	源头项目年径流总量控制率指标表	项目名称、面积、所在地块及道路编号、年径流总量控制率要求及引导性的目标要求	≥1	高
	3	改造措施统计表	具体问题及与之对应的改造措施	≥0	中

（5）内涝治理系统方案

内涝治理系统方案主要包括"源头减排、排水管渠、排涝除险、应急管理"的系统工程和非工程方案等。以上分析内容均需配图表进行说明。其中，源头减排需图示源头积水点改造项目的分布情况，通过表格总结具体项目的名称、面积、积水点数量等信息；排水管渠需分不同类别图示雨水管网建设的分布情况，包括新建、能力提升等，通过表格总结雨水管网新建及改造的长度、管径等信息；排涝除险需根据文字说明内容附图说明具体工程措施的分布情况、积水点整治情况等，同时通过表格总结所需工程的工程量、规模等信息。综上原则，从源头减排、排水管渠、排涝除险、应急管理四个方面对内涝治理系统方案所需的图表及图表重点突出内容、数量及必要性进行总结，具体内容见表5-5。

研究区域内涝治理系统方案所需图表产出统计表   表5-5

方案内容	序号	图纸/表格名称	重点突出内容	数量（个）	必要性
			（一）图		
源头减排	1	源头项目分布图	源头项目分布情况及项目名称	1	高
排水管渠	2	近期规划管渠工程分布图	分近期新建、能力提升等不同类别展示工程的分布情况，必要时可利用多张图分别说明	≥1	高
排涝除险	3	历史内涝积水点分布图	历史内涝点分布情况	1	低
	4	积水点整治方案图	具体整治措施分布情况，必要时可分积水点分别图示	≥1	高
			（二）表		
源头减排	1	源头项目统计表	源头项目名称、方案措施等	1	高
排水管渠	2	近期规划管渠工程统计表	近期管渠工程建设类别，如新建、能力提升等；管径、长度关键性信息	1	高
排涝除险	3	积水点整治工程统计表	工程名称、措施类别及规模等重点信息	1	高
应急管理	4	应急管理措施统计表	应急管理措施	1	高

（6）水生态环境治理方案

水生态环境治理方案主要包括"控源截污、内源治理、活水补给、生态修复、长制久清"的工程和非工程方案等。以上分析内容均需配图表进行说明。其中，控源截污内容繁杂，各方案工程均需配图表进行说明，例如，污水厂、泵的扩建，需附污水系统工程分布图，图中需重点突出污水厂扩建或新建规模、位置、服务范围等信息，同时通过表格总结具体需要扩建的污水厂及泵站的名称、数量、规模、占地面积等信息；内源治理一般包括河道清淤工程、垃圾收集工程，均需配图表进行补充说明，例如，清淤工程需图示清淤段位置，并通过表格统计需清淤的河道名称、长度、清淤量等信息；活水补给工程需图示补水水源、补水管线、补水点等分布情况，通过表格说明具体的管线长度、管径、补水点及对应的河道名称等信息；生态修复工程需图示具体河道岸线的位置、措施等，通过表格统计具体的工程量。综上原则，从控源截污、内源治理、活水补给、生态修复、长制久清五个方面对水生态环境治理方案所需的图表及图表重点突出内容、数量及必要性进行总结，具体内容见表5-6。

研究区域水生态环境治理方案所需图表产出统计表　　　表5-6

方案内容	序号	图纸/表格名称	重点突出内容	数量（个）	必要性
（一）图					
控源截污	1	污水系统工程分布图	污水系统配套设施工程分布情况，如污水厂的扩建及提标改造、泵站扩建等	≥1（可合并一张图展示）	高
	2	源头混错接项目分布图	源头混错接的小区及公建项目分布情况		高
	3	截污工程分布图	截污工程分布情况，必要时可叠加排口信息		高
	4	污水管网工程分布图	污水管网新建工程分布情况，包含管线位置、管径等信息		高
	5	管网排查修复工程分布图	需进行管网排查修复的管段分布情况		高
	6	管网清淤工程分布图	清淤管段位置		高
	7	合流制溢流治理工程图	工程名称及位置		高
	8	面源控制项目分布图	工程位置及名称		高
内源治理	9	河道清淤工程分布图	不同工程措施分颜色展示	1~3	高
	10	垃圾收集系统分布图	垃圾收集点、转运站等位置信息	1	高
活水补给	11	河道补水工程分布图	补水源、补水管线、补水点等分布情况	1	高
生态修复	12	生态修复工程分布图	不同工程措施分颜色展示	1~3	高
（二）表					
控源截污	1	污水厂、泵工程统计表	污水厂及泵站规模、占地面积等信息	≥1（可合并一张表展示）	高
	2	混错接改造项目统计表	项目名称、面积		高
	3	截污工程统计表	工程名称、规模等信息		高
	4	污水管线工程统计表	管线位置、管径、长度等信息		高
	5	管网排查修复统计表	管线位置、长度等信息		高
	6	管网清淤工程统计表	清淤位置、长度等信息		高
	7	合流制溢流控制工程统计表	位置、标准等信息		高

续表

方案内容	序号	图纸/表格名称	重点突出内容	数量（个）	必要性
控源截污	8	面源控制工程统计表	源头控制项目需包含规模及面源污染控制率信息	≥1（可合并一张表展示）	高
内源治理	9	控源截污效果分析表	各类工程可去除的水环境负荷情况	1	高
	10	清淤工程统计表	位置、清淤长度、清淤深度、底泥宽度、清淤量等信息	1	高
活水补给	11	河道补水工程统计表	分河道统计补水量	1	高
生态修复	12	生态修复工程统计表	位置、规模等信息	1	高
长制久清	13	长制久清等非工程措施统计表	具体管理措施情况	1	中

（7）水资源综合利用方案

水资源综合利用方案主要包括再生水、雨水等非常规水资源的综合利用方案等，上述内容均需配图表进行说明。其中，再生水利用方案的工程措施需图示说明具体再生水管线的分布情况，表格统计再生水的用途、再生水利用量等信息；雨水资源利用方案需图示雨水资源利用项目的分布情况，表格统计不同项目的雨水资源利用量及用途等信息。综上原则，从再生水资源利用、雨水资源利用两个方面对水资源综合利用方案所需的图表及图表重点突出内容、数量及必要性进行总结，具体内容见表5-7。

研究区域水资源综合利用方案所需图表产出统计表　　　　表5-7

方案内容	序号	图纸/表格名称	重点突出内容	数量（个）	必要性
（一）图					
再生水资源利用方案	1	再生水利用工程分布图	再生水管线分布情况	1	高
雨水资源利用方案	2	雨水利用工程分布图	雨水利用项目分布情况	1	高
（二）表					
再生水资源利用方案	1	再生水利用工程统计表	（1）再生水利用工程类别，如河道补水、工业用水、景观补水等；（2）分项目统计补水量及整体片区的再生水利用率	1	高
雨水资源利用方案	2	雨水利用工程统计表	分项目统计雨水利用量、总体雨水利用率	1	高

（8）综合统筹方案

综合统筹方案即对水安全、水环境、水资源、水生态等方案中的所有项目进行总结提炼，避免项目的重复建设，对同一项目实现多个目标的工程进行合并，一般从源头、过程、末端三个方面进行总结。其中，多目标要求依据指标体系中的分项指标进行归纳汇总。所有项目的多目标统筹情况需以表格形式体现，表格中重点突出每个项目的项目类别、建设计划、项目名称、所在管控单元、规模、多目标建设、完工时间、投资估算、投资主体等信息，具体可参考表5-8中内容。

研究区域多目标统筹项目统计表　　　　表5-8

项目类别	建设计划	项目名称	管控单元	规模	多目标分类															完工时间	投资估算（万元）	投资主体
					水环境目标					水资源目标		水生态目标	水安全目标								
					面源污染控制率	合流制溢流倍数	雨污混接控制	污水收集率	污水厂排放标准	再生水利用率	雨水利用率	生态岸线率	年径流总量控制率	雨水管渠设计标准达标	内涝标准	防洪标准	防洪堤达标率	积水点消除			
源头	改造	…	…	…	…	…	…	…	…	…	…	…	…	…	…	…	…	…	…	…	…
	新建	…	…	…	…	…	…	…	…	…	…	…	…	…	…	…	…	…	…	…	…
过程	改造	…	…	…	…	…	…	…	…	…	…	…	…	…	…	…	…	…	…	…	…
	新建	…	…	…	…	…	…	…	…	…	…	…	…	…	…	…	…	…	…	…	…
末端	改造	…	…	…	…	…	…	…	…	…	…	…	…	…	…	…	…	…	…	…	…
	新建	…	…	…	…	…	…	…	…	…	…	…	…	…	…	…	…	…	…	…	…

（9）近期建设项目工程量和投资估算

近期建设项目工程量和投资估算主要包括工程建设项目清单、建设时序和投资需求，建议通过表格形式表示，重点突出项目类别、名称、建设期限、投资金额、工程量等信息。

（10）预期效果评估

预期效果评估主要通过模型计算等手段，开展目标可达性分析，根据编制经验，其一般包含内涝积水点整治情况的评估分析、年径流总量控制率达标分析及面源污染控制率的达标分析。其中，内涝评估分析一般需要图示内涝模型搭建情况、参数选取值、工程建设后的评估模拟结果及与工程建设前的对比分析，将具体评估结果数据统计在表格中，以更加清晰地说明评估结果；径流总量控制率达标分析及面源污染控制率达标分析需图示模型搭建情况、重点参数选取情况、模拟后各地块或管控分区的模拟结果等，将具体模拟的分析数据及结果统计在表格中。综上原则，从内涝评估分析、径流总量控制率达标分析及面源污染控制率达标分析三个方面对预期效果评估所需的图表及图表重点突出内容、数量及必要性进行总结，具体内容见表5-9。

研究区域预期效果评估方案所需图表产出统计表　　　　　　表5-9

方案内容	序号	图纸/表格名称	重点突出内容	数量（个）	必要性
（一）图					
内涝评估分析	1	内涝模型搭建及分析图	搭建方法及参数选取	1	高
	2	内涝整治效果与现状内涝点的对比图	历史内涝点位置的内涝模拟评估情况	1	高
径流总量控制率达标分析	3	模型搭建图	搭建方法及参数选取	1	高
	4	径流总量控制率分布图	各管控分区或地块、道路项目的年径流总量控制率分布情况	1	高
面源污染控制率达标分析	5	面源污染控制率分布图	各管控分区或地块、道路项目的面源污染控制率分布情况	1	高
（二）表					
内涝评估分析	1	内涝评估积水点消除统计表	评估结果与历史积水点对比消除情况	1	高
径流总量控制率达标分析	2	径流总量控制率评估结果分析表	评估结果与目标对比达标情况	1	高
面源污染控制率达标分析	3	面源污染控制率评估结果分析表	评估结果与目标对比达标情况	1	高

（11）实施保障。包括组织、制度、管理、资金、能力建设等方面的保障措施。该部分内容需根据实际情况制定，图表产出存在较大差异，本部分不再进行详细阐述。

5.2.1.2　图集

系统化方案图纸应与说明书内容相符合，内容清晰、准确；图纸范围、比例、图例等应保持一致。图纸主要分为基础分析图和系统化方案成果图，以下主要从基础分析图和系统化方案成果图两个层面进行总结。（注：图集产出仅根据编制经验总结，图集目录并不全面，且在方案编制中并不需要纳入所有图集，需因地制宜地对以下总结内容进行增减。）

1. 基础分析图

基础分析图应根据项目的实际情况及需求绘制，此处根据系统化方案编制经验，从研究范围基本情况、问题分析两个方面进行总结。其中，基础情况一般包括编制区区位、自然生态格局、规划管控分区、现状及规划土地利用情况、现状排水体制、地形分析、现状雨污水系统、再生水系统、现状河道排口分布、水系分布、现状水系水质情况等图纸；问题分析一般包括黑臭水体分布、水质达标情况、现状硬质驳岸分布、底泥淤积、防洪达标情况、内涝点等分布图。研究区域基础分析所需图集内容详见表5-10。

研究区域基础分析图集产出统计表　　　　　　　表5-10

类别	序号	图集名称
基本情况	1	规划编制区区位图
	2	规划编制区自然生态格局图
	3	规划编制区规划管控分区图
	4	规划编制区土地利用现状图
	5	规划编制区土地利用规划图
	6	规划编制区现状排水体制分布图
	7	规划编制区影像图
	8	规划编制区高位、坡向、坡度分析图
	9	规划编制区现状年径流总量控制率分布图
	10	规划编制区现状雨水系统图
	11	规划编制区现状污水系统图
	12	规划编制区现状再生水管线分布图
	13	规划编制区河道排口分布图
	14	规划编制区河湖水系分布图
	15	规划编制区水系水质分布图
	16	规划编制汇水分区图
问题分析	1	规划编制区黑臭水体分布图
	2	规划编制区现状驳岸类型分布图
	3	规划编制区现状河道底泥淤积分布图
	4	规划编制区现状防洪达标情况分布图
	5	规划编制区内涝点分布图

2.系统化方案成果图

根据编制经验，从水安全、水环境、水生态、水资源、总体方案建设时序五大方面进行总结。其中，水安全方案需重点绘制规划雨水管渠建设图、防洪工程分布图、河道综合整治工程分布图等，应详细标注工程的名称、规模等信息，便于政府部门查阅。系统化方案所需图集内容见表5-11。

研究区域系统化方案图集产出统计表　　　　　　　表5-11

类别	序号	图集名称
水安全方案	1	规划编制区规划雨水管渠建设图
	2	规划编制区防洪工程分布图
	3	规划编制区河道综合整治工程分布图
水环境方案	1	规划编制区规划排水体制分布图
	2	规划编制区规划污水管道建设图
	3	规划编制区河道排口改造及调蓄设施分布图
	4	规划编制区末端净化设施分布图
	5	规划编制区河道清淤工程分布图
	6	规划编制区截污工程分布图
	7	规划编制区河道循环补水工程分布图
水生态方案	1	规划编制区新建及改造地块分布图
	2	规划编制区新建及改造地块下凹式绿地率分布图
	3	规划编制区新建及改造地块生物滞留设施分布图
	4	规划编制区新建及改造地块透水铺装率分布图
	5	规划编制区新建及改造地块调蓄设施分布图
	6	规划编制区新建及改造道路分布图
	7	规划编制区系统化方案指标图则
	8	规划编制区规划驳岸类型分布图
	9	规划编制区生态修复工程分布图
水资源方案	1	规划编制区雨水资源利用工程系统分布图
	2	规划编制区再生水利用工程系统分布图
总体方案建设时序	1	规划编制区分期建设图

5.2.1.3　主要附件

海绵城市系统化方案的主要附件包括根据需要设置的相关专题研究报告、相关会议纪要、部门意见、专家论证意见、公众参与记录等。

1．相关专题研究报告

以下主要针对模型模拟专题研究报告产出进行介绍。

（1）主要内容

模型模拟专题研究报告的主要内容包括研究范围和对象、模拟内容和技术路线、模型构建、模型参数率定和验证、模拟工况过程和结果5大方面。

1）研究范围和对象

研究范围和对象一般指本次模型模拟专题研究报告主要研究的区域范围。

2）模拟内容和技术路线

模拟内容一般包括研究区域内涝积水点评估模型、年径流总量控制模型及面源污染控制模型及参数率定分析等。

技术路线一般可以从内涝积水点评估模型、年径流总量控制模型、面源污染控制模型等方面分别制定，也可以将上述内容合并为一个技术路线。

3）模型构建

模型构建一般包括各模块的计算原理及计算方法、基础数据分析、模型概化等内容。其中，模块一般包括产流模块、坡面汇流模块、管网汇流模块、产污模块、汇污模块、地表漫流模块、海绵设施模块、水工建筑物模块等；基础数据分析一般包含管网、河道、下垫面、闸、泵站等数据；模型概化一般包括管网、河道水系、海绵设施、建设项目等。

4）模型参数率定和验证

模型参数率定及验证一般包括模型关键参数及率定方法、模型初始化参数、模型参数敏感性分析及分项模型参数的率定。其中，模型初始化参数一般包括水文水力参数、海绵设施参数、水质参数等；模型参数敏感性分析一般包括参数敏感性分析方法、降雨数据选取、水文水力参数的敏感性分析、海绵设施参数的敏感性分析及水质参数的敏感性分析；分项模型参数的率定一般包含水文水力参数率定的具体内容、结果分析及验证，海绵设施参数率定的具体内容、结果分析及验证，水质参数率定的具体内容、结果分析及验证，项目的率定及验证，某片区的率定及验证。

5）模拟工况过程及结果

模拟工况过程及结果一般从内涝积水点评估模型、径流控制模型、初期面源污染控制模型等方面开展。其中，内涝积水点评估模型包括管网能力评估、内涝风险评估等内容，对现状及方案工程建成后两种工况进行效果分析；径流控制模型一般包括典型下垫面和研究区的径流控制模型，对现状及方案工程建设后两种工况进行对比分析；初期面源污染控制模型主要对现状及方案工程建设后两种工况的模拟结果进行对比分析。

（2）图表

从模型研究范围和对象、模拟内容和技术路线、模型构建、模型参数率定和验证、模拟工况过程和结果5大方面进行图表产出的总结。编制模型模拟专题研究报告时，可根据实际情况酌情增减，具体内容见表5-12。

模型模拟专题研究报告产出统计表　　　　表5-12

主要内容	序号	图纸/表格名称	重点突出内容	数量（个）	必要性
（一）图					
模型研究范围和对象	1	海绵城市模型应用范围图	模型应用的区域、重要的河流、用地下垫面等信息	1	高

主要内容	序号	图纸/表格名称	重点突出内容	数量（个）	必要性
模拟内容和技术路线	2	模型评估技术路线图	需突出什么类型的模型，如管网评估模型、径流控制模型	1	高
模型构建	3	不同对象的概化示意图	不同对象在模型中的概化结果	1~4	中
	4	海绵设施概化参数示意图	参数选取值	≥1	高
模型参数率定和验证	5	不同下垫面、海绵设施、项目参数率定的实测降雨的监测过流曲线与模型过流曲线对比图	过流曲线对比清晰即可	≥1	高
	6	不同下垫面、海绵设施模型的概化图	不同对象在模型中的概化结果	≥1	中
	7	进行参数率定的项目位置图	进行参数率定的项目在本次模型应用范围中的位置及项目类型	1	高
模拟工况过程和结果	8	一定区域产流过程线图	—	≥1	高
	9	一定时间不同重现期下的降雨过程线图	—	≥1	高
	10	雨水管网及主要排口分布图	雨水管网、河流及排口的分布情况	≥1	高
	11	不同重现期下的雨水管网能力评估图	分颜色示意雨水管网的排水能力，重点突出能力不足的管网	≥1	高
	12	不同重现期下的内涝积水点模拟结果	分颜色示意积水深度，重点突出积水点位置	≥1	高
	13	工程建设后不同重现期下的内涝积水点模拟结果	分颜色示意积水深度，重点突出积水点位置	≥1	高
	14	河道监测点位分布图	监测点位位置，必要时应标注编号	≥1	高

（二）表

主要内容	序号	图纸/表格名称	重点突出内容	数量（个）	必要性
模型构建过程（包括模型选取、基础数据获取、模型概化、模型参数选取过程）	1	水文水利参数选取表	重点参数的选取情况	1	高
	2	低影响开发设施模块参数表	重点参数的选取情况	1	高
	3	不同类型下垫面冲刷系数选取表	重点参数的选取情况	1	高
模型参数率定和验证过程	4	模型率定结果表	率定结果的参数结果	1	高
模拟工况过程和结果	5	模型结果统计表	模拟结果	1	高
	6	一定时间下的不同重现期设计雨量值	—	1~6	高

续表

主要内容	序号	图纸/表格名称	重点突出内容	数量（个）	必要性
模拟工况过程和结果	7	不同重现期下管网排水能力的长度及占比表	排水能力、长度、占比信息	1	高
	8	不同重现期下积水点模拟结果统计表	积水深度、时间及积水点消除数量等信息	1	高
	9	工程建设后内涝点与工程建设前对比表	积水深度、时间等信息	1	高

2．其他附件

其他附件包括相关会议纪要、部门意见、专家论证意见、公众参与记录等，该部分内容需根据项目实际情况制定，此处不再进行赘述。

5.2.1.4　简本

简本是方案中最简练、最重要的文字说明，为方便当地相关主管部门使用，行文要求精炼、准确。内容应从相关主管部门角度出发，对海绵城市系统化方案涉及的水安全、水生态、水环境、水资源等多个方面进行归纳提炼，做到主次分明，重点突出方案编制区的范围、期限、主要问题、近期目标达标所需的重点工程、相关部门涉及的管控措施等。例如，规划主管部门下发规划设计条件时需纳入年径流总量控制率指标管控要求，编制简本时应总结年径流总量控制率达标所需的工程数量，可将各地块、道路的管控指标作为附表附后。

5.2.2　成果应用分析

1．编制主体

系统化方案的编制主体应为地方人民政府或地方行业主管部门。

（1）识别本底：对本地区的涉水问题进行梳理，分析问题，并理清问题的"轻重缓急"，以确定解决问题的思路。

（2）测算投资：根据上游规划及编制主体的要求，确定工程内容，测算较为详细的工程投资，判断工程的可实施性。

（3）可达性分析：通过对工程实施后的效果评估进行可达性分析，对建设效果负责。

（4）工作优化：通过系统的分析，确定合理的技术路线和实施方案，减少重复工作，降低工程投资，加快建设进度。

2．建设单位

（1）通过系统化方案，确定明晰的建设边界，避免各项目、各片区之间的界限不清晰、效果不清楚。

（2）通过系统化方案，达成上下游的衔接，使建设单位掌握上游管控指标和下游具体设计方案之间的桥梁关系。

3. 设计单位

（1）明晰项目的定位和目标，使设计单位依此掌握设计原则，确定设计思路，有利于设计师在既有的框架下充分发挥创造性，进行更科学合理的设计。

（2）明晰项目的实施效果，使设计单位可以根据实施效果导向，灵活地选择具体的实施途径，在保证效果的前提下，对设计进行优化。

第6章　调查分析方法

6.1　自然本底调查

自然本底是反映当地生态情况及现状问题的基础，自然本底调查是系统化方案编制的前提。系统化方案编制中，自然本底调查主要调查当地的降雨、下垫面、产汇流情况、低洼地、径流路径、土壤类型、水系、水环境现状、水安全现状、水资源利用现状等。自然本底调查有多种途径，如监测、遥感、航拍、实地踏勘、部门座谈、问卷调查等。

6.1.1　降雨径流关系分析

降雨径流关系分析，即分析水以蒸发、降水、入渗和径流的方式进行循环往复的运动特征，通过降雨径流关系的分析，可以得出当地的水文循环规律或特征。降雨径流关系分析是合理确定年径流总量控制率指标的重要依据。

6.1.1.1　降雨分析

降雨分析是降雨径流关系分析的基础。一般来说，降雨分析包括年（月）降雨分析、短历时降雨分析、长历时降雨分析、实际降雨分析、连续长系列降雨分析、典型年降雨分析等。其中，年降雨分析主要用于分析降雨年内的变化特征，区分汛期与非汛期、丰水期与枯水期等；短历时降雨分析用于设计和校核雨水管网规模；长历时降雨分析用于内涝情况分析，实际暴雨用于内涝分析的率定和验证；而连续长系列降雨或典型年降雨分析，则用于降雨径流总量分析、径流污染测算和水资源利用分析等。

1.　年（月）降雨

我国国土面积大，受地理区位与气候条件的影响，降雨呈现不同的特征。一般来说，我国大部分地区夏秋多雨，冬春少雨，南方雨季开始早，结束晚，雨季较长，集中在5～10月；北方雨季开始晚，结束早，雨季较短，集中在7、8月。在进行年（月）降雨分析时，通常需从气象局获取近10年全年的月降雨尺度的降雨数据，绘制月降雨柱状图以分析年内降雨的分配情况。

以浙江省某市2008年的降雨（图6-1）为例，该市2008年的降雨总量为1368.5mm，其中，5～9月总降雨量约占年降水量的65.4%。年内降雨分配特征为：非汛期1～3月、10～12月最少，汛期4～9月最大。年初、年末6个月的降雨量仅占年雨量的26.2%，而4～9月则占全年降雨量的73.8%，汛期降雨量为非汛期降雨量的2.81倍。汛期雨量的分布呈现两高一低的现象，两个峰值分别出现在6月的梅雨期和8、9月的台汛期，由梅雨和台风暴雨所致，一个低谷出现在7月的高温伏旱期。

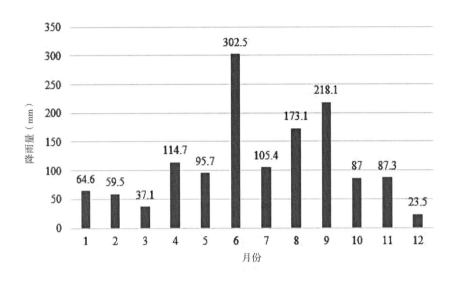

图6-1 浙江省某市2008年月降雨统计图

2. 短历时降雨

短历时降雨分析是评估短历时降雨条件下城市内涝风险的基本条件，也是排水管网设计标准的计算依据。我国各城市大多已编制适用于当地的短历时暴雨强度公式，通过查询《室外排水设计规范》（2016年版）GB 50014—2006和《给水排水设计手册》（第5册）即可获取，设计暴雨强度通用公式见式（6-1）：

$$q = \frac{167A_1\left(1+C\lg P\right)}{\left(t+b\right)^n}$$

（6-1）

式中　q——设计暴雨强度（L/s/hm^2）；

t——降雨历时（min）；

P——设计重现期（年）；

A_1，C，b，n——参数，各地区根据统计方法进行确定[31]。

根据《室外排水设计规范》（2016年版）GB 50014—2006的要求，市政排水管网的汇水区域面积较小，故选取的降雨历时也较小，一般来说，短历时降雨主要分析5min、10min、15min、20min、30min、45min、60min、90min、120min等不同降雨历时的降雨情况，但经历"北京7.21特大降雨事件"后，部分区域将降雨历时分析提高至180min，以适应城市发展的需求，为城市排水系统规划与设计提供重要的设计依据。

在短历时降雨雨型分类中，主要有芝加哥雨型、均匀雨型、Huff雨型、三角雨型等类型。其中，均匀雨型是最简单的降雨类型，而三角雨型是不均匀雨型中较简单的降雨类型，由于二者只考虑了历时为T的降雨核心部分，没有考虑雨头和雨尾部分，因此径流量计算明显偏小。Huff雨型的洪峰流量受历时影响十分显著，若历时选取不当，会造成较大误差。而芝加哥雨型中，任何历时内的雨量均等于设计雨量，且洪峰不受历时影响，一次确定的降雨过程在各段管道计算时都能使用，流量计算时只需模拟一次可以得到各段管道的设计流量。因此，在我国的排水管网设计中，将芝加哥雨型作为常用的设计降雨类型[32]。

以浙江省某市为例，为了分析该市不同重现期下的短历时降雨特征，选取2年、3年、5年、10年、20年、30年、50年为设计重现期，采用暴雨强度公式转芝加哥降雨模型，根据浙江省《城镇防涝规划标准》DB 33/1109—2015，短历时降雨历时选择120min，步长5min，雨峰系数为0.4；暴雨强度公式选择2015年新编暴雨强度公式，即式（6-2）。各重现期设计降雨量见表6-1，设计降雨雨型见图6-2~图6-5。

$$q = \frac{6576.744 \times (1+0.685\lg P)}{(t+25.309)^{0.921}} \qquad (6-2)$$

式中　P——设计重现期（年）；

　　　q——设计暴雨强度（L/s/hm²）；

　　　t——降雨历时（min）。

浙江省某市各重现期120min设计降雨量　　表6-1

重现期	P=2	P=3	P=5	P=10	P=20	P=30	P=50
降雨量（mm）	58	63	71	81	91	96	104

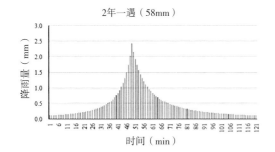

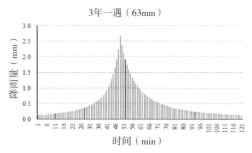

图6-2　2~3年一遇短历时设计降雨过程

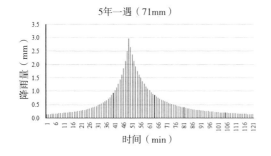

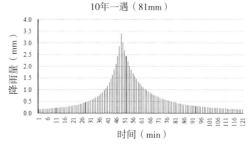

图6-3　5~10年一遇短历时设计降雨过程

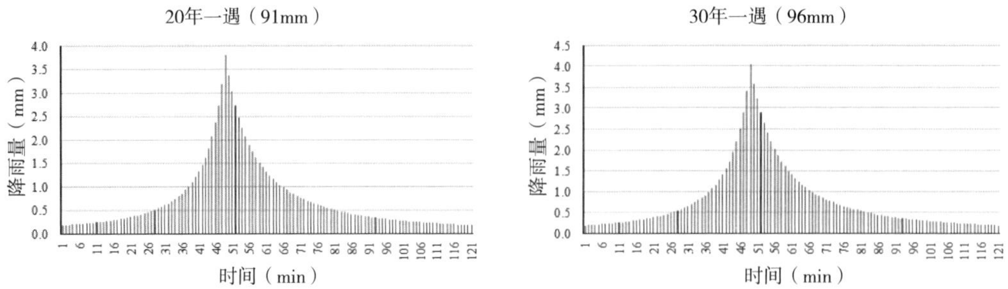

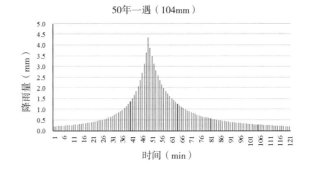

图6-4 20~30年一遇短历时设计降雨过程

图6-5 50年一遇短历时设计降雨过程

3．长历时降雨

长历时降雨，是指降雨历时大于等于24h的降雨事件。长历时降雨分析研究城市在极端降雨条件下的内涝情况，制定内涝治理方案的基础，对保障城区水安全具有重要意义。

与短历时暴雨强度公式不同，目前我国绝大部分城市尚未编制长历时暴雨强度公式。唐颖、周玉文等人曾以北京观象台站52年（1961～2012年）的原始降雨数据为基础，将市政排水、水利排涝、内涝防治3套系统进行结合采样，选取数据，最终通过直接拟合法推求出北京的长历时暴雨强度公式，但由于长历时暴雨强度公式的相关研究并不多，因此目前尚无相关规范对其进行明确的规定[33]。

在长历时设计雨型方面，目前多采用当地水利部门推荐的设计雨型，或参照短历时降雨的设计雨型。因此，有学者认为，编制长历时雨型，比编制长历时暴雨强度公式意义更为突出。

浙江省水文勘测局编制的《浙江省短历时暴雨》中，提出了长历时雨型的编制方法，具体如下：

（1）计算设计流域边界内雨量站各历时的平均点雨量，流域面积和雨量站数量的关系应满足表6-2的要求。同时，在流域面积大于10km²时，应考虑点面系数，并推求出流域各历时的平均面雨量。

设计流域面积与雨量站数目关系表　　　表6-2

面积（km²）	<10	10~19	20~49	50~99	100~199	200~500
雨量站数目（个）	1	1~2	2~3	3~4	4~5	5~7

（2）根据各历时面雨量均指、C_v值和C_s/C_v=3.5，查K_p值表，计算各历时设计面雨量。

（3）计算各时段内的设计雨量和暴雨衰减指数，见式（6-3）~式（6-8）：

1）t_i=10~60min之间

$$H_i=H_{10}\left(t_i/10\right)^{1-n_{10,60}} \text{ 或 } H_i=H_{60}\left(t_i/60\right)^{1-n_{10,60}} \tag{6-3}$$

$$n_{10,60}=1+1.285\lg\left(H_{10}/H_{60}\right) \tag{6-4}$$

2）t_i=1~6h之间

$$H_i=H_1 t_i^{1-n_{1,6}} \text{ 或 } H_i=H_6\left(t_i/6\right)^{1-n_{1,6}} \tag{6-5}$$

$$n_{1,6}=1+1.285\lg\left(H_1/H_6\right) \tag{6-6}$$

3）t_i=6~24h之间

$$H_i=H_6\left(t_i/6\right)^{1-n_{6,24}} \text{ 或 } H_i=H_{24}\left(t_i/24\right)^{1-n_{6,24}} \tag{6-7}$$

$$n_{6,24}=1+1.661\lg\left(H_6/H_{24}\right) \tag{6-8}$$

式中　H_i——设计雨量（mm）；

　　　t_i——降雨历时；

　　　n——暴雨衰减指数。

（4）雨型按下列规则排列，最终得出长历时降雨雨型：

1）时段雨量老大项末时刻排在18：00~21：00范围内；

2）老二项时段雨量紧靠老大项的左边；

3）其余各时段雨量，按大小次序，奇数项时段雨量排在左边，偶数项时段雨量排在右边，当右边排满24h，余下各时段雨量按大小依次向左排列。

以浙江省某市50年一遇长历时降雨（24h）分析为例，该市设计流域面积约为31km²，区域内雨量站数量为3，计算得各历时平均点雨量均值、C_v值，见表6-3。

点雨量均值、C_v值计算表　　　表6-3

点号/参数/历时		10min	60min	6h	24h
1	点雨量均值	21	46	75	110
	C_v	0.38	0.5	0.54	0.57
2	点雨量均值	21	46	74	109
	C_v	0.38	0.48	0.54	0.55
3	点雨量均值	20.5	46	73	110
	C_v	0.38	0.48	0.53	0.54

续表

点号/参数/历时		10min	60min	6h	24h
平均	点雨量均值	20.83	46.00	74.00	109.67
	点面系数	1.00	0.90	0.98	0.99
	C_v	0.38	0.49	0.54	0.55

查表得不同降雨历时下的K_p值，据此计算出平均面雨量和设计面雨量，见表6-4。

平均面雨量与设计面雨量计算表　　　　　　表6-4

历时		10min	60min	6h	24h
平均面雨量H	均值	20.83	41.49	72.30	109.01
	C_v	0.38	0.49	0.54	0.55
K_{50}		2.02	2.39	2.55	2.59
50年重现期设计面雨量		42.08	99.17	184.36	282.33

计算出设计面雨量后，根据前文所列公式，计算分段暴雨衰减指数n，见表6-5，最终按排列规则得出50年一遇长历时（24h）的降雨雨型，见图6-6。

分段暴雨衰减指数计算表　　　　　　表6-5

历时	10min	60min	6h	24h
H_{50}	42.08	99.17	184.36	282.33
n	0.522	0.654	0.693	—

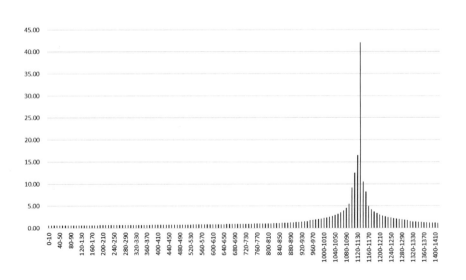

图6-6 50年一遇长历时设计降雨过程

4．实际降雨

实际降雨主要用于内涝模型分析结果的率定与验证，以及海绵城市建设项目建设效果的监测评估。一般通过气象部门的雨量监测站的监测进行获取，数据精度方面，监测的实际降雨的步长一般为1min、5min、10min。

根据使用目的的不同，实际降雨的选取也有所不同。

在城市内涝评估方面，根据城市内涝防治标准，选取对应降雨强度的长历时降雨，如某城市的内涝防治标准为50年一遇，则应选取降雨强度等于或接近50年一遇、降雨时长超24h，降雨步长为1min的实际降雨。

以2019年台风"利奇马"的实测降雨为例，受台风"利奇马"影响，浙江省某市降雨历时达50h，通过雨量计监测，总降雨量206.8mm，整体降雨历时长，降雨量大。通过分析，最大连续1h降雨量28.8mm，最大连续2h降雨量48.4mm（短历时1年一遇2h降雨量），最大连续24h降雨量181.2mm（接近10年一遇24h降雨量），见图6-7。

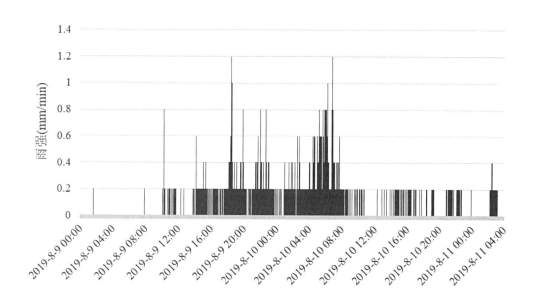

图6-7 "利奇马"分钟级降雨量

在建设项目的年径流总量控制率效果评估方面，一般通过监测出流评估控制效果，因此，在实际降雨选择方面，需要选取降雨量大于或与设计雨量接近，且降雨前旱天时间大于3天的降雨，以保证降雨时海绵设施排空。

以某项目的年径流总量控制率效果评估为例，该项目的年径流总量控制率目标为75%，对应的设计降雨量为20.7mm，通过长期的降雨监测，选取符合降雨量接近设计降雨、降雨前旱天时间大于3天的实际降雨数据对项目进行评估，最终选取了2018年12月9日的实际降雨数据，当日降雨量为23.0mm，降雨历时为24h，见图6-8。

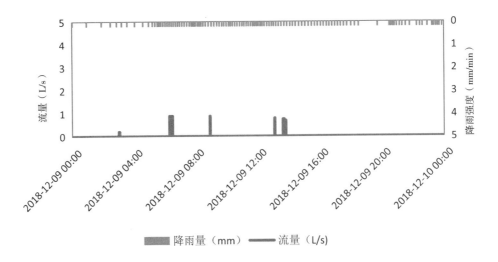

5. 日降雨特征（连续长系列降雨）

日降雨特征分析主要包括年径流总量控制率与设计降雨的关系、不同降雨量与对应降雨频次的关系。其中，设计降雨量是各城市实施年径流总量控制的专有量值，是决定低影响开发设施规模的重要依据，考虑我国不同城市的降雨分布特征不同，各城市的年径流总量控制率与设计降雨的关系曲线应单独推求。

根据《海绵城市建设技术指南》，在分析年径流总量控制率与设计降雨的关系时，选取至少近30年（反映长期的降雨规律和近年气候的变化）日降雨（不包括降雪）资料，扣除小于等于2mm的降雨事件的降雨量，将降雨量日值按雨量由小到大进行排序，统计小于某一降雨量的降雨总量（小于该降雨量的按真实雨量计算出降雨总量，大于该降雨量的按该降雨量计算出降雨总量，两者累计总和）在总降雨量中的比率，此比率（即年径流总量控制率）对应的降雨量（日值）即为设计降雨量。

同时，以相同降雨样本为原始数据，对不同降雨量的降雨频次进行统计分析，即可得到不同降雨量与对应降雨频次的关系曲线。

以浙江省某市的日降雨分析为例，统计分析1981～2015年共35年5367场24h降雨资料，年径流总量控制率与设计降雨量的对应关系见图6-9和表6-6，根据统计分析，年径流总量控制率70%对应的设计降雨量为17.6mm；年径流总量控制率75%对应的设计降雨量为20.7mm；年径流总量控制率80%对应的设计降雨量为24.7mm。

年径流总量控制率对应的设计降雨量   表6-6

年径流总量控制率（%）	50	55	60	65	70	75	80	85	90	95
设计降雨量（mm）	9.5	11.1	13.0	15.1	17.6	20.7	24.7	30.3	38.6	54.2

同时对不同降雨量的降雨次数频率曲线进行分析，该市多年不同降雨量对应的降雨次数频率见图6-10。由降雨频次分析可知，80%频次的降雨量都小于21.4mm。

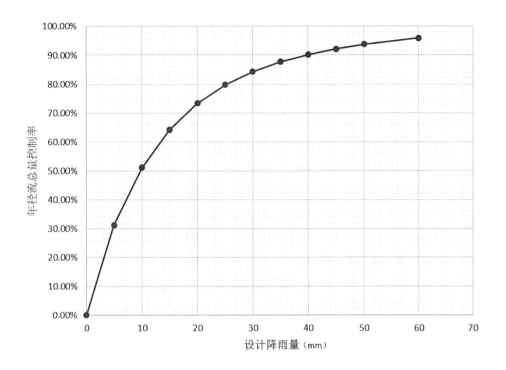

图6-9 浙江省某市年径流总量控制率与设计降雨量对应关系曲线

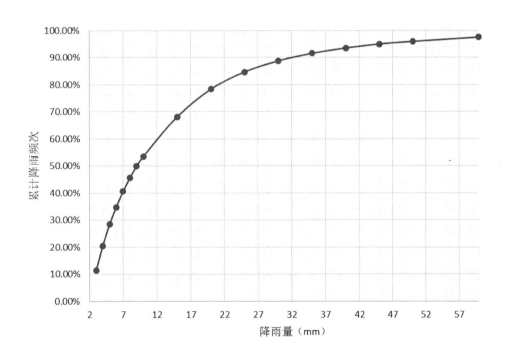

图6-10 浙江省某市多年不同降雨量对应的降雨次数频率

6. 典型年降雨

典型年降雨在海绵城市规划与设计中，主要用于年径流总量控制分析、污染测算和雨水资源利用分析等。

根据《气候状况公报编写规范》DB13/T 1270—2010对降水年型划分的相关标准，若某年降水量较常年偏多30%以上（显著偏多），则将该年划分为典型丰水年，若年降水量较常年偏少30%以上（显著偏少），则将该年划分为典型枯水年。而海绵城市规划中关于典型年降雨的分析，更倾向于分析选取年份的降雨特征与多年平均降雨特征的一致性。

确定降雨典型年时，一般采用多因子加权分析的方法，选取年降水总量、各量级雨日均方差（小雨、中雨、大雨、暴雨、大暴雨和特大暴雨）、月降水量均方差、月降水量峰值、年份时间趋势等为主要因子，并对不同因子赋以不同权重，以上述影响因子的排列顺序为基准，各影响因子的权重等级依次降低。最后，将选取年份的降雨频次与多年平均降雨频次进行拟合，验证二者的拟合程度，最终确定典型降雨年份，并得出相应的降雨曲线。

以山东省某市的典型年降雨分析为例，通过年降雨量分析、各级别降水分析、月均水量分析，以及各因素加权结果，选取2004年为典型代表年，并选取12组不同降雨量数据，对2004年的降雨频次与多年统计的降雨频次曲线进行对比分析，多年平均降雨与典型年降雨频次统计见表6-7。

多年平均降雨与典型年降雨频次统计表　　　表6-7

序号	1	2	3	4	5	6
对应降雨（mm）	3.0	3.8	10.0	13.1	16.2	19.3
多年平均降雨累积降雨频次	13.82%	20.81%	54.93%	64.31%	70.48%	76.07%
典型年降雨频次	6.82%	15.91%	54.55%	63.64%	77.27%	79.55%
序号	7	8	9	10	11	12
对应降雨（mm）	22.9	27.4	33.6	42.2	55.0	67.8
多年平均降雨累积降雨频次	80.51%	84.46%	88.65%	92.35%	95.89%	97.45%
典型年降雨频次	81.82%	86.36%	86.36%	93.18%	95.45%	99.50%

根据表6-7对典型年和多年平均降雨频次进行拟合，拟合曲线见图6-11。

由图可知，R^2=0.992，趋近于1，则2004年与多年平均降雨累积降雨频次曲线拟合程度高，因此，选取其为典型年具有一定的代表性。

6.1.1.2　下垫面分析

城市地表径流是城市水文过程的重要环节，而下垫面是城市水文循环的重要路径，下垫面的变化将直接影响城市地表径流路径的变化。随着城市化进程的推进，大多数城市的发展借鉴了传统发展模式，且快速建成，城区内土地利用布局随之快速发生了根本性的改变，正是由于这种改变，使得城市下垫面特性呈现出多样性，同时使得城市不透水（道路广场、建筑屋顶、停车场等）面积骤增，从而引发城市热岛效应、城市水量耗散强度增大

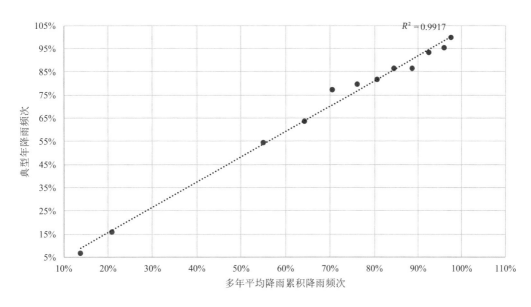

图6-11 2004年降雨与多年平均降雨统计拟合度分析

以及城市产汇流发生畸变，城市综合径流系数变化幅度增大、径流总量增大、径流峰值增高、曼宁系数减小等一系列水文效应变化，一旦天降暴雨，城市小区、道路广场积水现象频频出现。

针对城市水问题，海绵城市应运而生，已成为我国城市建设新模式的热点。海绵城市建设充分利用非硬化下垫面，在保持其原有生活和生态功能基础上，通过土壤—植物—微生物系统联合作用促进雨水就地渗透、净化与储存；同时有效改善部分硬化下垫面的结构和功能特性，促进雨水就地下渗、净化和滞留。开展海绵城市规划、设计、建设的前提是对城市地块、道路、水系的下垫面进行解析，下垫面解析是评价海绵城市建设布局、建设效果的重要手段和依据。因此，在研究区域的海绵城市建设分析过程中，不仅要对现状本底下垫面进行分析，还要对城市各个建设阶段下垫面的变化情况进行逐一分析，以此获得水文特征在各个阶段的变化趋势，为评价城市产汇流特征变化提供重要依据，同时也为后期海绵城市建设工作提供基础数据支撑。

城市下垫面由建筑物屋顶、道路广场、绿地、水域以及未利用地等组成，下垫面分析通过对上述下垫面类型进行地表径流分析，以此获得城市的地表径流特征。目前，对城市本底下垫面基础数据获取的方法，主要包括资料整理法、影像分析法、水文地质法等。而获取历年城市建设发展过程中各个阶段下垫面数据的主要方法为影像分析法。

1. 城市下垫面基础数据获取

（1）资料整理法

资料整理法的基础数据为城市总体规划的现状用地图和地理国情普查成果数据，其中，城市总体规划现状图一般通过当地的规划部门获得；地理国情普查成果数据通过当地的测绘部门或规划部门获得。基于以上两种数据对城市下垫面进行分析，以此获得各类下垫面数据，并借助该数据对下垫面径流特征进行分析。

基于城市总体规划的现状用地图获取城市下垫面。首先统计现状用地图中各用地面积，详见图6-12；其次根据居住用地、公共管理与公共服务设施用地、商业服务业设施用地、工业用地、道路设施用地等各类用地的容积率、建筑密度、绿地率等计算得到各类用地建筑屋顶、道路广场等不透水面积以及绿地面积等透水面积；最后结合透水面积和不透水面积比例，对城市地表径流分析。

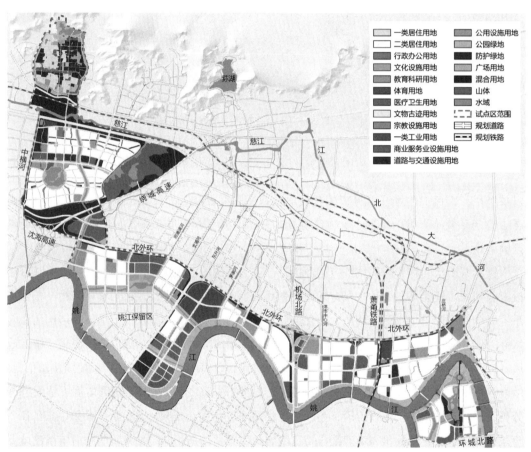

图例：
一类居住用地　公用设施用地
二类居住用地　公园绿地
行政办公用地　防护绿地
文化设施用地　广场用地
教育科研用地　混合用地
体育用地　山体
医疗卫生用地　水域
文物古迹用地　试点区范围
宗教设施用地　规划道路
一类工业用地　规划铁路
商业服务业设施用地
道路与交通设施用地

图6-12 某市研究区域现状用地图

基于地理国情普查成果数据获取城市下垫面。地理国情普查成果数据的一级分类包括种植土地、林草覆盖、房屋建筑、道路、构筑物、水系等，根据地理国情地表覆盖分类数据与城市下垫面分类的关系，建立两类的对应关系，以此为依据对普查数据重新分类，并获得各类下垫面类型的统计数据，结合城市下垫面数据对城市的地表径流特征进行分析。

（2）影像分析法

影像分析法以Landsat7或Landsat8为基础数据源，基于遥感技术、ArcGIS、ENVI等软件平台，通过目视解译和监督分类相结合的方式，获得城市下垫面的基础数据，并根据各类下垫面数据对城市的下垫面径流特性进行分析，以此获得城市的本底径流特征。

以某市研究区域为例，对研究区域遥感影像图进行解译。首先对获取的遥感影像进行预处理操作。第一步，影像拼接，研究区域内用地面积跨度较大，需镶嵌2张卫星影像图进行拼接。第二步，影像裁剪，用包含示范区边界的shpfile文件对拼接好的影像进行裁剪，得到包含波段信息的遥感影像栅格数据；基于最优波段的原则，结合遥感影像的特点和示范区自身的情况，使用4、3、2波段合成标准假彩色图像，使地物之间的视觉效果区分明显；使用5、4、3波段合成标准假彩色图像，使植被之间区分明显；使用5、6、4假彩色合成，使陆地和水体有效区分。

其次对遥感影像图进行监督分类（非监督分类），第一，根据遥感影像自身情况确定分类类别，将该市研究区域内下垫面分为建筑屋顶、道路广场、林地/草地、耕地、水域、未利用地、在建用地七大类，详见图6-13；第二，根据不同类别地物的影像特征定义地物样本，确定每一类型用地的敏感区，选取足够多的样本以提高分类精度；第三，进行所选样本的可分离度校验，当可分离度大于0.9时，用最大似然法进行监督分类；第四，将遥感影像和谷歌地图做对比分析，以此为基准调整局部类别；第五，借助class statistic工具进行分类结果统计[34]，详见表6-8。

最后根据上述各类下垫面数据结果进行相应的下垫面径流特性分析。

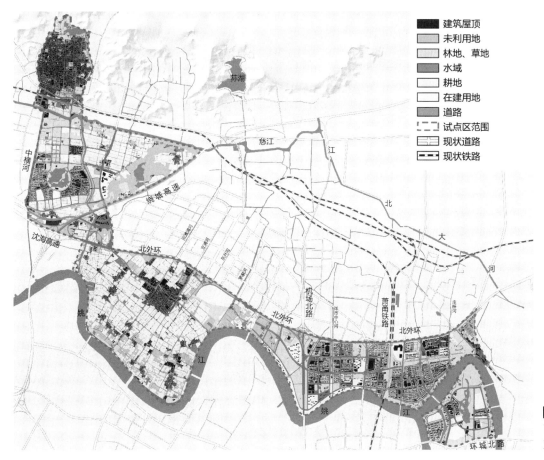

图6-13 某市研究区域下垫面分布图

研究区域现状下垫面面积统计表　　　　　　表6-8

类别	道路广场	耕地	建筑屋顶	林地/草地	水域	未利用地	在建用地	总计
面积（km²）	7.10	7.33	3.27	7.95	2.10	1.60	1.60	30.95
比例（%）	22.9	23.7	10.6	25.6	6.8	5.2	5.2	100

参照《海绵城市建设技术指南》中推荐的雨量径流系数取值，农林用地雨量径流系数取0.15，道路广场雨量径流系数取0.85，建成地块和在建地块取值参照该市中心城区现状调研数据，雨量径流系数取0.55，现状村镇建设用地雨量径流系数取0.70，最终，通过综合加权计算，研究区域现状雨量综合径流系数约为0.40。

（3）水文地质法

针对有条件的地方，可以获得当地的水文地质图集，水文地质图集主要包含水文地质图、降雨分布图、径流深分布图等。本方法主要采用当地区域径流深曲线分布图来分析现状径流特征，并以此反推出城市的现状下垫面特征。

上述三种方法各有利弊：资料整理法的总体规划现状用地图等资料易获得，但部分用地的建筑密度、绿地率等信息不明确，因此获得的下垫面数据不能较为准确地反映当地径流特征；通过地理国情普查成果数据获得下垫面数据的方法，数据保密等级较高，且历年数据不易获得，但其径流特征分析较为准确。影像分析法的影像图获取方便，操作简单，同时易获得历年的影像图，能够较准确分析历年城市径流特征变化情况。水文地质法主要针对有条件的地区，对径流特征分析较为准确，但不能很好地反映城市的下垫面特征。

2. 城市建设发展各阶段下垫面数据获取

为有效分析城市历年径流特征变化情况，以Landsat7或landsat8为基础数据源，获取1980年后每间隔10年左右的遥感影像图，基于影像分析法，采用ENVI或Erdas Imagine解析城市遥感影像，以此获取城市各个阶段的下垫面情况。以某市研究区域为例，选取该市1984年、1990年、2000年、2009年、2016年五个年份的影像图，进行遥感解译，获得该地区五个年份的下垫面数据的解译结果，详见图6-14、图6-15。

根据下垫面数据统计结果显示，1984～2016年，该市研究区域范围内，建设用地增加了7.8km²，耕地减少了9.1km²，未利用地增加了0.45km²，降雨产流为23%~35%，下垫面产流变化曲线见图6-16。

6.1.1.3　土壤、地下水分析

地球上的水通常以蒸发、降水和径流等方式进行周而复始的运动，这一运动过程被称为"水循环"。雨水降落到地表土壤，一部分形成地表径流，汇入河道、湖泊、海洋等，通过蒸发，再次形成降雨；一部分通过土壤渗透后，进入地下水，地下水和地表水又通过多种方式的相互转换，使水循环往复进行。

透水铺装、雨水花园等具有渗透功能的海绵设施，在水循环中可以发挥城市绿地、道路等对雨水的吸纳、蓄渗和缓释作用，更好地为雨水回补地下水提供渗透路径。本节将通过土

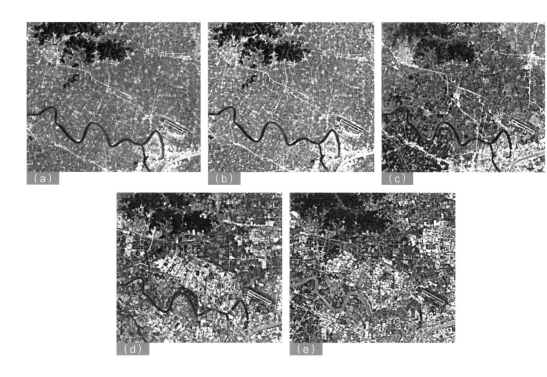

图6-14 某市研究区域不同年份影像图
（a）1984年；
（b）1990年；
（c）2000年；
（d）2009年；
（e）2016年

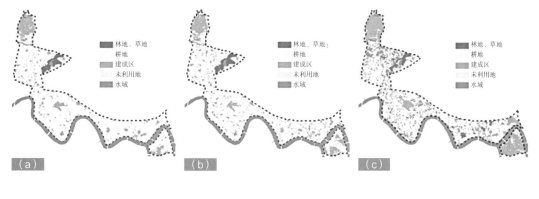

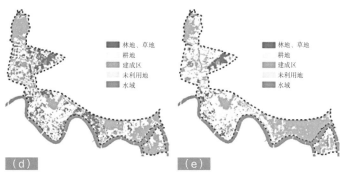

图6-15 某市研究区域不同年份下垫面遥感解译结果
（a）1984年；
（b）1990年；
（c）2000年；
（d）2009年；
（e）2016年

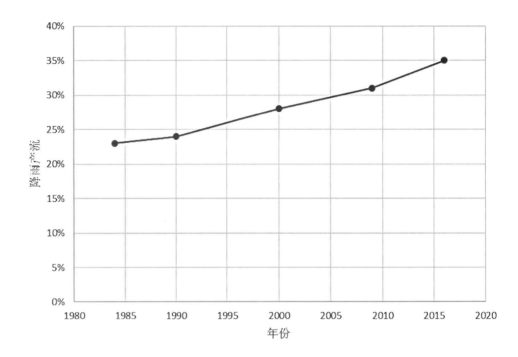

图6-16 某市研究区域1984～2016年下垫面产流变化曲线

壤、地下水分析，为海绵设施的选择提供必要的数据支撑。

1. 土壤分析

（1）分析目的

雨水花园、生物滞留设施等海绵设施在运行过程中需要土壤有较强的渗透能力，在一些原状土壤渗透性能较差的地区，建设此类海绵设施时，常常需要对原状土壤进行换填，以提升设施的渗透性能。

因此，土壤分析的主要目的是获取本地区的土壤类型分布以及不同土壤类型的渗透特点，并以此来评价当地的土壤渗透性能，为具有渗透性功能的海绵设施在建设时是否需要进行土壤换填提供设计依据。其中，《绿化种植土壤》CJ/T 340—2016对土壤入渗做了规定：若绿地用于雨水调蓄或净化，其土壤入渗率应在10～360mm/h之间。我国海绵城市试点建设过程中，许多试点城市也出台了相应的地方设计导则，对土壤入渗要求也做了定量规定。

（2）分析方法

通过国土部门获取土壤类型分布图，并结合区域内其他地块的地勘资料进一步分析土壤主要特点和渗透性情况（包含土壤特征、孔隙率、含水率、渗透系数等），从而明确区域内的土壤类型和下渗特点。例如某市规划区内土壤主要为棕壤，土壤发育程度受地形影响，由高到低依次为棕壤性土、棕壤、潮棕壤，其土壤特点是持水性能好、抗旱能力强，在降雨不均的城市，有利于植物的存活及增长，但棕壤透水性一般，仅有6×10^{-5}m/s，对海绵城市建设中滞留雨水的作用相对较小，同时在降雨集中的情况下，平坦地区易发生潮、涝现象。详见图6-17和表6-9。

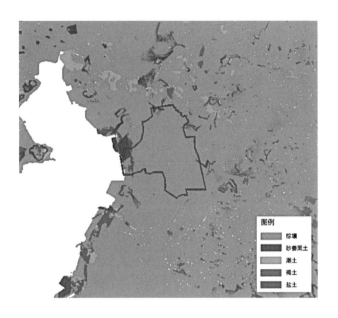

图6-17 某市规划区土壤类型分布图

土壤渗透性系数表 表6-9

分类	K（m/s）
棕壤	6×10^{-5}
姜黑土	$3.5 \times 10^{-7} \sim 4 \times 10^{-6}$
潮土	$3.0 \times 10^{-5} \sim 1.5 \times 10^{-7}$
褐土	$7.0 \times 10^{-6} \sim 7 \times 10^{-5}$

通过地勘钻孔进行土壤类型、渗透性能分析。通过对区域内不同地块项目的地勘钻孔资料进行分析，重点明确0~3m的土壤类型及渗透性能。当地的土壤渗透系数宜以实测为准，可通过注水法（如双环法）、水文法或人工降雨法进行测定；以往地勘钻孔资料常常仅有土壤类型，缺少土壤渗透系数，也可以查阅当地相关土壤渗透系数与土壤类型的对照表，如表6-10为某市编制的海绵城市规划设计导则中提供的当地数据参照表。

土壤渗透系数参照表 表6-10

地层	地层粒径		渗透系数K	
	粒径（mm）	所占重量（%）	（m/s）	（m/h）
黏土			5.70×10^{-8}	
粉质黏土			$5.79 \times 10^{-8} \sim 1.16 \times 10^{-6}$	
粉土			$1.16 \times 10^{-6} \sim 5.79 \times 10^{-6}$	0.0042~0.0208
粉砂	>0.075	>50	$5.79 \times 10^{-6} \sim 1.16 \times 10^{-5}$	0.0208~0.0420
细砂	>0.075	>85	$1.16 \times 10^{-5} \sim 5.79 \times 10^{-5}$	0.0420~0.2080

续表

地层	地层粒径		渗透系数K	
	粒径（mm）	所占重量（%）	（m/s）	（m/h）
中砂	>0.25	>50	$5.79 \times 10^{-5} \sim 2.31 \times 10^{-4}$	0.2080~0.8320
均质中砂			$4.05 \times 10^{-4} \sim 5.79 \times 10^{-4}$	
粗砂	>0.5	>50	$2.31 \times 10^{-4} \sim 5.79 \times 10^{-4}$	

（3）分析案例

　　某市在进行土壤分析时，对区域内不同地块进行了地勘钻孔，获得了土壤类型分布，并通过试验测定了本地区的土壤渗透性能（图6-18）。

图6-18　土壤渗透性能试验现场图

　　最后选取了部分具有代表性的点位，形成了本区域的土壤特性分布图和对应的土壤渗透系数表（图6-19和表6-11）。由分析结果可以看出，该区域内以黏土为主，渗透性能低于1×10^{-6}m/s，因此在建设雨水花园、生物滞留设施等具有渗透功能的海绵设施时，应对原状土进行换填，以增大土壤的渗透速率。

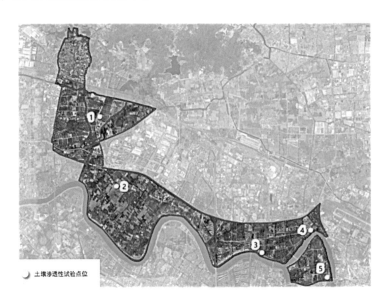

图6-19　土壤渗透性试验点位分布图（部分）

土壤渗透性试验点位

土壤渗透性试验结果一览表（部分）　　　　表6-11

实验点位	土壤类型	渗透系数
1	淤泥质黏土	$1.22 \times 10^{-7}/cm \cdot s^{-1}$
2	淤泥质黏土	$1.53 \times 10^{-7}/cm \cdot s^{-1}$
3	淤泥质粉质黏土	$1.87 \times 10^{-7}/cm \cdot s^{-1}$
4	淤泥质黏土	$1.61 \times 10^{-7}/cm \cdot s^{-1}$
5	淤泥质粉质黏土	$2.0 \times 10^{-7}/cm \cdot s^{-1}$

2. 地下水分析

（1）分析目的

海绵城市建设中的地下水分析主要为水量（水位）和水质分析，其目的均是为了优化海绵设施的设计和选择。

1）地下水水量（水位）分析

地下水水量分析主要包括地下水水位和地下水开采利用情况分析。《海绵城市建设技术指南》针对地下水分析的情况不同，提出如下两条建议：一是当下沉式绿地的设施底部渗透面距离季节性最高地下水位或岩石层小于1m时，应采取必要的措施防止次生灾害的发生；二是地下水超采地区建设海绵城市时应首先考虑雨水下渗，并考虑雨水的资源化利用。

2）地下水水质分析

少数情况下区域内的地下水水质受到污染，还需进行污染情况调查分析，评估本区域是否可以进行渗透性设施建设。如某市的海绵公园，建设前区域内地下水被原有化工厂污染，环保部门经调查论证后要求本区域内不得进行渗透性设施建设，因此在进行海绵城市建设时应避免使用渗透性设施，可多考虑植草沟、表流湿地等非渗透性设施解决面源污染削减问题，并做好相应的防渗处理。

（2）分析方法

地下水水位情况可从国土或水利部门获取地下水水位监测数据，并使用ArcGIS等软件绘制相应区域的地下水位等值线图。

地下水开采情况可查阅当地的水资源公报，获取本地区的地下水年利用量和地下水位逐年变化情况，以此评价本地区地下水开采程度。

地下水水质情况可从环保部门的监测数据或结论性报告等资料中获取，以此评价区域内是否适宜建设渗透性设施。

（3）分析案例

某市规划区在进行地下水分析时，首先，通过查阅当地水利局水资源公报，获取地下水开采利用情况：2017年地下水源供水量2.45亿m^3，占总供水量的25.95%，近年该市平均地下水埋深逐渐下降，全市平均地下水位约为5.65m，地下水位年变幅约1m；其次，规划区内无地下水水质污染等结论性报告，适宜建设渗透性设施；并进一步从国土部门和其他地勘资料中，获得规划区内地下水位监测数据，通过监测数据绘制地下水位等值线图（图6-20）。通过地下水分析可知，该区域地下水位高于1m，且地下水位逐年降低，开采利用情况较强。因此规划区在建设海绵城市时，应首先考虑雨水下渗，并提升雨水的资源化利用。

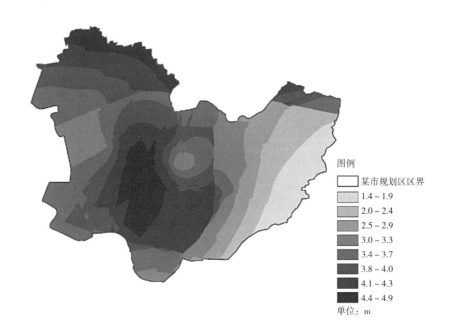

图例

□ 某市规划区区界
1.4 ~ 1.9
2.0 ~ 2.4
2.5 ~ 2.9
3.0 ~ 3.3
3.4 ~ 3.7
3.8 ~ 4.0
4.1 ~ 4.3
4.4 ~ 4.9

单位：m

图6-20 某市规划区地下水埋深分布情况

6.1.2 生态要素分析

6.1.2.1 生态本底分析

1. 生态本底要素

调查城市山、水、林、田、湖、草等生态本底现状条件，分析自然山水格局，是为了分析城市海绵体的原真性和系统性，明确保护和恢复城市天然海绵体的管控要求[35]。通过收集区域的地形资料、土地二调资料以及各相关专业部门的资料，对城市的山、水、林、田、湖等基本生态要素进行分析评价。生态本底评价是海绵城市建设过程中生态空间管控的重要依据，通过分析评价对研究区域生态空间格局具有重要影响的关键控制要素，明确各类生态要素的空间控制边界，制定针对性的管控措施以确保"山水林田湖"的生态格局。

不同的评价因子所需的数据来源不同，获取的数据一般需转化为空间数据源并集合在GIS空间数据库内，且为同一坐标系。常用的数据包括地形数据、土地利用现状及规划资料、林相分布资料、土壤及水文资料、遥感卫星影像数据等。

（1）数据来源

水域数据可采用研究区域的规划水系矢量图，并通过GIS平台生成水域缓冲区数据；也可利用Google Earth的16级标准影像在GIS系统中的矢量化数据。

土地利用数据可采用研究区域的土地利用现状矢量图或土地利用规划矢量图。

植被分布数据可采用TM影像30m×30m进行波段运算NDVI合成，或采用土地利用规划图。

（2）生态本底要素识别与评估

生态本底自然要素是确定现状生态格局和生态质量的重要依据，山、水、林、田、湖五大要素基本能涵盖全部的生态用地，可依据研究区域的特点对山、水、林、田、湖等要素制定解译标准。例如杜震等对某市生态空间管控的研究中对生态本底要素进行了解译和分析评估[35]，详见表6-12。

生态本底要素解译及评估　　　　　　　　　　表6-12

生态本底自然要素	定义及解译标准
山	高山：相对高度>200m、坡度>25°的坡地；山地：相对高度100～200m、坡度6°～25°的坡地；丘陵：相对高度为50～100m、坡度>6°的坡地；平原：相对高度<50m、坡度<2°的土地
河、湖	河流通常是指陆地河流，由一定区域内地表水和地下水补给，经常或间歇地沿着狭长凹地流动的水流。湖泊是陆地表面洼地积水形成的比较宽广的水域
田	指直接用于农业生产的土地，包括耕地、园地、林地、牧草地及其他的农业用地
林	规模达到4hm²以上成片的林地才具有一定的生态效益。通过遥感识别规模大于4hm²的林地

根据解译标准对各要素进行解译及评价，划定各自然要素的保护边界并提出管控要求，该市山、水、林、田、湖等生态本底分析见图6-21～图6-25。

图6-21 山地要素分布图（左）

图6-22 水域要素分布图（右）

图6-23 林地
要素分布图（左）

图6-24 农田
要素分布图（右）

图6-25 湖
泊与湿地要素
分布图

2．蓝绿空间分析

城市蓝绿空间是城市自然生态空间的基本要素和重要内容，"蓝色空间"即城市蓝线，是指城市规划确定的江、河、湖、库、渠和湿地等城市河湖地表水域保护和控制的地域界线。"绿色空间"即城市绿线，是指城市各类绿地范围的控制线。

海绵城市建设的基本原则之一即生态优先，要求城市规划应科学划定蓝线和绿线，城市开发建设应保护河流、湖泊、湿地、坑塘、沟渠等水生态敏感区（即蓝色空间）和公园绿地、山体、林地等绿色空间。但在长久以来的城市建设过程中，存在侵占蓝绿空间、蓝绿分治、水岸分建等诸多问题，使城市生态完整性出现"空缺"。城市规划建设中科学合理划定蓝线绿线，加强蓝线和绿线的管控，是实现蓝绿互融、城水和谐的重要途径。

（1）蓝绿空间分析方法

蓝绿空间的分析基于对研究区域山水林田湖等生态本底要素的识别，应结合当地城乡建设规划、水系专项规划和绿地专项规划，研究确定城市蓝绿空间范围，并进行严格管控。

蓝绿空间分析所需资料为土地利用规划图和地形图，土地利用规划图可基本确定城市蓝线和绿线范围，地形图用于低洼地分析和汇流路径分析。

1）明确上位规划蓝绿线管控范围

以当地城乡建设规划、水系专项规划、绿地专项规划为依据，参照城市蓝线管理办法和绿线管理办法，进一步明确城市河、湖、库、渠、湿地、滞洪区等城市河流水系地域界线和公共绿地、防护绿地、生产绿地、居住区绿地、单位附属绿地、道路绿地、风景林地等绿地界线。

2）细化蓝绿空间

结合汇流路径和低洼地分析结果，进一步细化蓝绿空间，并严格落实管控和保护措施。对3级径流路径或潜在的径流通道提出明确的保护措施，或划入蓝线范围进行管控，避免城市建设对径流路径的侵占；侵占3级汇流路径且内涝严重的区域，有条件时应考虑建筑退让，或调整用地类型，维护城市水安全。将城市的低洼地作为天然滞蓄空间，或规划为下沉式绿地和雨洪公园等绿色空间，划入绿线范围进行管控；城市集中建设区的低洼地可规划建设为雨洪公园，非集中建设区的低洼地可规划建设为林场、大型生态公园等。照此方法某县中心城区蓝线规划布局和绿线规划布局见图6-26、图6-27。

（2）蓝绿空间表达

蓝绿空间的分析结果可组合在同一张图内展示，包括划定的蓝线和绿线范围，以此构建出研究区域的蓝绿空间保护控制体系。具体包括蓝线内的河道、湖泊、人工湿地、蓄滞洪区等水体，以及绿线内的生态绿地、防护绿地、城市公园等绿地。某县中心城区蓝绿空间分布见图6-28。

6.1.2.2 低洼地分析

1．低洼地定义

低洼地通常是指较周围地面相对较低的地形，夹缝于各类居住用地、生产用地之间的地块，没有具体功能特性[36]。通过低洼地识别获得的城市内部低洼地不仅可以确定城市内涝

图6-26 某县中心城区蓝线规划布局图（左）

图6-27 某县中心城区绿线规划布局图（右）

图6-28 某县中心城区蓝绿空间分布图

风险区，为城市内涝的防治提供基础数据，同时也可为城市建设过程中的竖向规划提供合理建议，为城市潜在调蓄空间的设置提供参考和决策。

2．低洼地分析方法

低洼地区域通常水流方向不合理，可通过水流方向判断低洼地区域，然后对低洼地进行填充。主要借助GIS和水力模型等软件进行低洼地识别。低洼地识别的基础数据主要包括数字高程模型、高精度数字正射影像、基础地理信息数据、行业专题数据、地理国情普查成果的获取与整合等[37]。针对识别得到的低洼地信息，通过外业调查判断低洼地类型是数据误差还是地表形态（湖泊、喀斯特地貌、陷穴等）的真实反映。

在ArcGIS中，低洼地范围的获取可通过两种方法实现，一种是通过确定片区低洼地最高水位值，用提取等值线的方式得到低洼地的范围线；另一种是通过水文分析中的填注DEM的方式得到，见图6-29。

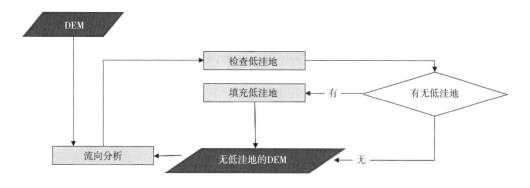

图6-29 基于DEM的低洼地分析

（1）提取低洼地最高水位值线

通过分析测区高程点、近几年容易积水区块的平均水位值等，选取水文站各年份或暴雨期间各时段的最高水位值，通过ArcToolbox中3DAnalyst工具下的栅格表面的等值线提取等高线，高程值对应这一地区低洼地最高水位值，低于这个数值的为低洼，等高线的闭合圈也就是低洼地面。可按不同区域提取地面高程低于给定的不同水位高度的数字高程模型数据，将该数据转化为矢量的面状数据，并依据数字正射影像提取与居民区、工业区、广场、公园等人口聚集区相交的面状数据，形成城市建成区低洼地段的面状数据。

（2）洼地填充法

利用ArcGIS ArcToolbox中水文分析工具下的洼地填充法（溢水法）填平洼地，并根据"出口汇聚流向模式"为平地区域设置坡度，将平地中的水导出。通过栅格计算器处理后的DEM减去原始DEM，根据前后两个影像填充后的不同，以及零值与非零值的区别，得到新的有关填平洼地的栅格数据，并利用分析工具下的重分类工具对新的栅格数据进行处理，见图6-30。

图6-30 洼地填充后的DEM

上述两种方法各有优缺，第一种方法对地形要求较高，适用于地势平坦、高差起伏不大的平地区域，对提供的最高水位值精度要求较高，应基本涵盖所有可能积水的低洼区域，优点是通过软件提取最高水位值，生成的低洼地的范围线较平滑美观，后期工作量较少；第二种洼地填充法适用范围广泛，通过填洼DEM方式获得的范围线较密集，即使山顶有一个大坑，也可以提取出来，不会出现遗漏，只要相对周边来说这块是低的区域，通过数字高程模型都能提取出来，相对来说，数据量较前一种方法大，而且线条按单个像素生成折刺较多，人工修边的工作量大，优点是不受测区地形地势的影响，应用广泛。根据这两种方法获得的范围线，对地形中河流、坑塘这些不属于低洼地的范畴的面都应该扣除，结合前期收集到的大比例尺地形图中的水系面，在低洼地面中做擦除处理，最后通过ArcGIS的拓扑、属性检查，保证矢量数据的拓扑、逻辑一致性。

6.1.2.3 汇流路径分析

1. 汇流路径定义

降水形成的水流，从其产生的地点向流域出口断面的汇集过程中途径的历程，简称为汇流路径。汇流路径是在水流方向的基础上建立的，是自然降雨产流的潜在汇流通道。保留自然地貌下的汇流路径，避免填充占用，对于增强易涝地区的滞水、排水能力，维护城市水安全具有重要的影响。

根据汇流量大小，汇流路径有不同的分级。依Strahler分级，将所有河网弧段中没有支流汇入的水系定义为1级别，两个1级河网弧段中汇流成的河网弧段为第2级，相同级别的水系汇入某一河流时，河流等级增加1级，如此下去分别为第3级、第4级……如果等级不同，则与最大等级的河流相同。

2. 汇流路径分析方法

首先根据基础地形图，采用ArcGIS水文分析，对流域范围内自然汇水路径进行模拟分析，对雨水汇流流向做出分析。在此基础上，提取出自然汇水河流的潜在路径，根据潜在的汇水路径对汇水分区进行等级划分。具体分析方法如下：

（1）汇流累计量数据的获取。在地表径流模拟过程中，汇流累积量是基于水流方向数据计算得到的。汇流累积量的基本思想是：通过规则格网表示的数字地面高程模型每点处所流过的水量数值，得到该区域的汇流累积量，见图6-31。

2	2	2	4	4	8
2	2	2	4	4	8
1	1	2	4	8	4
128	128	1	2	4	8
2	2	1	4	4	4
1	1	1	1	4	16

0	0	0	0	0	0
0	1	1	2	2	0
0	3	7	5	4	0
0	0	0	20	0	1
0	0	0	1	24	0
0	2	4	7	35	2

水流方向数据　　　　　　　　　　　汇流累积数据

图6-31 汇流量累积栅格

（2）设定阈值。不同级别的沟谷对应不同的阈值，不同研究区域相同级别的沟谷对应的阈值也不尽相同。所以，在设定阈值时，应通过不断的实验和利用现有地形图等其他资料辅助检验的方法确定合适的阈值。

（3）栅格河网的形成。利用【Spatial Analyst】/【地图代数】/【栅格计算器】可得到栅格河网。其思想是利用所设定的阈值对整个区域分析并生成一个新的栅格图层，其中汇流量大于阈值的栅格定为1，而小于或等于阈值的栅格设定为无数据。将计算出来的栅格河网命名为streament。

（4）栅格河网矢量化。选择【Spatial Analyst】/【水文分析】/【栅格河网矢量化】；设置相关参数：【输入河流栅格数据】为streament；输入由无洼地DEM计算出来的【流向栅格数据】fdirfill；【输出折线（polyline）要素】为streamfea，生成的矢量数据见图6-32。

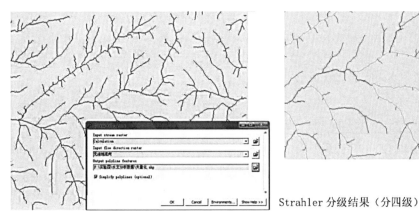
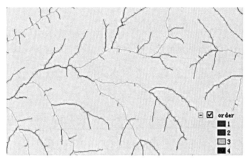

Strahler 分级结果（分四级）

图6-32 栅格河流网络矢量化示意图

根据栅格河网矢量化数据，依Strahler法对汇流路径进行分级，并与区域内道路和水系进行叠加，形成该区域的汇流路径。

6.1.3 河湖水系分析

河湖水系调查和分析是进行河湖生态修复规划设计的基础工作。调查内容包括：气候、水文特征；地质、土壤特征；河流地貌；水质、水量；生态系统等。主要采用勘察、监测、访问调查和历史资料收集等多种手段收集需要的资料数据。

6.1.3.1 水文分析

水文资料是分析海绵城市发展条件、确定海绵城市规划的重要依据，一般从水利部门获取。

1. 流域分布特征

针对流域现状和规划进行以下内容分析：（1）河湖水体几何特征、标高、设计水位、洪水位和城市雨水排放口位置；（2）河流长度、流向；（3）流域范围；（4）支流数量及其形态；（5）河网形态、密度（河流一般由源头流向侵蚀基准面，沿途又有山谷流水及地下水汇集）；（6）落差度（由于河床高度的变化所产生的水位的差数）；（7）河道的宽窄、弯曲系数（河段的实际长度与该河段直线长度之比）、深浅和水域面积。

2．水文特征

明确河流的水文特征，包括流量、含沙量、汛期、结冰期、水能资源、流速、河流补给类型及水位。明确目前产流特征与径流控制水平。主要分析内容包括：（1）径流量（径流量大小和径流量的季节、年际变化）；（2）含沙量；（3）有无汛期/凌汛；（4）有无结冰期；（5）水能资源是否丰富;（6）流速;（7）补给类型（地下水、雨水、冰川融水、冰雪融水等）；（8）水位。

6.1.3.2 生态基流分析

河流生态基流是指维持河流基本形态和基本生态功能、保证水生态系统基本功能正常运转的最小流量。在此流量下，可以保证河道不断流，水生生物群落能够避免受到不可恢复性的破坏。同时，应注意生态基流量在不同季节也是不同的，不能以某一时段的生态基流作为整年的设计生态基流量，应结合流域多年生态基流的分析，合理确定设计生态基流量。

1．生态基流计算方法

生态基流的计算方法较多，一般分为四大类，即水文学法、水力学法、生境模拟法和整体法，其中水文学法和水力学法比较常用[38]。

（1）Tennant法

Tennant法属于水文学计算法的一种，即将河流多年平均流量的10%~30%作为生态基流，该法适用于流量比较大且水文资料系列较长的河流。由于不同的河流河道内环境和生态功能存在差异，同一河流的不同河段也有区别，因此必须根据实际情况选取合理的环境和生态目标确定流量百分比。

Tennant法计算步骤简单，可以快速确定数值，但没有考虑河流的宽度、水深、流速以及形状等水文参数，没有区分标准年、枯水年和丰水年之间的差异，忽略了水生生物对环境的需求，对于流量较小的河流，该法的使用具有一定的局限性。

Tennant法计算保证河湖生态基流河流流量推荐范围值见表6-13。

Tennant法计算保证河湖生态基流河流流量推荐范围值 表6-13

流量状态描述	推荐基流标准值（河湖多年平均流量百分比）（%）	
	4~9月	10月~次年3月
最大	200	200
最佳范围	60~100	60~100
极好	60	40
非常好	50	30
良好	40	20
中	30	10
差	10	10
极差	0~10	0~10

（2）流量历时曲线法

流量历时曲线法属于水文学计算法的一种，是将20年以上的水文观测资料进行整理和统计分析，通过逐月流量历时曲线，以90%保证率下的流量作为生态基流，该方法适用于水文资料系列达到20年以上的河流。

流量历时曲线法同样具有简单快速的优点，由于使用了逐月流量历史曲线中的某个频率来确定生态基流，其灵活性更强，可以按照河流水生生物的实际需求确定流量大小。唯一制约该方法的因素是，目前对不同时期水生生物需水量方面的研究较少，因此在具体的频率设定过程中可供参考的案例不多。图6-33为某水站流量历时曲线图示例。

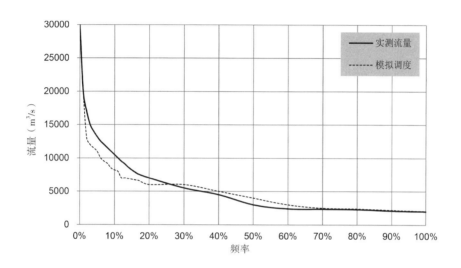

图6-33 某水站流量历时曲线图

（3）保证率法

保证率法属于水文学计算法的一种，一般采用90%保证率下最枯月平均流量作为生态基流。保证率法比较适合水量较小，同时开发利用程度较高的河流，要求有较长序列（一般不低于20年）的水文观测资料。

保证率法计算出来的生态基流在某种意义上维持了河流水质标准，更适合于生态环境需水要求。但保证率法对水生生态学方面的因素考虑较少。

（4）最枯月流量法

最枯月流量法属于水文学计算法的一种，通常采用最近10年最枯月平均流量作为生态基流。

最枯月平均流量法需要的水文观测资料系列较短，其适用范围和局限性与保证率法基本一致，在计算河流纳污能力方面有独特的优势。

（5）7Q10法

7Q10法属于水文学计算法的一种，即以90%保证率下连续最枯7天的平均流量为生态基流。

7Q10法同样适合水量较小，同时开发利用程度较高的河流，要求有较长序列（一般不低于20年）的水文观测资料。该方法计算出来的生态基流能够维持河道不发生断流，但同样未考虑生物学因素，通常用于考量水环境容量。

（6）湿周法

湿周法属于水力学法的一种，即利用河流的湿周作为水生生物栖息地质量指标来估算河流的生态基流。该方法遵循的原理是通过保护临界区域水生生物栖息地的湿周来维持临界区域以下水生生物栖息地的稳定。湿周法一般根据河流湿周—流量关系图上的拐点来确定生态基流。当拐点不明显时，以某个湿周率（通常取50%）对应的流量为生态基流。

湿周法受河道形状的影响比较大，比较适用于宽浅矩形渠道和抛物线形河道等河床形状稳定的河流，不适合于三角形河道，主要因为三角形河道的湿周和流量关系曲线（图6-34）的拐点不明显，难以进行判断。

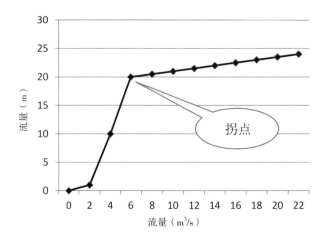

图6-34 湿周—流量关系示意图

生态基流的计算复杂且方法众多，计算方法的资料要求和适用范围见表6-14。各项目应根据所在地气候、降雨、水体本身条件、水体功能和补水要求等多方面进行科学分析，确定合理的计算方法。针对我国南北差异，建议南方项目，在生态基流计算要求不高且有长系列水文资料的情况下采用Tennant法；北方项目水体基流季节性变化较大，存在明显枯水季和丰水季，缺水严重地区可采用流量历时曲线法、保证率法和最枯月流量法相结合。如有其他计算要求可参考《河湖生态环境需水计算规范》。

计算方法的资料要求和适用范围　　　　　表6-14

计算方法	资料要求	使用范围
Tennant法	长系列水文资料	水量较大的长年性河流
流量历时曲线法	长系列水文资料（≥20年）	所有河流
保证率法	水面面积和需水量资料	主要是湖泊
最枯月流量法	短系列枯月平均流量（近10年）	所有河流
7Q10法	长系列水文资料	水量较小，且开发利用程度较高的河流
湿周法	湿周、流量资料	河床形状稳定的宽浅矩形和抛物线形河道

2．生态基流和需水量计算

（1）分析计算主要水系生态需水和生态基流量。

（2）根据计算结果分析各水体是否存在生态流量不足（包括季节性缺水或断流），根据生态需水量计算结果分析生态需水总量。下面以某具体项目为例计算生态需水量。

该项目多年平均逐月降水量见表6-15。登云溪—化工河整治包含3条河道，汇水面积362hm²，3条河道最终汇入凤坂河。对河道进行水资源平衡分析，河道需水量主要为河道生态需水，上游水库河道的来水为水库弃水和区间汇水。参照《建设项目水资源论证导则》，一般河道生态需水量按多年平均流量10%~20%计，因项目片区河道基本为城区河道，源头无稳定水源补给，暴雨期河道内基本为雨污水，而暴雨期产生的洪水无法储存，丰水期产水基本为洪水，会迅速排走，为保证河道内保持一定的水面维持河道水生态，河道需水量按平水年的月平均流量取值。登云溪（上游登云水库）、化工河、竹屿河汇水量和补水量计算见表6-16、表6-17，径流系数取0.6，设定单日补水时间为8h。

项目所属市多年平均逐月降水量 　　　　　　表6-15

月份	1	2	3	4	5	6	7	8	9	10	11	12
降水量（mm）	51	87	144	156	197	203	133	175	156	49	46	35

登云溪—化工河分区汇水量计算 　　　　　　表6-16

内河名称	汇水面积（hm²）	河道来水量（万m³/m）												
		1月	2月	3月	4月	5月	6月	7月	8月	9月	10月	11月	12月	平均
登云溪—化工河	336.5	0.3	17.6	29.	31.5	39.8	40.9	26.9	35.3	31.5	9.9	9.3	7.1	24.1
竹屿河	125.9	3.9	6.6	10.9	11.8	14.9	15.3	10.0	13.2	11.8	3.7	3.5	2.6	9.0

登云溪—化工河分区补水量计算 　　　　　　表6-17

内河名称	河道生态需水量（万m³/m）	单日生态需水量（m³/d）	最小补水流量（m³/s）
登云溪—化工河	24	8000	0.3
竹屿河	9	3000	0.1

6.1.3.3 消落带分析

消落带广义上指靠近河边植物群落（包括组成、植物种类复杂度）及土壤湿度等明显不同的地带，即受河湖水位直接影响的区域；狭义上指河水与陆地交界处的两边，直至河水影响消失为止的地带。

水文、气候、地貌和人为活动等因素都会对消落带的演化产生重要影响。分析生态保护建设的措施，开展风化基岩消落带的湿地植被重建研究，对改善生态环境，提升消落带生态服务功能等具有非常重要的意义。主要分析以下内容：

1. 现状水体消落带分布情况

明确消落带分布、长度、宽度、坡度和影响因素。

2. 现状水体消落带变化特征

明确消涨原因（季节性降水影响消落或是周期潮汐影响消落），分析随洪水水位变化、潮汐水位变化各消落带的变化断面形态，包括淹没水深变化，淹没断面、淹没区域的现状形态。

3. 消落带植被分析

结合上述消落带的范围和分布特征，分析消落带不同层面现状植被分布情况和种类，如濒临陆地地带、中间地带和濒临河湖常水位地带植被的分布情况和种类。结合河湖消落带水位的消涨规律，选择与之适应的植被进行生态恢复，保证在水位较低时，也能覆盖裸露地表。植被选择应遵循以下原则：（1）选择当地本土植被；（2）能适应消落带水位的变化；（3）植被种类避免单一选择等。图6-35为长江消落带示意图。

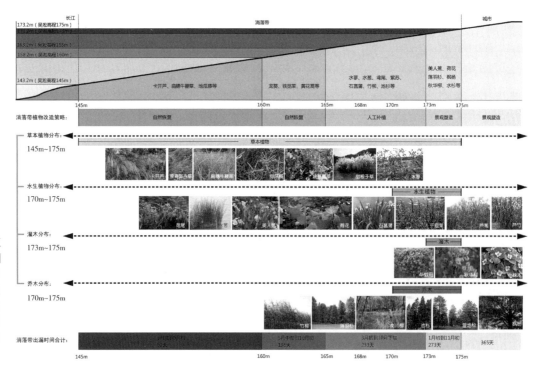

图6-35 长江消落带示意图
资料来源：《三峡岸边的绿色廊道——云阳环湖公园规划与重点地段景观设计》

6.2 水环境问题分析

6.2.1 水质分析

6.2.1.1 水质分析对象

1. 黑臭水体水质

参照《城市黑臭水体整治工作指南》，根据黑臭程度的不同，可将黑臭水体细分为"轻度黑臭"和"重度黑臭"两级。水质检测与分级结果可为黑臭水体整治计划制定和整治效果评估提供重要参考。城市黑臭水体分级的评价指标包括透明度、溶解氧（DO）、氧化还原电位（ORP）和氨氮（NH_3-N），分级标准见表6-18。若某检测点4项理化指标中，1项指标60%以上数据或不少于2项指标30%以上数据达到"重度黑臭"级别的，该检测点应认定为"重度黑臭"，否则可认定为"轻度黑臭"。连续3个以上检测点认定为"重度黑臭"的，检测点之间的区域应认定为"重度黑臭"；水体60%以上的检测点被认定为"重度黑臭"的，整个水体应认定为"重度黑臭"。

城市黑臭水体污染程度分级标准　　　　　表6-18

特征指标（单位）	轻度黑臭	重度黑臭
透明度（cm）	10~25*	<10*
溶解氧（mg/L）	0.2~2	<0.2
氧化还原电位（mV）	−200~50	<−200
氨氮（mg/L）	8~15	>15

注：*水深不足25cm时，该指标按水深的40%取值。

2. 地表水环境质量标准

《地表水环境质量标准》GB 3838—2002按照地表水环境功能分类和保护目标，规定了水环境质量应控制的项目及限值，以及水质评价、水质项目的分析方法和标准的实施与监督。其中，地表水环境质量标准基本项目适用于全国江河、湖泊、运河、渠道、水库等具有使用功能的地表水水域；依据地表水水域环境功能和保护目标，按功能高低依次划分为五类：

Ⅰ类主要适用于源头水、国家自然保护区；Ⅱ类主要适用于集中式生活饮用水地表水源地一级保护区、珍稀水生生物栖息地、鱼虾类产卵场、仔稚幼鱼的索饵场等；Ⅲ类主要适用于集中式生活饮用水地表水源地二级保护区、鱼虾类越冬场、洄游通道、水产养殖区等渔业水域及游泳区；Ⅳ类主要适用于一般工业用水区及人体非直接接触的娱乐用水区；Ⅴ类主要适用于农业用水区及一般景观要求水域。

对应地表水上述五类水域功能，将地表水环境质量标准基本项目标准值分为五类。不同功能类别分别执行相应类别的标准值。水域功能类别高的标准值严于水域功能类别低的标准值，同一水域兼有多类使用功能的，执行最高功能类别对应的标准值。地表水环境质量标准基本项目限值详见表6-19。

地表水环境质量标准基本项目限值（单位：mg/L） 表6-19

序号	标准值分类项目		I 类	II 类	III 类	IV 类	V 类
1	水温（℃）		人为造成的环境水温变化应限制在：周平均最大温升≤1，周平均最大温降≤2				
2	pH值（无量纲）		6~9				
3	溶解氧	≥	饱和率90%（或7.5）	6	5	3	2
4	高锰酸盐指数	≤	2	4	6	10	15
5	化学需氧量（COD）	≤	15	15	20	30	40
6	五日生化需氧量（BOD_5）	≤	3	3	4	6	10
7	氨氮（NH_3-N）	≤	0.15	0.5	1	1.5	2
8	总磷（以P计）	≤	0.02（湖、库0.01）	0.1（湖、库0.025）	0.2（湖、库0.05）	0.3（湖、库0.1）	0.4（湖、库0.2）
9	总氮（湖、库、以N计）	≤	0.2	0.5	1	1.5	2
10	铜	≤	0.01	1	1	1	1
11	锌	≤	0.05	1	1	2	2
12	氟化物（以F⁻计）	≤	1	1	1	1.5	1.5
13	硒	≤	0.01	0.01	0.01	0.02	0.02
14	砷	≤	0.05	0.05	0.05	0.1	0.1
15	汞	≤	0.00005	0.00005	0.0001	0.001	0.001
16	镉	≤	0.001	0.005	0.005	0.005	0.01
17	铬（六价）	≤	0.01	0.05	0.05	0.05	0.1
18	铅	≤	0.01	0.01	0.05	0.05	0.1
19	氰化物	≤	0.005	0.05	0.02	0.2	0.2
20	挥发酚	≤	0.002	0.002	0.005	0.01	0.1
21	石油类	≤	0.05	0.05	0.05	0.5	1
22	阴离子表面活性剂	≤	0.2	0.2	0.2	0.3	0.3
23	硫化物	≤	0.05	0.1	0.2	0.5	1
24	粪大肠菌群（个/L）	≤	200	2000	10000	20000	40000

6.2.1.2　水质监测方法

为客观反映地表水环境质量状况及其变化趋势，地区环境保护行政主管部门应依据《地表水环境质量标准》GB 3838—2002和有关技术规范，对地表水环境质量进行监测，用于评价地表水环境功能区是否达标。根据不同的水体功能、和污染物排放等实际情况，水质监测布点、频次、监测指标有所区别。对于黑臭水体，还应按照《城市黑臭水体整治工作指南》进行黑臭水体定期监测，保障长期治理效果。

1. 地表水环境监测

地表水水质监测的采样布点、监测频率应符合国家地表水环境监测技术规范的要求。《污水监测技术规范》HJ/T 91.1—2019适用于对江河、湖泊、水库和渠道的水质监测，包括向国家直接报送监测数据的国控网站、省级、市级、县级控制断面的水质监测，以及污染源排放污水的监测。

（1）监测断面布设要求

监测断面在总体和宏观上需能反应水系或所在区域的水环境质量状况。各断面的具体位置需能反映所在区域环境的污染特征；尽可能以最少的断面获取足够有代表性的环境信息；同时还需考虑实际采样时的可能性和方便性。监测断面布设方法应遵循《污水监测技术规范》HJ/T 91.1—2019的相关要求。

（2）采样点设置要求

在一监测断面上设置的采样垂线数与各垂线上的采样点数应符合表6-20、表6-21的要求，湖（库）监测垂线上采样点的布设应符合表6-22的要求。

采样垂线数的设置　　　　　表6-20

水面宽	垂线数	说明
≤50m	一条（中泓）	1. 垂线布设应避开污染带，测污染带应另加垂线；
50~100m	二条（近左、右岸有明显水流处）	2. 确能证明该断面水质均匀时，可仅设中泓垂线；
>100m	三条（左、中、右）	3. 凡在该断面计算污染物通量时，必须按本表设置垂线

采样垂线上采样点数的设置　　　　　表6-21

水深	采样点数	说明
≤5m	上层一点	1. 上层指水面下0.5m处，水深不到0.5m时，在水深1/2处；
5~10m	上、下层两点	2. 下层指河底以上0.5m处； 3. 中层指1/2水深处； 4. 封冻时在冰下0.5m处采样，水深不到0.5m时，在水深1/2处采样； 5. 凡在该断面计算污染物通量时，必须按本表设置采样点
>10m		上、中、下三层三点

湖（库）监测垂线上采样点的设置　　　　　　　　表6-22

水深	分层情况	采样点数	说明
≤5m		一点（水面下0.5m处）	1. 分层是指湖水温度分层状况；
5~10m	不分层	二点（水面下0.5m，水底上0.5m处）	2. 水深不足1m时，在1/2水深处设置测点；
5~10m	分层	三点（水面下0.5m，1/2斜温层，水底上0.5m处）	3. 有充分数据证实垂线水质均匀时，可酌情减少测点
>10m		除水面下0.5m，水底上0.5m处外，按每一斜温分层1/2处设置	

（3）采样频次与时间

依据不同的水体功能、水文要素和污染源、污染物排放等实际情况，力求以最低的采样频次，取得最有时间代表性的样品，既要满足反映水质状况的要求，又要切实可行。地表水环境质量监测的采样频次与时间应遵循《污水监测技术规范》HJ/T 91.1—2019的相关要求。饮用水源地、省（自治区、直辖市）交界断面中需要重点控制的监测断面每月至少采样一次。国控水系、河流、湖、库上的监测断面，逢单月采样一次，全年六次。水系的背景断面每年采样一次。受潮汐影响的监测断面的采样，分别在大潮期和小潮期进行。国控监测断面（或垂线）每月采样一次，在每月5日至10日内进行。遇有特殊自然情况，或发生污染事故时，要随时增加采样频次。为配合局部水流域的河道整治，及时反映整治的效果，应在一定时期内增加采样频次。

（4）监测项目与分析方法

按照《地表水环境质量标准》GB 3838—2002，地表水环境质量常规监测指标24项（必测项目），潮汐河流必测项目增加氯化物，饮用水保护区或饮用水源的江河除监测常规项目外，必须注意剧毒和"三致"有毒化学品的监测。按照要求采集后自然沉降30min，取上层非沉降部分按规定方法进行分析，常规必测项目的分析方法可参照《地表水环境质量标准》GB 3838—2002中要求。

2. 黑臭水体水质监测

（1）布点与测定频率

水体黑臭程度分级判定时，原则上可沿黑臭水体每200~600m间距设置检测点，但每个水体的检测点不少于3个。取样点一般设置于水面下0.5m处，水深不足0.5m时，应设置在水深的1/2处。原则上间隔1~7日检测1次，至少检测3次以上。

（2）监测项目与分析方法

城市黑臭水体的水质监测指标包括透明度、溶解氧（DO）、氧化还原电位（ORP）和氨氮（NH_3-N），相关指标测定方法见表6-23。

水质指标测定方法　　　　　　　　　　表6-23

序号	项目	测定方法	备注
1	透明度	黑白盘法或铅字法	现场原位测定
2	溶解氧	电化学法	现场原位测定
3	氧化还原电位	电极法	现场原位测定
4	氨氮	纳氏试剂光度法或水杨酸—次氯酸盐光度法	水样应经过0.45μm滤膜过滤

注：相关指标分析方法参见《水和废水监测分析方法（第四版）（增补版）》。

6.2.1.3　区域外上下游水质分析

尽管根据研究、管理、整治的需要，人为将水体划分了区段，但水系间彼此连通、流动交换，存在相互影响。如果区域外上游或下游水体对研究范围内水体造成较大影响，还应对其水量和水质情况进行分析。

区域外上下游监测以常规水质监测项目为主，同时根据流域管理需要和区域污染源分布及污染物排放特征等适当增减。当范围内水体存在数量较少、甚至干涸等问题时，应分析上游来水的水量。流量测量有多种精确简易方法，如流速仪法，将监测断面分成若干大小区间分别测量后求积，也可将流速仪法简化成2点法进行测量。根据设备条件，还可采用多普勒测流仪测量流量，计算污染物通量。

现状水质低于标准的水体，污染源可能在本段汇水流域内，也可能在范围外，应对上游来水水质进行分析，确认其是否满足本区域的水环境质量标准，分析其对本区域造成的影响，并对上游来水水质差的提出治理要求。水动力不足甚至干涸的水体，具有引流补水需求，应分析上游河流、湖、库的水量、水质、引流管位条件等，如条件适合，可作为补充河道基流的补给水源。上游来水水质监测数据和水量统计表参考格式见表6-24。

上游来水水质监测数据和水量统计表　　　　表6-24

编号	上游水体名称	对应区域内水体名称	流量（m³/s）	水质监测数据（mg/L）			
				SS	COD	NH₃-N	TP

对于感潮河流或受下游水位顶托形成倒灌的管网或河流，应明确河道下游的水位或者潮水位变化，以及水质情况，并分析下游水体倒灌带来的污染物对本区域造成的影响。例如闽江北港为感潮河段，污染源主要集中在北港中段，北港上游断面在涨潮时，受到中游污染源影响，污染物浓度增大，涨憩前后浓度达到最大值；落潮时受到上游径流来水的稀释，污染物浓度减小，水质变好，落憩前后浓度达到最小值，因此在研究北港上游时，应对北港中段水位和水质进行分析[39]。

下游水质监测数据和水位统计表参考格式见表6-25。

下游水质监测数据和水位统计表 表6-25

编号	下游水体名称	对应区域内水体名称	水位（m）	平均低潮位（m）	平均高潮位（m）	水质监测数据（mg/L）			
						SS	COD	NH$_3$-N	TP

6.2.1.4 水体水质分析结果表达

对水质监测数据进行分析，识别主要污染物，参照《地表水环境质量标准》GB 3838—2002、《城市黑臭水体整治工作指南》等进行水环境级别分类，明确污染物超标情况。水体黑臭监测数据参考格式见表6-26。

水体黑臭监测数据 表6-26

河道名称	透明度（cm）	溶解氧（mg/L）	氨氮（mg/L）	氧化还原电位（mV）
黑臭程度				

地表水环境质量评价应根据所要实现的水域功能类别，选取相应类别标准进行单因子评价，评价结果应说明水质达标情况，超标的应说明超标项目和超标倍数。地表水水质监测项目以常规水质为主，同时根据流域管理需要和区域污染源分布及污染物排放特征等适当增减。地表水水质监测数据参考格式见表6-27。

地表水水质监测数据 表6-27

河流名称	断面名称	监测项目	pH	溶解氧	COD	BOD$_5$	氨氮	总磷	总氮	地表水水质类别
		样本数								
		最大值								
		最小值								IV类
		平均值								
		超标率（%）								
		样本数								
		最大值								
		最小值								V类
		平均值								
		超标率（%）								

除了对水质数据进行分析展示，还应展示流域水质监测点分布图（图6-36），明确监测断面（取样点位）的类型，列出水质监测点位信息表。根据水质监测分析结果，绘制流域黑臭水体分布图（图6-37）和河道水环境类别分布图（图6-38），并列表分析。

图6-36 流域水质监测点分布图

图6-37 流域黑臭水体分布图

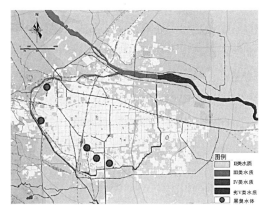

图6-38 河道水环境类别分布图

6.2.2 排水体制分析

城市排水体制分为合流制和分流制两种基本形式[40]。合流制根据是否截流可分为直排式合流制和截流式合流制；分流制分为完全分流制、截流式分流制和不完全分流制。分流制管网中若存在雨污混错接现象，则称为混流区域。另外还存在管网空白区，即由于缺乏污水收集与处理设施，污水未经处理直接无组织排放到周边空地或水体的区域。

排水体制主要通过雨污水管网系统分布、污水处理设施分布、排口出流情况等来确定，一个区域可能同时存在合流制、分流制、混流区域、管网空白区等多种不同的类型。

6.2.2.1 合流制排水系统

合流制排水系统是将城市生活污水、工业废水和雨水混合在同一个管渠内排出的系统，根据其产生的次序及对污水处理的程度不同，合流制排水系统可分为直排式合流制和截流式合流制[41]。

城市污水与雨水径流不经任何处理直接排入附近水体的合流制称为直排式合流制排水系统，大多数排水管网不完善的老城区属于此类[41]。

判定方法：若区域内只有一套管网系统，收集的污水直接排入水体，未接入污水厂或集中式污水处理设施，末端排口旱天存在污水排放，雨天排污量大量增加，则此片区为直排式合流制排水系统，见图6-39。

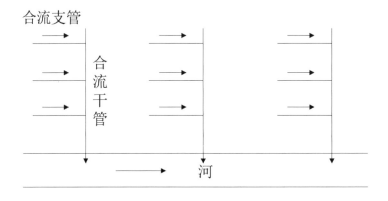

图6-39 直排式合流制排水系统示意图

截流式合流制是在直排式合流制的基础上，修建沿河截流干管，并在适当的位置设置溢流井，在截流主干管（渠）的末端修建污水处理厂。该系统可以保证晴天的污水全部进入污水处理厂，雨季时，通过截流设施，截流式合流制排水系统可以汇集部分雨水（尤其是污染重的初期雨水径流）至污水处理厂，但另一方面雨量过大，混合污水量超过了截流管的设计流量，超出部分将溢流至城市河道，不可避免地会对水体造成局部和短期污染[41]。

判定方法：若区域内只有一套管网系统，收集的污水接入下游污水厂，旱天及降雨初期排口无污水外排，降雨持续一段时间后排口开始排污，且排出的污水水质较差，则此片区为截流式合流制排水系统，见图6-40。

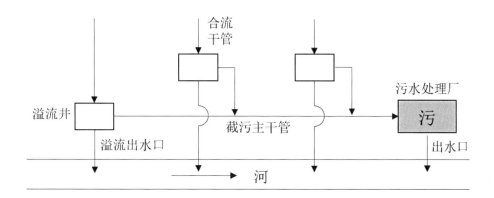

截流式合流制排水系统示意图

6.2.2.2　分流制排水系统

当生活污水、工业废水和雨水用两个或两个以上排水管渠排出时，称为分流制排水系统。根据雨水排出方式的不同，分流制又细分为完全分流制、截流式分流制和不完全分流制[41]。

完全分流制排水系统分设污水和雨水两个管渠系统，前者汇集生活污水、工业废水，送至处理厂，经处理后排放或加以利用；后者通过各种排水设施汇集城市内的雨水和部分工业废水（较洁净），就近排入水体，但初期雨水未经处理直接排放至水体后，将对水体造成污染[41]。

判定方法：若区域内有两套管网系统，污水管网收集的污水接入污水厂，排口旱天无污水外排，降雨初期就开始有水排出，则此片区为完全分流制排水系统，见图6-41。

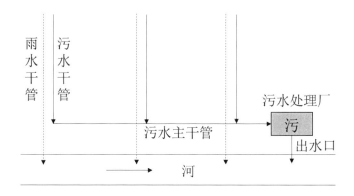

完全分流制排水系统示意图

截流式分流制既有污水排水系统，又有雨水排水系统，与完全分流制的不同之处是，它具有把初期雨水引入污水管道的特殊设施，即雨水截流井，小雨时，雨水经初期雨水截流干管与污水一起进入污水处理厂处理；大雨时，雨水跳跃截流干管经雨水管排入水体[41]。

判定方法：若区域内有两套管网系统，污水管网收集的污水接入污水厂，旱天及降雨初期排口无污水外排，降雨持续一段时间后排口开始排污，且排出的污水水质较好，则此片区为截流式分流制排水系统，见图6-42。

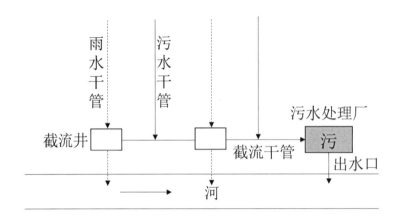

图6-42 截流式分流制排水系统示意图

不完全分流制只建污水排水系统，未建雨水排水系统，雨水沿着地面、道路边沟和明渠泄入水体，或在原有渠道排水能力不足之处修建部分雨水管道，待城市进一步发展或有资金时再修建雨水排水系统。该排水体制投资小，主要用于有合适的地形、有比较健全的明渠水系的区域，以便顺利排泄雨水[41]。

判定方法：若区域内只有一套管网系统，收集的污水接入污水厂，排口旱天无污水外排，雨天径流雨水通过沟、渠等排入水体，则此片区为不完全分流制排水系统，见图6-43。

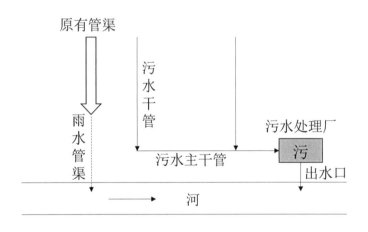

图6-43 不完全分流制排水系统示意图

6.2.2.3　其他类型

除合流制和分流制外，实际排水系统中还存在混流区域和管网空白区。

1．混流区域

混流区域是指雨水与污水通过一根管道混合排出，属于分流制排水系统中的一种特殊情况。按照施工规范，雨水与污水应分别通过两根管道排出，但由于早期施工不规范、管理不到位、私搭乱接等原因，导致雨水与污水通过一根管道混合排出。若污水混入雨水管道，会导致污水直接排入水体，造成水体污染；若雨水混入污水管道，会挤占管道容量，降低污水厂进水浓度，影响污水设施正常运行。混流制通常是由历史遗留原因造成的，应尽快进行雨污混错接改造，将其恢复为分流制。

判定方法：若区域内有两套管网系统，但雨水管和污水管存在混接，排口旱天有污水排出，污水厂雨天进水浓度比旱天低，则此片区为混流区域。

2. 管网空白区

管网空白区是指由于缺乏污水收集与处理设施，污水未经处理直接无组织排放到周边空地或水体的区域。管网空白区一般存在于未配套管网的老旧城区或农村地区，这些区域由于缺乏污水管网及污水处理设施，日常生活、生产过程中产生的污水无去处，从而就近排放。直排的污水对水环境产生的影响较大，应尽快配建污水管网及污水处理设施，实施污水全收集全处理，基本消除管网空白区。

判定方法：若居民居住区内无配套管网系统，旱天污水通过沟、渠等直接排入水体，则此片区为管网空白区。

在一个城市中，有时采用的是复合制排水系统，即分流制与合流制并存的排水系统（图6-44、图6-45）。复合制排水系统一般是在合流制的城市需要扩建排水系统时出现的。大城市中各区域的自然条件以及修建情况可能相差较大，因地制宜地在各区域采用不同的排水体制是合理的。但混流区域和管网空白区的存在会造成大量生活污水、工业污水直排河道，对水环境造成严重破坏，因此存在这两类排水体制的区域应尽快进行改造，结合地区现状场地情况、经济条件、城建计划等，将这两类排水体制改造为分流制或合流制。

排水体制统计表参考格式见表6-28。

现状排水体制统计表　　　　　　表6-28

排水体制	片区1		片区2		片区3	
	面积（km²）	占比（%）	面积（km²）	占比（%）	面积（km²）	占比（%）
直排式合流制						
截流式合流制						
完全分流制						
截流式分流制						
不完全分流制						
混流区域						
管网空白区						
绿地						
水域						
…						
合计						

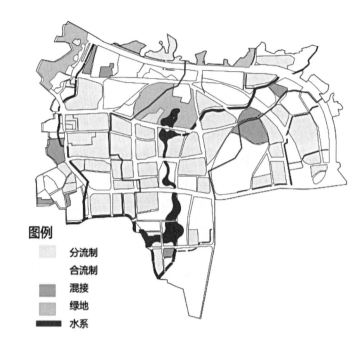

图例

分流制
合流制
混接
绿地
水系

图6-44 某片区排水体制分布图示例一

图例

分流制
合流制
混接
绿地
水系

图6-45 某片区排水体制分布图示例二

6.2.3 排水口调查

排水口是指向自然水体（江、河、湖、海等）排放或溢流污水、雨水、合流污水的排水设施。排水口治理是"控源截污"一系列措施中的重要环节，应在充分调查的基础上，针对不同类别排水口存在的具体问题，因地制宜采取封堵、截流、防倒灌等综合治理措施，对排水口实施改造。

排水口调查的目的是摸清排水口的类型、污水来源和存在的具体问题，掌握排水口排放和溢流的水量与水质特征，为制定治理措施提供第一手资料。对研究区域所有河道排口进行调查，有利于弄清真实的排水体制与排放量，是划分污染控制区的基础。

排水口调查的目的具体包括两大方面：一是辅助确定真实的排水体制；二是得到翔实准确的排水量和污染排放数据。

排水体制是指收集、输送污水和雨水的方式。排水体制的确定，需要综合判断排水系统现状和规划、排水管网普查数据、河道排口类型等资料，对排口上游所在的排水分区进行甄别，具体的排水体制分析详见前述章节。

排水口的排水量和污染排放数据，对开展污染负荷计算至关重要，需要确保数据的准确翔实。详细记录每个排口的位置、管径、材质、管底标高、出水量、出水水质和调查时间等，对收集到的数据进行统计分析，详见前述章节。

6.2.3.1 排水口调查内容及方法

排水口调查内容包括排水口基本参数、附属设施等静态信息，以及排水口水流情况、水质水量和溢流频次等动态信息。

1. 排水口静态信息

排水口的静态信息通常从基本参数和附属设施两方面进行调查，调查数据的获取可以依据排查统计和规划设计资料、现场调研信息录入等。

（1）排水口基本参数：包括受纳水体水位、水质感官、潮汐及其他概况，排水口位置（坐标、高程）、管径、形状、材质、是否淹没、有无出水、水量大小和出水水质感官，驳岸或挡墙形式、完整状态等，见图6-46。

图6-46 排水口基本参数调查信息示意图

开展静态信息调研时，对每一个排口进行编号并拍照记录，记录调查时间，并梳理以下内容：

1）排口位置：沿河道两岸逐一观测排查，使用GPS记录经纬度。

2）构造与尺寸：采用相机和卷尺确定排口构造和尺寸，记录排口的类型，如管涵、暗涵、闸涵、涵洞、暗管、明渠等，以及相对应的尺寸。

3）材质：观测并记录管道与排口材质。

4）高程：使用水准仪或全站仪测量管底标高和排口地面标高。

5）出水情况：调查旱天及雨天的出水情况及排水量，排水量可采用秒表和量筒进行测量。

6）水质：初步调查过程中，主要查看排水的颜色、浑浊程度、有无气味等；如有相关便携设备，可现场检测各排口出水的温度、pH、DO；同时做好采集水样工作，送至实验室进行$CODCr$、NH_3-N等指标检测。

现场调研过程中，排水口调查可与河道调查同步进行，并按照表6-29、表6-30的格式整理所有排水口和每条河道的调查信息。

排水口调查信息记录表 表6-29

序号	排口编号	所属河道	详细位置	管径（mm）	形状	材质	管底标高	是否有水	水量情况	水质情况	调查时间	备注
1												
2												
...												

河道调查信息记录表 表6-30

序号	河道名称	起点	终点	长度（km）	宽度（m）	是否有水	有水区域宽度（m）	河道水质情况	底泥淤积情况	驳岸形式	两侧临河道路宽度（m）	两侧绿化带宽度（m）	调查时间	备注
1														
2														
...														

（2）排水口附属设施调查：包括附属于排水口或其截流设施的闸、堰、阀、泵、井及截流管道等。同样，需做好现场调研和资料收集工作。

2. 排水口动态信息

（1）动态信息主要内容

排水口动态信息调查，包括出水流量、水质、污水来源和溢流情况等信息，具体如下：

1）出水流量测量：可通过断面估算法、流速测量法或专用流量计等方式进行水量测算，分别在旱天和雨天进行，每次水量测量时间宜为24h。流量测量过程中，应保持排水口内排水流动无阻碍。

2）出水水质检测：水质检测应按国家有关规定，由获得资质的检测机构出具水质检测分析报告。水质检测指标包括pH值、化学需氧量（CODCr）、悬浮物（SS）、氨氮（NH$_3$-N）等。水质检测宜与水量测量同步进行，为客观反映排水口在不同时间的出水水量和水质情况，建议取得不同季节时序一周以上（10天左右）的连续监测数据。

3）污水来源调查：根据前期调查阶段收集的排水口资料及分析，结合现场踏勘，对排水口中的污水来源进行确认，并对前期调查中未判明来源的污水进行现场调查。

4）溢流频次调查：对设置截流设施的溢流排水口，应分析已有溢流频次记录；没有记录的应在旱天与雨天分别进行溢流调查，并详细记录不同降雨强度对应的溢流频次。

（2）排水口监测调查方法

根据排水口初步调查结果，对于关键节点需要安装监测设备进行调查，以获取排水口准确排放数据。

1）监测设备安装原则

为了清晰准确地监控和掌握各个排水口的流量、流速及液位等基础数据以及变化规律等在线监测数据，以评估雨污混接、地下水或河水入渗等情况，需选取若干典型监测点进行流量和液位监测。

考虑大管径排水口出水量较大，对河道水质影响较多，对管径大于等于500mm的排水口应全部进行监测。同时，兼顾管径小于500mm但调查时发现旱天有持续出水的排水口，记录并选取为监测点。监测设备安装之前，应复核现场状况，对以下要点进行判断记录：

①周围环境状况：交通是否易达，是否有供电条件，是否有通信条件等。

②检查工况状况：为安装便利提供前提条件。

③管内水流状况：是否有湍流，淤泥程度是否严重，水面是否平稳等。

④点位自身情况：断面图、深度等数据，可通过实测获得。

⑤异样现象捕捉：包括分流、溢流、堵塞等状况记载。

充分考虑可操作性、可实施性和实用性、分散与集中相结合、代表性和可行性等原则，确定若干个排水口作为流量和液位的监测点。

有条件的地方，建议使用流量计对选取的监测点进行流量和液位的全面监测，若流量计数量不够，可搭配液位计对稍不重要的排水口进行液位监测。

选择安装流量计时，在已确定的监测点中，首先选择出水持续稳定且水量可观、能监测到有效流速和流量变化明显的排水口，同时选取调查时旱天没有出水且不存在合流和混接的管径大于等于800mm的排水口。

选择安装液位计时，在已确定安装流量计之外的监测点中，优先选择有小流量出流且管径范围在500~800mm的排水口。

2）监测内容

按照排水口调查内容，选取流量计、液位计、水质监测仪器和实验室仪器，对排水口水量、液位、流速和水质等各方面信息进行详细监测。

流量、液位和流速等成果形成分钟级别的数据表（表6-31），并按照排水口点位、取样时间和监测内容得到水质监测数据。若在排水口处安装在线水质监测仪，则可同步获得分钟级SS数据。

排水口流量液位和流速等监测数据表　　　　　表6-31

序号	排口编号	数据时间（分钟级）	管内液位（m）	流量（L/s）	流速（m/s）	SS	备注
1		年一月一日 00:00					
2		年一月一日 00:01					
3		年一月一日 00:02					
...							

3）监测频率

《水环境监测规范》SL 219—2013给出了沿河排污口的监测频次和时序，但其要求的频次低（1~8h一次）、时间短（连续测量3天），与城市排水口的数据要求有差距，实际操作中，针对城市内河排水口，可以提出更高测量频率的要求。

①旱天流量监测：施测排污口入河污水量的前三天应无明显降水。使用流量计进行记录，测量频率为1min，仪器流量测量精度为0.001m³/s，仪器液位测量精度为0.1mm。旱天水质监测每隔2h测量一次。流量液位和水质均至少连续施测七天。

②雨天流量监测：使用流量计进行记录，测量频率为1min，仪器流量测量精度为0.001m³/s，仪器液位测量精度为0.1mm。雨天水质监测，水质样品从降雨初始开始采集，可使用自动采样器，或人工采集，在降雨开始的60min内，每5~10min采集一个样品，60min后则每30min采集一个样品，直至降雨停止出流结束。流量液位和水质均至少连续施测七天。

③降雨量监测：降雨时1min记录一次数据，仪器测量精度为0.1mm。降雨量监测时间原则上应做到全年详细记录，若无条件做到监测全年数据，至少要和排水口安装监测仪器时间匹配。

6.2.3.2 排水口类型分析

排水口类型分析时，首先依据定义对排水口进行分门别类的统计，同时分析排水口的数据信息，包括直排流量监测数据、入流入渗情况和CSO数据等。

1. 排水口类型

根据《城市黑臭水体整治——排水口、管道及检查井治理技术指南（试行）》中排水口分类的定义，主要分为三大类排水口，具体分类如下（图6-47）。

（1）分流制排水口：分流制污水排水口、分流制雨水排水口、分流制雨污混接雨水排水

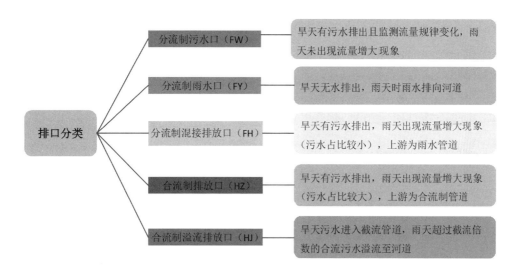

图6-47 排水口分类及其依据

口、分流制雨污混接截流溢流排水口。

（2）合流制排水口：合流制直排排水口、合流制截流溢流排水口。

（3）其他排水口：泵站排水口、沿河居民排水口、设施应急排水口等。

基于排水口现场调查结果，通过对大量排水口的监测和分析，结合上游地块的管网普查和排水体制，通常将排水口分为五类，分别是分流制污水口（FW）、分流制雨水口（FY）、分流制混接排放口（FH）、合流制排放口（HZ）和合流制溢流排放口（HJ）。

每个类别排水口的判别方式和示例分析过程如下。

（1）分流制污水口（FW）

排水口内的污水持续有规律地变化，雨天时流量未出现增大现象，上游管道追踪为分流制污水管道，此类排水口定义为分流制污水口。

举例说明FW排水口分析过程。以某小区外P1排水口为例，通过现场调查和对排水口流量进行监测，追踪排水口上游区域管线情况，得到P1排水口的基本信息，如表6-32所示。

P1排水口基本信息　　　　　　　　　表6-32

排水口编号	排水口类型	排水口管径（mm）	监测流量均值（L/s）	监测流量峰值（L/s）	上游区域追踪	上游区域面积（hm²）	上游管线情况
P1	FW	400	6.56	23.44	住宅小区	1.87	雨污管线分流

对P1排水口的监测流量（图6-48）进行分析，2017年4月3日～2017年4月9日的污水流量呈现规律变化，白天为排水高峰，夜间为排水低谷；结合当地4月3日～4月9日的雨量变化情况，7～9日三天有降雨，但排水口污水流量没有增加，追踪排水口上游区域管线情况，上游为住宅小区，为雨污分流制，图中管线为DN400的污水管，说明此排水口是分流制污水口。

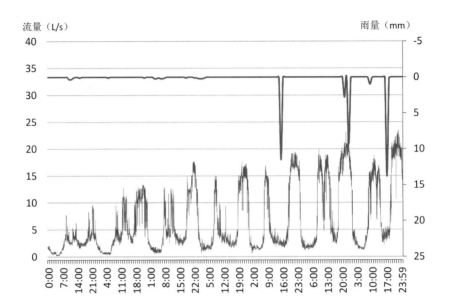

图6-48 P1排水口2017.04.03～2017.04.09流量与雨量对比图

（2）分流制雨水口（FY）

旱天时排水口无水排出，雨天时经雨水管道排向河道，上游管道追踪为分流制雨水管道，此类排水口定义为分流制雨水口。

举例说明FY排水口分析过程。以某小区外P2排水口为例，通过现场调查和对排水口流量进行监测，追踪排水口上游区域管线情况，得到P2排水口的基本信息，如表6-33所示。

P2排水口基本信息 　　　　　　　　　　表6-33

排水口编号	排水口类型	排水口管径（mm）	监测流量均值（L/s）	监测流量峰值（L/s）	上游区域追踪	上游区域面积（hm²）	上游管线情况
P2	FY	500	7.19	511.08	住宅小区	5.22	雨污管线分流

对P2排水口的监测流量（图6-49）进行分析，2017年4月16日～2017年4月22日期间旱天无水排出；结合当地4月16日～4月22日的雨量变化情况，19～21日三天有降雨，管道流量突然增大并达到峰值，追踪排水口上游区域管线情况，上游为住宅小区，为雨污分流制，说明此排水口是分流制雨水口。

（3）分流制混接排放口（FH）

旱天有污水出流，但水量较小，流量校核时与上游产生的污水量不符。雨天出现流量明显增大现象，上游管道追踪为分流制雨水管道，表明有少量污水混接到雨水管，此类排水口定义为分流制混接排放口。

举例说明FH排水口分析过程。以某小区外P3排水口为例，通过现场调查和对排水口流量进行监测，追踪排水口上游区域管线情况，得到P3排水口的基本信息，如表6-34所示。

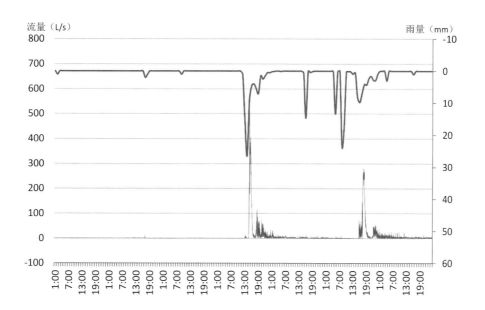

图6-49 P2排水口2017.04.16~2017.04.22流量与雨量对比图

P3排水口基本信息   表6-34

排水口编号	排水口类型	排水口管径（mm）	监测流量均值（L/s）	监测流量峰值（L/s）	上游区域追踪	上游区域面积（hm²）	上游管线情况
P3	FH	1000	10.3	88	住宅小区	6.34	混接进污水

　　对P3排水口的监测流量（图6-50）进行分析，2017年3月28日~2017年4月1日期间旱天监测到污水排出，但旱天流量小；结合当地3月28日~4月1日的雨量变化情况，3月31日有降雨，管道流量增大并达到峰值；追踪排水口上游区域管线情况，小区有污水混接进入雨水管道的情况，说明此排水口是分流制混接排放口。

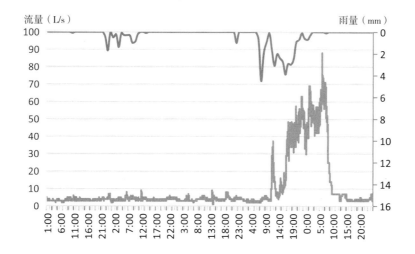

图6-50 P3排水口2017.03.28~2017.04.01流量与雨量对比图

（4）合流制排放口（HZ）

旱天有污水出流，水质较差、流量较大且持续稳定，流量校核时与上游产生的污水量相当。雨天时流量有增加现象，上游管道追踪为合流制管道，此类排水口定义为合流制排放口。

举例说明HZ排水口分析过程。以某小学外P4排水口为例，通过现场调查和对排水口流量进行监测，追踪排水口上游区域管线情况，得到P4排水口的基本信息，如表6-35所示。

P4排水口基本信息 表6-35

排水口编号	排水口类型	排水口管径（mm）	监测流量均值（L/s）	监测流量峰值（L/s）	上游区域追踪	上游区域面积（hm²）	上游管线情况
P4	HZ	600	3.08	32	小学	2.88	雨污合流

对P4排水口的监测流量（图6-51）进行分析，2017年3月28日～2017年4月4日期间旱天监测到污水排出，旱天流量持续且呈现规律变化，白天排水高峰，晚上排水低谷；结合当地3月28日～4月4日的雨量变化情况，3月31日有降雨，管道流量突然增大并达到峰值；追踪排水口上游区域管线情况，小学为合流制排水，雨水污水均通过合流管排向河道，说明此排水口是合流制排放口。

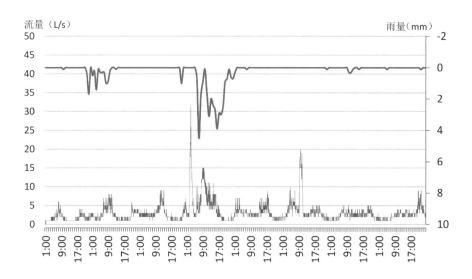

图6-51 P4排水口2017.03.28～2017.04.04流量与雨量对比图

（5）合流制溢流排放口（HJ）

旱天有污水出流，水质较差、流量较大且持续稳定，流量校核时与上游产生的污水量相当，该部分污水通过截流连接管接至截污干管。雨天时流量有增加现象，截流倍数之内的合流污水进入截污干管，超过截流倍数的合流污水溢流至河道。此类排水口定义为合流制溢流排放口。

举例说明HJ排水口分析过程。以沿河P5排水口为例，通过现场调查和对排水口流量进行监测，追踪排水口上游区域管线情况，得到P5排水口的基本信息，如表6-36所示。

P5排水口基本信息　　　　　　　表6-36

排水口编号	排水口类型	排水口管径（mm）	监测流量峰值（L/s）	上游区域追踪	上游管线情况
P5	HJ	1000	54.4	公园南路	合流制管道

对P5排水口的监测流量（图6-52）进行分析，2017年6月4日～2017年6月10日期间旱天无水排出。结合当地6月4日～6月10日的雨量变化情况，4～5日和8～9日四天有降雨，降雨量比较小时，没有污水溢流到河道。当降雨量很大，雨量超过截流管截流倍数时，排水口有污水溢流到河道。追踪排水口上游区域管线情况，上游为公园南路上的合流制管道，说明P5排水口为合流制溢流排放口。

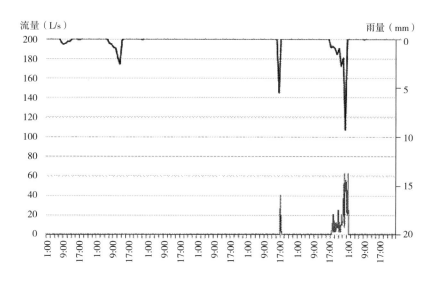

图6-52 P5排水口2017.06.04～2017.06.10流量与雨量对比图

基于五种分类，对区域排水口进行统计，并整理绘出分布图（表6-37和图6-53）。

排水口类型统计表　　　　　　　表6-37

河道	分流制污水口（FW）	分流制雨水口（FY）	分流制混接排放口（FH）	合流制排放口（HZ）	合流制溢流排放口（HJ）	共计（个）
1号河						
2号河						
……						
合计（个）						

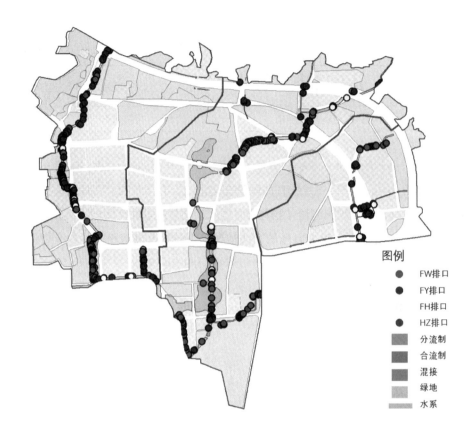

图6-53 某市研究区HL片区排水口类型分布图（示例）

图例
● FW排口
● FY排口
　 FH排口
● HZ排口
　 分流制
　 合流制
　 混接
　 绿地
　 水系

2. 排水口水量分析

进行排水口水量分析时，主要包括三大方面：直排流量、管道入流入渗量和合流制溢流（CSO）流量。

（1）直排流量

对于有流量和液位监测数据的排水口，首先统计基于流量计和液位计得到的污水量数据，结合上游服务区域计算产生的污水量进行复核。同时追踪管网普查数据，明确管道连接情况，综合评判监测点的排水量。

对于没有进行流量液位监测的排水口，根据《城市综合用水量标准》SL 367—2006和《城市居民生活用水量标准》GB/T 50331—2002，使用人均综合用水量指标和单位居住用地用水量指标进行直排水量计算。若地方发布了适用于当地的用水量标准，如《福建省城市用水量标准》DBJ/T 13—127—2010，直接用当地标准会更准确。

以某市海绵城市建设试点区HL片区为例，现状分流制污水口196个，分流制雨水口185个，分流制混接排放口35个，共计416个污水直排排放口。通过流量监测和指标数据计算等方式，分析统计得到HL片区沿河排放口污水直排流量共计28378m³/d，见表6-38。

沿河排放口污水直排流量统计表（以HL片区为例）   表6-38

试点区名称	流域名称	污水直排水量（m³/d）		
		分流制混接排放口（FH）	分流制污水口（FW）	合流制排放口（HZ）
HL片区	DYX—HG河	18742	982	5073
	FBYZ河	942	1070	61
	MY河	988	188	332
	合计	20672	2240	5466
	总计	28378		

（2）管道入流入渗量

我国《室外排水设计规范》（2016年版）GB 50014—2006提出，在地下水位较高的地方，污水量的确定宜适当考虑地下水渗入量。地下水渗入量大小与管道的建造年代、管道材质、接口情况、地下水水位和土壤的渗透性等诸多因素有关。地下水渗入量的指标最为常用的有两种：一种是以渗入水量占总水量的百分比来衡量，国内一般取10%~20%，土质差、用水负荷低的区域取上限值；另一种是以单位管长的负荷来衡量，称为地下水渗入系数，单位为 $m^3/$（$kg \cdot d$）或 $m^3/$（$kg \cdot mm \cdot d$）。

渗入系数确定后，通过公式计算各管段的地下水渗入量，从而计算得出整个研究区域的总地下水渗入量。各管段渗入水量的计算公式见式（6-9）：

$$Q=DLR \tag{6-9}$$

式中　D——管径，mm；

　　　L——管长，km；

　　　R——渗入系数，$m^3/$（$kg \cdot mm \cdot d$）。

渗入系数应采用测试方法进行具体测定，没有测定条件的，非雨季渗入系数取0.25$m^3/$（$kg \cdot mm \cdot d$），雨季渗入系数取0.40$m^3/$（$kg \cdot mm \cdot d$）。

旱天入渗量通常在排水低谷时段监测确定。通常凌晨出现低峰时段，该时段监测流量的90%~100%为入渗量。旱天入渗主要来自地下水，凌晨时段测量入渗量，最好选择在高水位季节进行。

雨天入流入渗分析主要步骤包括：①利用长期监测数据统计旱天入流规律；②将雨天监测数据与入流规律进行比较，计算入流入渗量；③分析降雨量和入流入渗量关系，结合现场调查，分析入流入渗原因。

（3）合流制溢流（CSO）流量

合流制溢流（CSO）流量可以通过监测和模拟联合分析确定。监测数据基于安装在合流制溢流排放口处的流量计，得到排口溢流的实测量。通过采用模型软件构建水力计算模型，对合流制排水系统水质水量进行模拟，并将模拟结果与监测数据进行比较分析。

以某市试点区WLL区域的PS河和WF河下游河段为例，区域排水体制均为截流式合流制。

通过模型模拟，典型年2008年溢流口平均溢流次数为30次。试点区内的87个合流制溢流排放口共溢流水量113.15万m³/a，具体见表6-39。

以HJ1合流制溢流排放口为例，此排放口在典型年共溢流36次，溢流水量为1.46万m³/a。HJ1合流制溢流排放口典型年溢流量模拟结果见图6-54。

合流制溢流排放口排放量统计表（以某市研究区为例）　　表6-39

序号	流域名称	流域内合流面积（km²）	截流式合流制溢流排放口个数（个）	溢流污水排放量（万m³/a）
1	PS河	4.57	43	65.7
2	WF河	4.21	30	32.85
3	BY河	1.78	14	14.6
合计	研究区	10.56	87	113.15

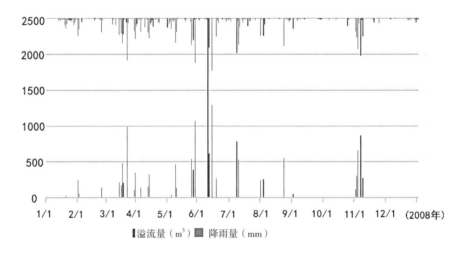

图6-54 HJ1合流制溢流排放口典型年溢流量模拟结果图

6.2.4　区域排水设施现状分析

6.2.4.1　污水管网设施

污水管网设施主要承担收集和输送城市产生的生活污水以及工业废水等主要功能。污水管网设施调查分析的主要目的是发现管网存在的主要问题，为城市管网的改造建设和运维管理提供借鉴，也为下游污水处理设施提供资料分析的依据。

污水管网设施现状调查的主要内容有：污水管网覆盖程度、污水管网混接情况、污水管网缺陷情况以及污水管网入流入渗情况等。

1. 污水管网覆盖程度

污水管网覆盖程度可以反映城市污水的收集情况，也可以从侧面反映出城市基础设施建设的成效。污水管网覆盖程度可以用污水管网覆盖率或污水管网密度来统计。污水管网覆盖率是指城市建成区内污水管网覆盖区域面积除以城市建成区面积所得的比率；污水管网密度是指城市建成区内污水管网长度与建成区面积的比值。污水管网覆盖率表现管网建设情况更直观，但实际中，一般还是多用污水管网密度。

确定污水管网的覆盖程度需要对污水管网进行充分的调查和详细的资料收集，通过调查和资料收集，对污水管网进行整合，最终明确地区内污水管网系统的总体布局，进而确定污水管网的覆盖程度。

2. 污水管网混接情况

污水混接进入雨水管道，是雨水排口旱天出流的主要原因。雨水混接进入污水管道，不仅占据了污水管道的容量，也会造成污水处理厂雨天因超负荷运行而溢流。

雨污混接调查应主要查清雨水管道和污水管道的连接情况。主要包括：污水管道是否接入雨水管道、雨水管道是否接入污水管道、合流管道是否接入雨水管道等。主要调查方法有：人工调查、仪器探查、水质检测、染色调查等，实际调查中，还可以通过泵站或污水厂的运行情况，配合调查区域内混接点位置、混接点流量和混接点水质等。

污水管网混接情况调查见表6-40和图6-55。

污水管网混接情况调查样表 表6-40

分类	混接位置	上游管径 （mm）	下游管径 （mm）	混接管径 （mm）	混接长度 （m）	备注
污水接雨水						
雨水接污水						
合流接雨水						
合计						

图6-55 污水管网混接情况调查

3. 污水管网缺陷情况

污水管网存在的缺陷主要有结构性缺陷和功能性缺陷两种类型。结构性缺陷是导致地下水入渗和污水外渗的主要原因，主要包括：管道脱节、破裂、胶圈脱落、错位和异物入侵等。功能性缺陷主要包括：管道内淤积和建筑泥浆沉积等，不及时清除会影响水体水质和管道排放功能。

污水管网的缺陷调查主要通过管网检测来实现，常用的管网检测技术包括：闭路电视检测技术（简称CCTV）、声呐检测技术、电子潜望镜检测技术以及传统的反光镜检测技术、人工目视观测技术等。

污水管网缺陷调查见表6-41和图6-56。

污水管网缺陷情况调查样表 表6-41

缺陷管道	管段	管径（mm）	长度（m）	运行情况（淤积、破损、沉降等）	备注
雨水干管					
雨水支管					
污水干管					
污水支管					
合计					

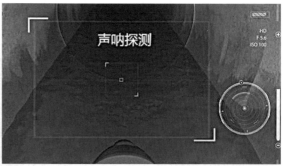

图6-56 污水管网缺陷情况调查

4. 污水管网入流入渗情况

目前，我国很多城市居住小区污水化学需氧量（COD_{Cr}）排放浓度超过400mg/L，但众多的城镇污水处理厂进水COD_{Cr}浓度却不足200mg/L，两者差别较大，说明污水管网中存在入流入渗现象，而导致这种现象最直接的原因就是地下水等外来水入侵、雨水混接和水体倒灌等。

若晴天时污水系统输送污水的水质浓度偏低或雨天时污水系统内污水流量大幅度增加，则可初步判断该污水系统存在入流入渗现象。污水管网入流入渗情况现状调查的主要内容包括：污水管网资料（包括管网走向、埋深、材质等）、地下水位标高、河道水位标高等。

诊断污水管网入流入渗管段，首先应根据管网布局确定排水干管，根据排水干管划分排水分区，每个分区的末端设监测点，代表整个分区的排水情况。具体诊断情况如下：

（1）划分诊断排水分区后，对每一个末端监测点进行晴天连续水质监测，水质浓度偏低则可初步判断该区域为入渗入流区域。

（2）划分诊断排水分区后，对每一个末端监测点进行连续流量监测（至少包含一次大的降雨），若出现雨天末端流量明显增加现象，则可初步判断该区域为入渗入流区域。

（3）若诊断区域内存在可能发生倒灌的排口或穿河管，需根据区域内河道水位年际变化情况初步判断管道或排口是否有河水入侵的可能，在河道水位增加时段内安装流量计，若管道末端流量随河道水位增加，则可初步判断该区域为河道入渗入流区域。

另外，也可通过供水量与污水处理量之间的比较关系，初步判断地区内污水系统入流入渗情况。

污水管网入流入渗情况调查见表6-42和图6-57。

污水管网入流入渗情况调查样表　　　　表6-42

缺陷管道	管段	管径（mm）	埋深（m）	材质	地下水位（m）	下游河道水位（m）	备注
污水干管							
污水支管							

图6-57　污水管网入流入渗情况调查

6.2.4.2　污水处理设施

污水处理是为使污水达到排入某一水体或再次利用的水质要求而对其进行净化的过程。目前，我国城市主要通过新建污水处理厂的方式来达到污水净化处理的目标，但由于建设年代较早，规划不合理，许多污水处理厂在运行过程中存在很多问题。另外，根据我国城市每年发布的环境公报，各地污水处理率基本都在90%以上，但城市水体的水质仍然较差，主要是因为大量地下水或其他客水流入污水处理厂，虚高了城市污水处理率。

因此，需要对城市污水处理厂等设施进行全面调查，彻底解决污水处理系统存在的问题，实现污水处理提质增效的目标。污水处理厂调查的主要内容包括：污水处理厂分布情况、进水水量及规模、污水处理厂进水浓度以及运行效能等。

1．污水处理厂分布情况

污水处理厂分布情况反映了城市污水系统的布局是否科学合理，污水处理厂的位置决定了污水管网的走向，为城市地下管网建设提供了依据。因此，在调查污水处理厂之前，应对城市污水系统的布局进行全面分析，整体把控，为现场调查做好充足的准备。

2．污水处理厂进水水量及规模

目前，我国城市污水处理率已接近饱和，但仍有污水排入水体，污水处理厂的收集水量与地区污水产生水量存在较大差距，污水处理厂的负荷率达不到设计要求。因此，对污水处理厂进水水量和规模的调查可以反映地区污水收集的效能，同时，也可以与河道排污调查进行对比分析，实现地区污水水量平衡。

3．污水处理厂进水浓度分析

城镇污水处理厂进水浓度提高，排入水体的污染物浓度才能下降。目前，我国很多城市存在地下水等外来水入渗、雨水混接和水体倒灌等问题。

因此，充分调查污水处理厂的进水浓度，结合雨量、地下水位、河道水位等条件，分析地下水等外来水、雨水混接或水体倒灌等影响因素，分段进行污水处理厂进水浓度分析，可以明确存在主要问题的管段或区域等，为治理措施提供借鉴和依据。某污水处理厂进水浓度分析见图6-58。

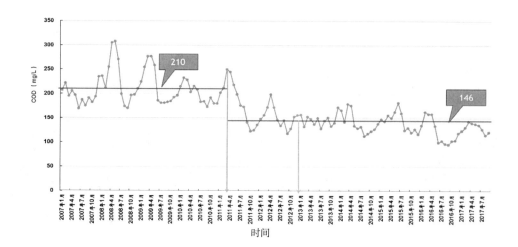

图6-58 某污水处理厂进水浓度分析图

4．污水处理厂运行效能

污水处理厂的运行效能主要通过污水处理的工艺和进出水浓度的比较分析来实现。随着国家《城镇污水处理提质增效三年行动方案》（2019～2021年）的发布实施，污水处理厂的运行效能必将面临更高的标准和要求。

农村地区污水规模较小，污水处理不稳定，一般通过建设小型污水处理站或分散式的污水处理池以达到污水处理的目标。这种小型污水处理站或分散式的污水处理池出水水质标准较低，直接排入水体，对水环境影响较大。因此，对于农村地区的这类污水处理设施，需重点调查，分析存在的问题，进行区域污水系统的优化布局。

污水提升泵站作为污水系统的重要组成部分，是污水收集和污水处理的中间纽带，也是污水处理设施调查的重要对象。污水处理设施基本信息调查见表6-43。

污水处理设施基本信息调查样表　　　　表6-43

序号	地址	服务面积（km²）	现状规模（m³/d）	实际水量（m³/d）	处理工艺	进水水质	出水水质	备注
xx污水处理厂								
xx小型污水处理设施								
xx污水提升泵站								
合计								

6.2.5　污染负荷计算

污染负荷计算的主要目的是通过定量计算、模型模拟等方法，对汇水分区（或流域）内的点源、面源、内源及其他来源污染物进行定量化测算，分析各类污染物的年排放总量、旱（雨）天排放量及月排放量等数据，识别主要污染来源及各类污染物的排放规律。

6.2.5.1　点源污染测算

1．点源污染的概念

点源污染，是由可识别的单污染源引起的空气、水、热、噪声或光污染，具有可识别的范围，可将其与其他污染源区分开来。在数学模型中，该类污染源可被近似视为一点以简化计算，因此被称为点源污染。美国环保署将点源污染定义为"任何由可识别的污染源产生的污染"，"可识别的污染源"包括但不限于排污管、沟渠、船只或者烟囱。

对水污染而言，点源污染是指以点状形式排放而使水体造成污染的发生源，主要包括工业废水和城市生活污水，通常有固定的排放口集中排放。

按照排水体制、排口性质和排口形式分类，点源污染的排放口一般包括：分流制污水排水口（FW）、分流制雨污混接雨水排放口（FH）、分流制雨污混接截流溢流排水口（FJ）、合流制直排排水口（HZ）、合流制截流溢流排水口（HJ）、污水处理厂尾水排放口（WP）等排水口排放的污染物。

点源污染通常具有污染物浓度高、成分复杂、集中排放等特点。考虑到工业废水、生活污水的产生规律、排水体制、排口形式等，点源污染还具有周期性和季节性的特点，这也为点源污染的测算和分析提供了方向和方法。

2．点源污染的测算方法

为方便点源污染测算，根据污水产生规律和特点，可将点源污染分为旱天点源污染和雨天点源污染。

旱天点源污染，污染物的排放总量不受降雨影响，即使雨天流量、浓度等发生明显变化，但污染物的排放总量不发生明显变化，因此这类点源污染的测算方法基本相似，即可通过测算一天或多天污染物的产生量，进而推算全年点源污染的产生量。按照排口类型，通常包括分流制污水排水口（FW）、分流制雨污混接雨水排放口（FH）、合流制直排排水口（HZ）、污水处理厂尾水排放口（WP）等排口类型排放的点源污染。

雨天点源污染，污染物的排放总量与降雨条件密切相关，即雨天污染的排放总量发生明显变化。因此这类点源污染的测算方法基本相似。按照排口类型，通常包括分流制雨污混接截流溢流排水口（FJ）、合流制截流溢流排水口（HJ）等排口类型排放的点源污染。

（1）旱天点源污染测算

旱天点源污染测算，可分为有监测数据和无监测数据两种情况。

1）有监测数据

当排口有监测数据时，旱天点源污染可根据水质和流量监测数据进行测算，见图6-59、图6-60。

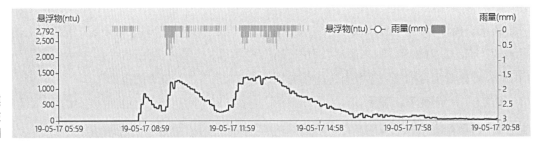

图6-59 某市排口水质在线监测示意图

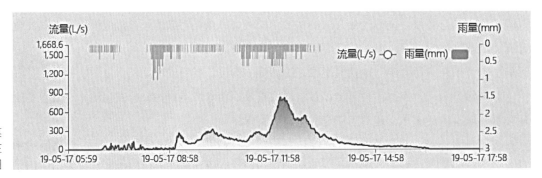

图6-60 某市排口流量在线监测示意图

水质检测数据，宜采用在线水质检测仪多日（不少于7d）连续监测数据的平均值。当不具备在线水质检测条件时，可采用多组人工采样水质检测数据的平均值，水质采样频率不宜过低（监测间隔不低于2h）。

流量监测数据，通常应采用在线流量计多日（不少于7d）连续监测数据的平均值。当不具备在线流量监测条件时，可采用多组间歇式流量监测数据的平均值，流量监测频率不宜过低（监测间隔不低于2h）。

2）无监测数据

当缺少流量和水质监测数据时，可根据排口服务范围内的人口、用地、用水当量、污染物排放当量等资料推算点源污染物排放量。

以分流制污水排水口（FW）为例，首先需要根据现状排水管网划定排口的汇水范围，其次可根据相关资料测算汇水范围内的人口数量或建筑面积，然后可通过相关规范和地方标准确定单位人口（建筑面积）用水当量、单位人口污染物排放当量，最后测算污染物总排放量，常用计算公式如下：

点源污染总排放量=排口汇水范围面积×单位面积人口数量×单位人口用水当量×单位人口污染物排放当量

污水处理厂尾水排放口（WP）的点源污染排放量测算方法基本类似，以某市污水厂点源污染测算为例，具体见表6-44。

某市污水处理厂点源污染测算一览表　　　　表6-44

计算分区	参数	数据	单位
常住人口	常住人口	10.07	万人
现状下垫面面积	R居住用地	309.8	hm²
	A公共管理与公共服务用地	42.4	hm²
	B商业服务业设施用地	32.0	hm²
	M工业用地	354.6	hm²
	W物流仓储用地	0.0	hm²
	S道路与交通设施用地	2.4	hm²
	U公用设施用地	11.8	hm²
	G绿地与广场用地	25.5	hm²
用水量指标	R居住用地	200	L/（人·d）
	A公共管理与公共服务用地	75	m³/（hm²·d）
	B商业服务业设施用地	85	m³/（hm²·d）
	M工业用地	75	m³/（hm²·d）
	W物流仓储用地	37.5	m³/（hm²·d）
	S道路与交通设施用地	52.5	m³/（hm²·d）
	U公用设施用地	37.5	m³/（hm²·d）

计算分区	参数	数据	单位
用水量指标	G绿地与广场用地	20	m³/（hm²·d）
最高日用水量	R居住用地	2.01	万m³/d
	A公共管理与公共服务用地	0.32	万m³/d
	B商业服务业设施用地	0.27	万m³/d
	M工业用地	2.66	万m³/d
	W物流仓储用地	0.00	万m³/d
	S道路与交通设施用地	0.01	万m³/d
	U公用设施用地	0.04	万m³/d
	G绿地与广场用地	0.05	万m³/d
计算值	最高日用水量	5.37	万m³/d
校核一	用水量指标	0.65	万m³/（km²·d）
	最高日用水量	5.06	万m³/d
校核二	用水量指标	0.60	m³/（人·d）
	最高日用水量	6.04	万m³/d
算数平均值	最高日用水量	5.49	万m³/d
平均日用水量	日变化系数	1.15	—
	日均用水量	4.77	万m³/d
污水日产生量	污水折算系数	85%	—
	地下水入渗系数	10%	—
	日均污水产生量	4.46	万m³/d
出厂水质	COD出厂浓度	40	mg/L
	氨氮出厂浓度	8	mg/L
污染物年排放量	COD年排放量	1442	t/a
	NH₃-N年排放量	191	t/a

（2）雨天溢流污染测算

雨天点源污染，主要是针对雨天发生溢流情况下的点源污染排放量进行测算。

目前，雨天点源污染的测算主要通过建立计算机模型，在典型年降雨条件下，模拟溢流口的年溢流量和年溢流污染物总量。同时通过实测降雨数据和溢流口实测流量、水质数据进行校核。

以某市合流制截流溢流排水口（HJ）为例，采用模型模拟了不同溢流频次下的年均溢流量和污染物排放总量，据此可为该排口建设调蓄设施和控制溢流污染量提供参数依据，具体见图6-61和表6-45。

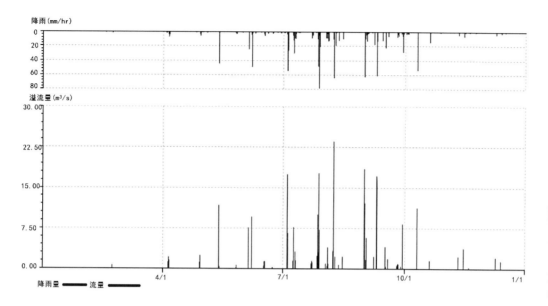

图6-61 某市合流制截流溢流排水口污染物排放模拟输出结果示意图

某市合流制截流溢流排水口污染物排放模拟输出结果一览表　表6-45

序号	年均溢流次数（次）	溢流频率（%）	年均溢流量（万m³/a）	溢流污染物量（COD, t/a）
1	76.9	52.40	31	31.00
2	45.2	30.80	30.5	30.50
3	35.5	24.20	29.8	29.80
4	30.1	20.50	29.1	29.10
5	26.7	18.20	28.6	28.60
6	24.1	16.40	28	28.00
7	21.8	14.90	27.4	27.40
8	19.7	13.40	26.7	26.70
9	17.9	12.20	26	26.00
10	16.3	11.10	25.3	25.30
11	15.2	10.40	24.8	24.80
12	14.1	9.60	24.2	24.20
13	13.4	9.10	23.8	23.80
14	12.6	8.60	23.3	23.30
15	11.9	8.10	22.8	22.80
16	11.1	7.60	22.2	22.20
17	10.5	7.20	21.8	21.80
18	9.9	6.70	21.3	21.30
19	9.3	6.30	20.8	20.80

续表

序号	年均溢流次数（次）	溢流频率（%）	年均溢流量（万m³/a）	溢流污染物量（COD，t/a）
20	9.1	6.20	20.6	20.60
21	8.6	5.90	20.1	20.10
22	5.4	3.70	16.2	16.20
23	3.9	2.70	13.7	13.70
24	2.8	1.90	11.2	11.20
25	2.1	1.40	9.3	9.30
26	0.8	0.50	4.8	4.80
27	0.6	0.40	3.9	3.90
28	0.3	0.20	2.3	2.30
29	0.1	0.10	1.1	1.10
30	0.1	0.10	1.1	1.10
31	0.1	0.10	1.1	1.10
32	0.1	0.10	1.1	1.10
33	0	0.00	0	0.00

6.2.5.2　面源污染测算

1. 面源污染的概念

面源污染又称非点源污染，是指溶解的和固体的污染物从非特定的地点，在降水（或融雪）冲刷作用下，通过径流过程汇入受纳水体（包括河流、湖泊、水库和海湾等）并引起水体的富营养化或其他形式的污染（Novotny和Olem，1993）。美国清洁水法修正案（1977）对非点源污染的定义为：污染物以广域的、分散的、微量的形式进入地表及地下水体。

面源污染有广义与狭义两种理解：广义指各种没有固定排污口的环境污染，狭义通常限定于水环境的面源污染[42]，即降水过程伴随产生的地表径流污染。

面源污染通常具有分散性、累计性等主要特点，受刮风、降水等气象因素影响，还具有随机性、模糊性等特点，因此不易监测、难以量化。通常，面源污染的污染物浓度较点源低，但污染的总负荷却十分巨大，分析水环境污染时往往不容忽视。

分析面源污染时，通常将其分为城市面源污染和农村面源污染。城市面源污染主要是由降雨径流冲刷城市下垫面产生的污染排放导致，由于城市降雨径流通过排水管网排放，因此径流污染初期作用十分明显。据观测，暴雨初期（降雨前20min）污染物浓度一般均超过平时污水浓度，城市面源是引起水体污染的主要污染源，具有突发性、高流量和重污染等特点。农村面源污染主要包括农村生活、畜禽养殖、水产养殖、农田生产等排放污染源。

2. 面源污染的测算方法

（1）城市面源污染测算

城市面源污染测算主要采用累积指数法对建成区和新建区的面源污染物产生量进行预测。城市面源污染物产生量的计算公式见式（6-10）：

$$Q=\sum n \times R \times A_i \times \varphi_i \tag{6-10}$$

式中　Q——城市面源污染物产生量；

　　　n——污染物累积指数；

　　　R——年降水量；

　　　A_i——第i种下垫面类型的面积；

　　　φ_i——第i种下垫面类型径流系数。

污染物累积指数，通常采用下垫面污染物排放场次降雨径流事件的污染物负荷（Event Mean Concentration，EMC），EMC值通常可参照相关文献研究结果，如任玉芬等[43]对北京市城区典型屋面、路面、草坪的径流水质进行了监测分析，得出了不同下垫面EMC，其参考值见表6-46。

地面径流污染物浓度一览表（mg/L）　　　　　　　表6-46

污染物	范围	典型值
SS	20~2890	150
COD	200~275	75
TN	0.4~2.0	2
TP	0.2~4.3	0.36

年降雨量，通常采用典型年降雨数据或多年平均降雨量。

下垫面类型，主要分为建筑屋面、硬化路面、绿地、裸土、水面等，通常根据航拍影像等资料进行现状下垫面解析从而获取各类型下垫面面积。图6-62和表6-47为某市项目现状下垫面解析结果。

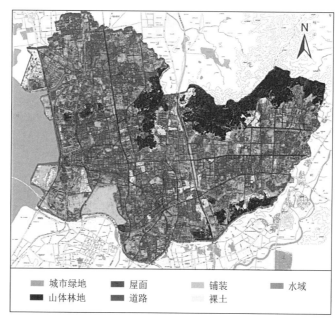

图6-62 某市项目现状下垫面解析图

城市绿地　屋面　铺装　水域
山体林地　道路　裸土

某市项目现状下垫面解析一览表　　　　　表6-47

下垫面分类	下垫面面积（hm²）	占比（%）
铺装	2387	25.1
屋面	1968	20.7
城市绿地	1974	20.7
山体林地	1566	16.4
道路	1003	10.5
裸土	398	4.2
水域	229	2.4

下垫面径流系数，可参照相关文献研究结果或根据《室外排水设计规范》（2016年版）GB 50014—2006选取，具体见表6-48。

下垫面径流系数　　　　　表6-48

地面种类	φ
各种屋面、混凝土或沥青路面	0.85~0.95
大块石铺砌路面或沥青表面处理的碎石路面	0.55~0.65
级配碎石路面	0.40~0.50
干砌砖石或碎石路面	0.35~0.40
非铺砌土路面	0.25~0.35
公园或绿地	0.10~0.20

（2）农村面源污染测算

1）测算方法

农村面源污染，主要根据农村人口、养殖规模、农药化肥使用量等进行测算。

农村生活污染物产生量，主要根据农村人口、人均综合用水量指标、污水排放系数、污染物浓度等进行测算，相关数据可参照人口普查数据及相关地方标准。

畜禽养殖污染物产生量，主要根据养殖规模和污染物排放系数进行测算。养殖规模通常从污染源普查、经济普查或统计年鉴等资料中获得，污染物排放系数可参照如下经验系数，即猪：COD 50g/（头·天），NH_3-N 10g/（头·天）（其他畜禽养殖量需换算成猪，换算关系如下：30只蛋鸡折合为1头猪，60只肉鸡折合为1头猪，3只羊折合为1头猪，5头猪折合为1头牛）。畜禽养殖废渣以资源化利用等方式进行处理的污染源，按污染物产生量的12%计算污染物流失量。符合《畜禽养殖业污染物排放标准》GB 18596—2001的规模化畜禽养殖场（猪大于100头，或蛋鸡大于3000只，或肉鸡大于6000只，或奶牛大于20头，或肉牛大于40头），排水量、污染物浓度等可参照标准中规定。

水产养殖污染物产生量，主要根据养殖规模和污染物排放系数进行测算。养殖规模通常从污染源普查、经济普查或统计年鉴等资料中获得，污染物排放系数可参照《水产养殖业污染源产排污系数手册》。

农业生产面源污染物产生量，主要根据农田面积、农田坡度、农作物类型、土壤类型、化肥施用量、年降水量等进行测算。其中，标准农田指的是平原、种植作物为小麦、土壤类型为壤土、化肥施用量为25～35kg/（亩·年）、降水量在400～800mm范围内的农田，标准农田的源强系数为COD 10kg/（亩·年），NH_3-N 2kg/（亩·年），对于其他农田，相应的源强系数需要进行修正。

2）案例

以某市项目为例，项目区现状农村面源污染主要包括农田生产、畜禽及水产规模化养殖。

根据统计年鉴，项目区现状水稻田45818亩，经济林18536亩，果蔬32100亩。项目区属珠江三角洲，地形平坦，土壤以壤土为主，化肥亩施用量平均40～50kg，多年平均降雨量为2031mm，农业生产面源污染测算见表6-49。

农业生产面源污染测算一览表　　　　　　　　　　　表6-49

参数名称		参数取值	参数单位	参数范围
农田面积	水稻	45818	亩	
	经济林	18536	亩	
	蔬菜	32100	亩	
标准农田源强系数	COD	10	kg/（亩·年）	
	NH_3-N	2	kg/（亩·年）	
坡度修正系数		1		土地坡度在25°以下，流失系数为1.0~1.2； 土地坡度在25°以上，流失系数为1.2~1.5
农作物类型修正系数	水稻	1		
	经济林	1		根据实验或经验数据
	蔬菜	1		
土壤修正系数		1		以壤土为1.0； 砂土修正系数为1.0~0.8； 黏土修正系数为0.8~0.6

续表

参数名称	参数取值	参数单位	参数范围
化肥施用量修正系数	1.3		化肥亩施用量在25kg以下，修正系数取0.8~1.0； 化肥亩施用量在25~35kg之间，修正系数取1.0~1.2； 化肥亩施用量在35kg以上，修正系数取1.2~1.5
降水量修正系数	1.4		年降雨量在400mm以下的地区，流失系数为0.6~1.0； 年降雨量在400~800mm之间的地区，流失系数为1.0~1.2； 年降雨量在800mm以上的地区，流失系数为1.2~1.5
农田径流污染物排放量	COD	1755	t/a	
	NH_3-N	351	t/a	

根据统计年鉴，项目区现状规模化养殖生猪35.5万头，规模化养殖肉鸡343万只。项目区畜禽养殖面源污染测算见表6-50。

畜禽养殖面源污染测算一览表　　　　　　表6-50

参数名称		参数取值	参数单位	参数范围
养殖数量	生猪	35.5	万头	
	肉鸡	343	万只	
猪、鸡换算系数	生猪	1		
	肉鸡	0.025		1/（30~60）
折合生猪量		4.59	万头	
生猪污染排放负荷经验值	COD	50	g/（头·天）	
	NH_3-N	10	g/（头·天）	
规模化养殖场污染物折减系数	COD	36%		
	NH_3-N	36%		
规模化养殖场污染物排放量	COD	2896	t/a	
	NH_3-N	579	t/a	

根据统计年鉴，项目区现状养殖生产南美对虾6168t、家鱼20498t、海鲈鱼257400t。项目区水产养殖面源污染测算见表6-51。

水产养殖面源污染测算一览表　　　　　表6-51

养殖品种	参数名称		参数取值	参数单位
南美对虾	养殖数量		637.2	t/a
	排污系数	COD	8	g/kg
		NH₃-N	0.3	g/kg
	排污量	COD	49	t/a
		NH₃-N	1.9	t/a
家鱼	养殖数量		2118	t/a
	排污系数	COD	20	g/kg
		NH₃-N	2.8	g/kg
	排污量	COD	410	t/a
		NH₃-N	57	t/a
海鲈鱼	养殖数量		26592	t/a
	排污系数	COD	1.93	g/kg
		NH₃-N	0.96	g/kg
	排污量	COD	497	t/a
		NH₃-N	247	t/a
合计	排污量	COD	956	t/a
		NH₃-N	306	t/a

6.2.5.3　内源污染测算

1. 内源污染的概念

内源污染又称二次污染，主要指进入江河湖库中的营养物质通过各种物理、化学和生物作用，逐渐沉降至水体底质表层，当累积到一定量并在一定的物理化学及环境条件下再向水体释放污染物的现象。对于流动性较差的河流、湖泊及其他封闭水体的治理，在切断外源污染的情况下，内源污染往往也会在相当长的时间阻止水质的改善，这时内源污染也是必须考虑的治理因素之一。

2. 内源污染的测算方法

内源污染物，主要通过底泥的表面积及污染物平均释放速率进行测算。

污染物的平均释放速率可通过实验研究测定或参照相关文献研究成果。根据《平原河网区城市河道底质营养盐释放行为及机理研究》[44] 的研究成果，底泥中的污染物释放规律详见表6-52。

底泥污染物释放规律一览表［mg/（m²·d）］ 表6-52

下垫面类型	COD	NH₃-N	TP
底泥污染物释放规律	15	6.34	1.86

3. 案例

以某市项目为例，项目所在流域河道现状底泥淤积总长度3.6km，淤积深度平均0.5～0.8m，淤积体积约5.08万m³，见图6-63。河道底泥污染物释放速率依据《河网底泥释放规律及其与模型耦合应用研究》[45]，取COD 15mg/（m²·d），NH₃-N 8mg/（m²·d），TP 5mg/（m²·d），内源污染测算见表6-53。

图6-63 某市项目河道淤积情况示意图

某市项目内源污染测算一览表 表6-53

河道	淤积长度（km）	淤积深度（m）	体积（万m³）	COD（t/a）	NH₃-N（t/a）	TP（t/a）
楼山后河	2.6	0.5	3.88	0.42	0.23	0.14
楼山河	1.0	0.8	1.2	0.08	0.04	0.03
小计	3.6	—	5.08	0.50	0.27	0.17

6.2.5.4 污染负荷汇总

污染负荷汇总，主要目的是通过对点源、面源、内源等污染物进行统计，分析各类污染物总量之间的关系。

因面源污染、点源污染中的溢流污染等主要发生在降雨期间，受季节和降雨规律影响明显，因此，通常需要对旱天和雨天、不同季节、月份间的污染物产生量进行分析，进而可以发现各类污染物在不同季节、月份间的变化规律，为制定更加具有针对性的方案奠定基础。

以某市项目为例，通过点源、面源、内源统计分析发现：

（1）项目区现状主要污染物为城市点源污染，见表6-54和图6-64。

（2）旱季以点源污染物为主，雨季（6~9月）面源污染物有所增加，见图6-65。

（3）不同流域污染物占比有所不同，但基本以点源污染为主，见图6-66。

主要污染物排放量一览表（t/a）   表6-54

污染物类型	COD	比例	NH₃-N	比例	TP	比例
点源	3299	64%	180	87%	25.2	81%
面源	1830	35%	25	12%	4.4	14%
内源	48	1%	2.6	1%	1.6	5%
合计	5178	100%	207.6	100%	31.3	100%

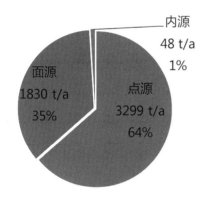

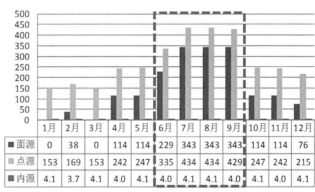

图6-64 主要污染物（COD）排放量示意图（左）

图6-65 现状污染物（COD）排放量示意图（按月份）（右）

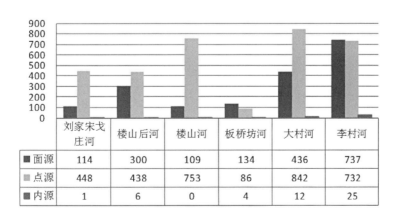

图6-66 现状污染物（COD）排放量示意图（按流域）

6.2.6 水环境容量分析及对比

6.2.6.1 水环境容量概念

水环境容量是指在给定水域范围和水文条件，规定排污方式和水质目标的前提下，单位时间内该水域最大允许纳污量，又称水体纳污能力。

水环境容量是基于对流域水文特征、排污方式、污染物迁移转化规律进行充分科学研究的基础上，结合环境管理需求确定的管理控制目标。水环境容量既反映流域的自然属性（水文特性），同时反映人类对环境的需求（水质目标），水环境容量将随着水资源情况的不断变化和人们环境需求的不断提高而发生变化。

按照污染物降解机理，水环境容量可分为稀释容量和自净容量。稀释容量是指在给定水域的来水污染物浓度低于出水水质目标时，依靠稀释作用达到水质目标所能承纳的污染物量。自净容量是指由于沉降、生化、吸附等物理、化学和生物作用，给定水域达到水质目标所能自净的污染物量。

影响水环境容量的因素很多，概括起来主要有四个方面：水域特性、环境功能要求、污染物质、排污方式。

（1）水域特性

水域特性是确定水环境容量的基础，主要包括：几何特征（岸边形状、水底地形、水深或体积）；水文特征（流量、流速、降雨、径流等）；化学性质（pH值、硬度等）；物理自净能力（挥发、扩散、稀释、沉降、吸附）；化学自净能力（氧化、水解等）；生物降解（光合作用、呼吸作用）。

（2）环境功能要求

根据水环境功能区划，不同的水环境功能区具有不同的水质功能要求。不同的功能区划，对水环境容量的影响很大：水质要求高的水域，水环境容量小；水质要求低的水域，水环境容量大。

（3）污染物质

不同的污染物本身具有不同的物理化学特性和生物反应规律，不同类型的污染物对水生生物和人体健康的影响程度不同。因此，不同的污染物具有不同的环境容量，但具有一定的相互联系和影响，提高某种污染物的环境容量可能会降低另一种污染物的环境容量。对单因子计算出的环境容量应做一定的综合影响分析。

（4）排污方式

水域的环境容量与污染物的排放位置及排放方式有关。一般来说，在其他条件相同的情况下，集中排放比分散排放的环境容量小，瞬时排放比连续排放的环境容量小，岸边排放比河心排放的环境容量小。因此，限定的排污方式是确定环境容量的一个重要确定因素。

6.2.6.2 水环境容量计算

通常情况下，水环境容量计算可分为五个步骤，分别是：收集资料、水域概化、确定边界、建立水质模型和计算水环境容量。

1．收集资料

通常需要收集河道的水文、水质、支流、排口等相关资料，以便于进行水域概化和建立水质模型。

水文资料，主要包括：长度、宽度、深度、面积、体积、流速、流量等。

水质资料，主要包括：污染物因子、污染物浓度等。常见污染物因子有COD、NH_3-N、TP、TN等。

支流资料，主要包括：位置分布、汇入流量、污染物因子、污染物浓度等。

排口资料，主要包括：位置分布、排污量、污染物因子、污染物浓度等。

2．水域概化

水域概化的目的是将河流、湖泊、水库等天然水域概化成计算水域，以便于利用简单的数学模型来描述水质变化规律。通常需要对水域的形状、尺寸、流态、支流、排口等进行合理简化，以符合某类水质模型的适用条件。

例如，天然河道通常可概化成顺直河道；天然河道水流通常为非稳态水流，为便于计算可简化为稳态水流；河道的长度、宽度和水深符合某些条件时，可简化为宽浅型河道；排污量较大的排污口必须作为独立排污口；距离较近、排污量较小的多个排污口可简化成一个集中排污口；距离较远、排污量较小的多个排污口可简化成非点源。

3．确定边界

水环境容量通常与流域的边界范围以及人类对水环境的功能需求有关。因此在计算水环境容量时，需要确定计算边界，通常根据水环境功能区划或水质敏感点位置，确定水质控制断面位置和浓度控制标准。

例如，根据城市生产、生活、娱乐等需要，一条河道的上游河段、城区河段和下游河段的水环境功能需求通常是不一样的，因此一条河道经常划分不同的水环境功能区。计算水环境容量时，应根据不同的水环境功能区，分别确定水环境容量计算的边界以及相应控制断面的水质控制标准。

4．建立水质模型

污染物进入水体后，在水体发生平流输移、纵向离散和横向混合作用，同时与水体发生物理、化学和生物作用，使水体中污染物浓度逐渐降低。这一变化过程通常是复杂的，为简化并客观描述水体中污染物的降解规律，可采用一定的数学模型来描述。

根据不同的适用条件，水环境容量计算常见水质模型有：零维模型、一维模型、二维模型。

5．计算水环境容量

在资料收集完备、边界确定的情况下，通常可根据水域概化和参数情况，选择合适的水质模型进行水环境容量的计算，并根据计算结果评估水域纳污能力，优化排污口布局。

6.2.6.3　水质模型

根据水环境功能区的实际情况，水环境容量计算一般采用一维水质模型。有重要保护意义的水环境功能区、断面水质横向变化显著的区域或有条件的地区，可采用二维水质模型计算。可概化为污染物完全均匀混合的断面，可采用零维模型。

1. 零维模型

符合下列两个条件之一的环境问题可概化为零维问题：（1）河水流量与污水流量之比大于10；（2）不需考虑污水进入水体的混合距离。

（1）河流稀释混合模型

河流稀释混合模型计算公式见式（6-11）。

$$W_C = S \cdot \left(Q_p + \sum_{i=1}^{n} Q_{Ei} + Q_S \right) - Q_p \cdot C_p \tag{6-11}$$

式中　　W_C——水域允许纳污量（g/L）；

　　　　S——控制断面水质标准（mg/L）；

　　　　Q_p——上游来水设计水量（m³/s）；

　　　　C_p——上游来水设计水质浓度（mg/L）；

　　　　Q_{Ei}——第i个排污口污水设计排放流量（m³/s）；

　　　　Q_S——控制断面以上，沿程河段内面源汇入的总流量（m³/s）；

　　　　n——排污口个数。

（2）湖泊、水库盒模型

当C为湖泊功能区划要求浓度标准C_s时，湖泊、水库盒模型计算公式见式（6-12）。

$$W_C = 31.54 \times (QC_s + KC_s V/86400) \tag{6-12}$$

式中　　W_C——水环境容量（t/a）；

　　　　Q——平衡时流入与流出湖泊的流量（m³/s）；

　　　　C_s——湖泊功能区划要求浓度标准（mg/L）；

　　　　K——一级反应速率常数（1/d）；

　　　　V——湖泊中水的体积（m³）。

2. 一维模型

同时满足下列三个条件的河流可概化为一维模型：（1）宽浅河段；（2）污染物在较短时间内基本能混合均匀；（3）污染物浓度在断面横向变化不大，横向和垂向的污染物浓度梯度可以忽略。

河段长度大于式（6-13）和式（6-14）计算的结果时，为宽浅河道。可以采用一维模型进行模拟：

$$L = \frac{(0.4B - 0.6a)Bu}{(0.058H + 0.0065B)u} \tag{6-13}$$

$$u = \sqrt{gHJ} \tag{6-14}$$

式中　　L——混合过程段长度（m）；

　　　　B——河流宽度（m）；

　　　　a——排放口距岸边的距离（m）；

u——河流断面平均流速（m/s）；

H——平均水深（m）；

g——重力加速度（m/s^2）；

J——河流坡度。

一维模型水环境容量的计算公式见式（6-15）和式（6-16）。

$$W_i=31.54 \times \left(C \times e^{Kx/86.4u}-C_i \right) \times \left(Q_i+Q_j \right) \quad （6-15）$$

$$W = \sum_i^n W_i \quad （6-16）$$

式中 W_i——第i个排污口允许排放量（t/a）；

C_i——河段第i个节点处的水质本底浓度（mg/L）；

C——沿程浓度（mg/L）；

Q_i——河道节点后流量（m^3/s）；

Q_j——第j节点处废水入河量（m^3/s）；

u——第i个河段的设计流速（m/s）；

x——计算点到第i节点的距离（m）。

3. 二维模型

河流二维对流扩散水质模型通常假定污染物浓度在水深方向是均匀的，而在纵向、横向是变化的，例如污水进入水体后，不能在短距离内达到全断面浓度混合均匀的河流，实际应用中，水面平均宽度超过200m，均应采用二维模型计算。

二维模型对适用条件要求比较严格，根据水文条件、污染源位置、污染源连续性等不同，相应模型和解析也不同。考虑混合区的水环境容量，二维模型计算公式见式（6-17）。

$$W=86.4 \times \exp \left(\frac{z^2u}{4E_yx_1} \right) \left[C_s \exp \left(\frac{x_1}{86.4u} \right) -C_0\exp \left(-K \frac{x_2}{86.4u} \right) \right] hu \sqrt{\pi E_y \frac{x_1}{1000u}} \quad （6-17）$$

式中 86.4——单位换算系数；

W——水环境容量（kg/d）；

C_s——控制点水质标准（mg/L）；

C_0——上断面来水污染物设计浓度（mg/L）；

K——污染物综合降解系数（1/d）；

h——设计流量下污染带起始断面平均水深（m）；

x_1、x_2——概化排污口至上下游控制断面的距离（km）；

u——设计流量下污染带内的纵向平均流速（m/s）；

E_y——横向扩散系数（m^2/s）。

6.2.6.4 污染负荷与水环境容量对比

通过对污染物负荷与水环境容量进行对比，分析二者之间的关系，并进一步分析旱天和雨天、不同季节间、不同月份间的污染物负荷及水环境容量的变化规律，为制定针对性的污染物削减方案奠定基础。

以某市项目为例，项目区上游来水为Ⅳ类水，COD、NH_3-N和TP等入河污染物量仍大于水环境容量，并且主要污染源为项目区内和项目区外点源污染，因此需要重点进行控制。见图6-67～图6-69。

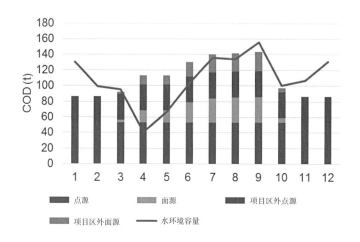

图6-67 项目区水环境容量（COD）与污染物排放量对比图

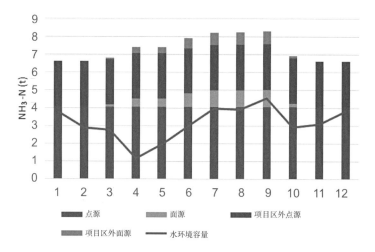

图6-68 项目区水环境容量（NH_3-N）与污染物排放量对比图

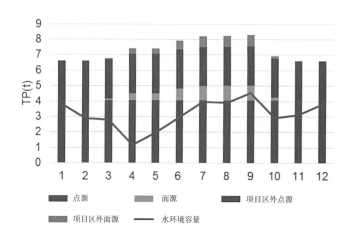

图6-69 项目区水环境容量（TP）与污染物排放量对比图

6.3 水安全问题分析

城镇化对下垫面的改变，使得城市不透水面积骤增，进而引发城市热岛效应、城市水量耗散强度增大以及城市产汇流过程畸变、城市综合径流系数变化幅度增大等一系列问题[46]。一旦遭遇极端降雨，城市小区、道路、广场积水现象将频频出现，并呈现频发的态势。为有效治理城市内涝，需对城市水安全问题进行系统分析，制定综合治理方案。城市水安全问题分析，首先应对内涝城市的现状积水情况进行调研，其次对引发城市内涝的具体原因进行逐一分析，最后制定有效的治理方案。现状积水情况调研，以历史易涝点为基础，对城市范围内可能存在积水的小区、道路进行调研，调研内容主要包括积水点分布以及积水深度、范围等。内涝原因分析是从整体到具体点位依次分析，具体可分为城市内部系统原因分析和外部系统原因分析。

6.3.1 内涝情况分析

城市内涝情况往往通过历史积水点和模拟积水点比对确定，在内涝情况分析过程中，以历史积水点为主，模拟积水点为辅，综合对比两类积水点，最终得出城市真实积水点的准确位置。借助城市积水模拟可以得出城市积水点的具体深度、积水时间以及积水范围等。

1. 历史积水点确定

历史积水数据主要包括相关部门积水记录和现场调研数据，其中相关部门主要为住建部门、水利部门、城管部门等，通过这些部门获取历史积水点分布以及积水深度等积水信息；现场调研，主要是询问具体积水位置、积水深度、积水范围等基本信息。

以某市研究区域为例，研究区域内共有2个积水点，见表6-55，分别为城南学校及华丰路周边、华丰二区，暴雨时，积水深度高达40cm，对居民生活出行造成较大影响。

积水点历史积水深度和积水时间一览表　　　　　　　　表6-55

编号	积水点位置	积水时间（h）	积水深度（cm）
1	城南学校	1	30
2	华丰路周边、华丰二区	1	40

根据现场调研获得的历史积水位置，绘制历史积水点分布图，见图6-70。

2. 模拟积水点的确定

根据《室外排水设计规范》（2016年版）GB 50014—2006、城市内涝防治规划标准及各个城市相关防洪排涝规划，确定城市排水防涝标准以及对应河道防洪标准，并以此为基础获得对应长历时设计降雨。以《城市内涝防治规划标准》和浙江省《城镇防涝规划标准》为例对城市内涝等级划分和重现期进行介绍。

图6-70 研究区域历史积水点分布图

（1）参考《城市内涝防治规划标准》，确定内涝城市防治规划重现期需结合城市规模、城市发展水平，其中特大城市50~100年一遇，大城市30~50年一遇，中等城市和小城市20~30年一遇；城市内涝等级一般分为轻微积水、轻微内涝和严重内涝，具体划分详见表6-56。

城市内涝等级划分标准　　　　　　　　　　　　　　　　表6-56

城市内涝等级	评价标准		
	最大积水深度（cm）	积水时间（h）	积水面积
轻微积水	＜15	＜1（0.5）	
轻微内涝	≥15，且＜40（25~30）	1~2（0.5~1）	积水道路长度≤100m，积水场地面积≤500m²
严重内涝	≥40	＞1	积水道路长度＞100m，积水场地面积＞500m²

（2）根据浙江省《城镇防涝规划标准》，确定杭州、宁波中心城区重现期为50~100年一遇，非中心城区内涝防治标准为20~50年一遇；其他地级市及义乌中心城区30~50年一遇，非中心城区20~30年一遇；县级市县城中心城区20~30年一遇，非中心城区10~20年一遇。其对应的内涝风险等级，详见表6-57。

浙江省城市内涝风险等级划分标准　　　　　表6-57

防涝风险等级	划分标准		
	重要程度	积水时间（h）	积水深度（cm）
高风险区	中心重点区	$t>0.5$	$h>50$（30）
	中心城区	$t>1.0$	
	非中心城区	$t>1.5$	
	住宅小区底层住户进水、工商业建筑物一楼进水		
中风险区	中心重点区	$t>0.5$	30（15）$<h<50$（30）
	中心城区	$t>1.0$	
	非中心城区	$t>1.5$	
低风险区	中心重点区	$t>0.5$	15（8）$<h<30$（15）
	中心城区	$t>1.0$	
	非中心城区	$t>1.5$	

　　情景设置是通过边界条件（不同标准下的河道水位、潮水位等）与短历时设计降雨（5、10、20、50年一遇等短历时设计降雨）或长历时设计降雨（内涝防治标准对应长历时设计降雨）组合，生成相对应的情景工况，如通过短历时设计降雨+边界条件（河道水位、潮水位等）情景模拟，可以得出初始积水对应的设计降雨重现期；通过（不同标准的河道水位、潮水位等）+长历时设计降雨情景模拟，可获得与历史积水点对应的模拟积水点，并获得相关模拟积水点的积水深度、积水范围等随时间变化的过程线。

　　基于模拟积水点确定方法，以某市研究区域为例，通过水力模型对研究区域积水情况进行模拟，积水点最大积水深度见图6-71。经模型模拟计算分析得出，研究区域在30年一遇设计降雨遭遇5年一遇设计潮位工况下，最大积水深度超过0.5m的面积共2.22hm²，主要分布在白藤一路、金涛街、华丰宾馆、腾达一路等地。

　　在30年一遇设计降雨遭遇5年一遇设计潮位工况下，模型共模拟出9个积水点，见图6-72，其中4个积水点位于

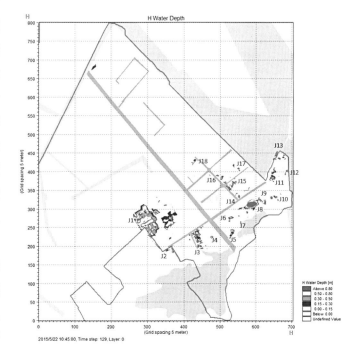

图6-71 最大积水深度分布示意图

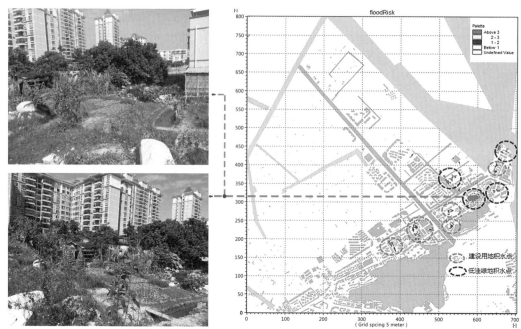

图6-72 模型模拟积水点分布图

低洼绿地（未建成或低洼绿地），5个位于建设用地。

通过历史积水点与模型模拟积水点对比显示，模型模拟建设用地的积水点基本与历史积水点位置一致，见图6-73，其中藤湖苑积水点平均积水深度约0.2m，属于内涝低风险积水点。

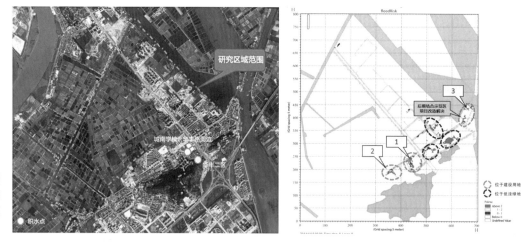

图6-73 历史积水点与模型模拟积水点对比图

6.3.2　积水原因分析

随着极端天气情况频发，国内很多城市都曾连续遭遇强暴雨袭击，引发严重的城市内涝。城市内涝灾害的频繁发生，不仅对城市公共安全和经济社会的正常发展造成了极大影响，而且对城市居民工作和生活的正常运转造成困扰，同时也暴露出城市规划建设中存在的问题[47]。内涝已成为我国城市面临的普遍性问题之一，其成因是多种因素共同作用的结果[48]，而综合引发城市内涝的各个因素，最终可归纳为外部系统成因和内部系统成因两部分，其中外部系统取决于研究区域外所在流域及区域特征，包括研究区域的上游和下游系统所属关系及水位特征；内部系统取决于研究区域本身特征，主要包括下垫面、排水系统、内部水系等相关因素。

6.3.2.1　外部系统原因分析

外部系统原因取决于城市的流域特征，主要包括河道水位顶托以及山洪进城两个方面。河道水位顶托造成积水，即由于城市内部河道调蓄能力不足，水位抬升，对城市排水系统造成顶托，致使雨水无法通过排水管网快速排出，雨水口发生溢流，形成积水；山洪进城造成积水，即城市山洪通过地表径流或截洪沟进入城区，与城市积水"双碰头"，加剧城市内涝积水。通过上述两种积水分析，可以有效判别城市内部积水是由河道水位顶托造成，还是由山洪进城造成积水的加剧，同时也为后期分析提供数据支撑及合理的内涝治理建议。

1．内河、外江水位顶托分析

结合流域特征分析，准确分析流域内部河网等级关系，以及不同降雨条件下流域洪水的洪峰、洪量、河道水位的变化特征。依据这些流域水文分析，准确定位城市积水是否因受城市内部、外部河道水位顶托造成。

目前，从流域角度分析城市内河道与外江的所属关系，以及城市河道水位变化的方法主要有水文水力计算和模型模拟方法。对于城市内河而言，通过上述两种方法中的产汇流计算可获得进入河道的水量，结合河道调蓄量和闸门、泵站的排放量，可得到河道水位随水量的变化情况。当总水量小于河道调蓄量和闸门、泵站排放量时，河道水位抬升较为缓慢，对城市排水系统造成顶托作用较小，不易造成积水；当总水量大于河道调蓄量和闸门、泵站排放量时，河道水位抬升较快，对城市排水系统的顶托较为明显，对应排水管网排水能力受阻，导致排水不畅，致使低洼处的雨水发生溢流，造成积水。

以某市研究区域为例，分析内河水位抬升对排水系统造成的积水。研究区域南北两侧濒临外江外河，内河网分布密集，属于典型的江南平原水系，平原河道相互连通成网，研究区域水系分布详见图6-74。

根据上位规划成果，研究区域20年一遇内河水位约2.6m，50年一遇内河水位最大约2.7m，闸前20年一遇水位2.6m，50年一遇水位2.78m，外江水位平时高于内部河道水位，闸门、泵站也基本处于封闭状态。汛期时，河道作为涝水排放通道，起到一定的调蓄作用。极端降雨条件下，研究区域内部水域、低洼地调蓄能力有限，泵站的排放能力有限，内部河道水位抬高，排水系统受到明显的顶托作用，导致研究区域积水严重。

对城市外江而言，极端降雨条件下，城市上游来水量较大，对外江水位抬升较为明显。

以某市研究区域为例，分析下游外江水位对试点区产生积水的影响。研究区域为感潮河段，排水不可避免地受外河水位影响。研究区域外江平均潮位0.78m，现状未建成区竖向标高低于1.0m，部分建成区地势低洼点高程1.0~2.0m；一路~五路出水口管内底标高-0.5~0.9m；

图6-74 研究区域水系分布图

当排出口标高低于水体平均水位时，排水受影响，特别是遭受风暴潮、极端恶劣天气时，还会发生外潮倒灌。在不考虑降雨影响前提下，对区域设置平均潮位（0.78m)顶托时，得到规划区约30%的现状管网充满度超过0.5，对区域设置5年一遇潮位（最高2.5m）顶托时，得到规划区大于90%的现状管网充满度超过1，且一路、二路及三路存在成片溢流，管道纵断面图详见图6-75。

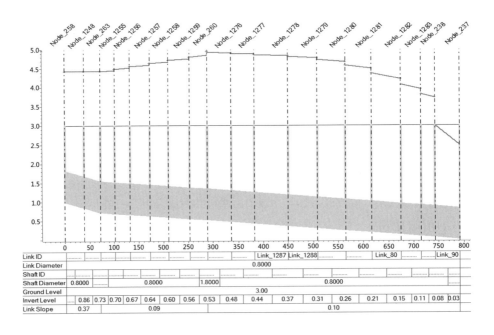

图6-75 管道纵坡面图——受外江潮位顶托

2．山洪分析

城市山洪是指在极端降雨条件下，在具有山城特征的城市或区域，山洪通过截洪沟、河道进入城区，致使城市积水加剧，并具有突发性、水量集中流速大、冲刷破坏力强等特点[49]。

城市山洪分析主要集中在山区城市或具有山城特征的平原城市和区域，通过城市山洪分析确定城市山洪对城市积水的贡献度，为城市积水原因分析提供数据参考，并为城市积水治理提供合理建议。

近年来，我国许多具有山城特征的城市面临着内涝频发的水安全问题，其积水是由城市内部积水与山洪"双碰头"造成的。城市山洪主要是由于城市内部山体或背靠山体截洪沟设施不完善，无法做到高水高排，致使山洪进城，进入城区的内部水量增大，促使内部排水系统压力骤增，使得城市积水量增大。

目前，对城市山洪分析的方法主要有水力计算法和模型模拟法，其中模型模拟法以城市下垫面、城市排水系统、内部河道为基础数据对城市山洪进行模拟，以此得出城市山洪对城市内部积水的贡献度。

以南方某市研究区域为例，根据调查，该市面临山洪给城区带来的积水影响，研究区紧临山体，山体建设了部分截洪沟，但截洪沟的雨水直接排入市政雨水管网，山体汇水面积10.8hm^2。通过模型模拟分析，30年一遇降雨条件下，研究区上游山洪排水量约6.9万m^3，洪峰流量约4.7m^3/s；市政道路雨水管渠设计时未考虑山洪来流量，管道过流能力不足，导致水位顶托，产生溢流，管道纵断面图见图6-76。

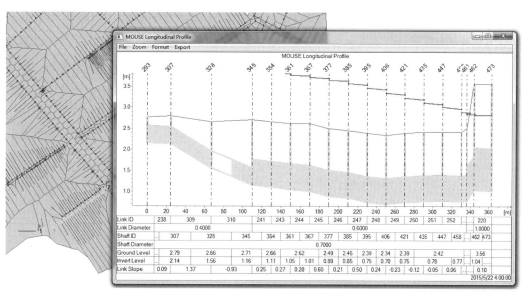

图6-76 白藤一路管道纵坡面图——上游山洪入侵后

通过对该市中心城区分析可得出，当城市山洪通过地表径流直接进入城区，无法做到高水高排，以至于山洪与城市积水"双碰头"的现象出现，造成积水加剧。当城市山洪通过地表进入城区排水管网，排水管网压力骤增，排水能力下降，致使城市积水深度加深、范围扩大、滞留时间增长，针对这种现象要重点分析山洪对城区排水管网压力的影响。城市山洪以高水高排的形式间接进入城区内部河道或边界河道，对于城区内部排口大部分处于淹没、半淹没的城市而言，山洪进入城区内部河道，河道水位抬升，城区雨水无法快速排出，造成积水加剧，针对这种现象要重点分析山洪对城区内河道水位带来的影响。

6.3.2.2 内部系统原因分析

城市积水的内部系统原因主要取决于城市的排水特征，主要包括城市下垫面、城市排水系统、低洼地以及城市内河等分析。其中，地表径流特征分析是对城市地表排水特性进行分析，重点识别地表径流路径，详见前述章节。通过自然地表径流路径辨别区域内是否有雨水排出路径，自然径流路径是否合理，区域内是否存在潜在的径流路径，并判断周边地块竖向是否满足规划要求，同时分析城市积水是否由径流路径不通畅造成；城市内部低洼地是城市内部部分蓄滞空间，低洼地也是城市内涝发生的主要原因之一，低洼地识别内容详见前述章节；城市排水系统分析，主要分析城市积水原因是否由排水管网能力不足造成，泵站、闸门的雨水排放能力是否满足排放要求，城市内河的调蓄量是否满足调蓄要求等，城市排水特征分析将为城市积水原因分析和后期积水点治理提供数据支撑。

1. 蓄排能力分析

城市蓄排能力主要分为城市内部调蓄空间及河道行洪能力和河道闸门、泵站的排水能力。对研究区域蓄排能力的综合评估，可判断城市的调蓄设施是否充足，判断排放设施是否满足排放标准，评价海绵城市建设后城市的蓄排能力是否达标，同时也为后期海绵城市径流控制过程中的调蓄设施和排水设施设定提供数据支撑。

调蓄能力分析，主要分析城市内自然调蓄空间（如河道、湖、塘、湿地、低洼地等）和人工调蓄空间（如调蓄池等）的容积，以及城市防涝设计重现期下城市的径流量，分析其蓄存空间是否足够；结合历史遥感影像对比分析，确定城市开发建设是否导致大量的河湖被填埋，侵占蓄存空间。由于城市重现期下的径流量一部分通过内部调蓄空间控制，剩余部分将通过河道直接排入外江或通过河道闸门、泵站排入外江，因此，排水能力分析过程中，应重点分析河道行洪能力是否满足对应的防洪标准；河道的闸门、泵站排水能力是否满足对应的设计排放标准，为后期排水系统治理提供数据支撑。

城市蓄排能力的评估方法为蓄排能力水量计算法，在蓄排能力分析过程中，以汇水区范围为单元，逐一对每个单元的蓄排水量进行统计。在城市防洪排涝标准对应内涝防治重现期设计降雨条件下，结合各个汇水区内共同的蓄排设施，对城市综合蓄排能力进行分析。

以某市研究区域为例，介绍蓄排能力评估方法。片区面积3.03km²，区域内部有一座人工开挖的湖泊（中心湖），直径约500m，水域面积约18.9hm²，设计调蓄容积20万m³，是该分区最大调蓄水体。研究区域的水系在内部互相连通，中心湖及河道的常水位均为1.1m，为避免极端强降雨天气时，中心湖水位上涨超过最大调蓄水位，导致建成区域内发生内涝，在新城五河与中横河之间设置强排泵站，水泵规模为6.08m³/s，当中心湖水位到达1.7m时开启水泵，将中心湖的超标湖水强排至中横河。

研究区域在50年一遇长历时设计降雨条件下，结合内部水域面积以及下垫面、低洼地情况，片区降水量约为85.5万m³，河道、湖泊调蓄量约为25.5万m³，片区除河道本身的调蓄量约为6.3万m³外，泵站排放量约为52.5万m³。通过蓄排能力计算，现状片区内部仍滞留约1.2万m³的雨水，在片区内形成积水，由此判断片区内部调蓄能力不足或泵站的排水能力不足。后期片区海绵城市建设过程将通过源头减排项目建设或泵站建设，消除内涝。

2. 设施能力及衔接

城市内部排水系统由雨水篦子、排水管道、排涝泵站等组成，其中雨水篦子是地表径流与排水管网的衔接设施；排水管道为雨水的输送设施；排涝泵站为排水管网衔接河道的泵站设施。

收水设施：雨水篦子分布（如密度）、运行（如淤堵）等情况是制约雨水进入排水管网水量多少的重要因素，需重点分析其是否满足收水要求，当收水能力不足时，周边雨水将无法进入排水管网，造成积水。

输送设施：排水管网分布（如管网普及率）、属性（如长度、管径大小、坡度）、运行（如底泥淤积、破损）等情况，重点分析排水管网是否满足排水能力，当排水能力不足时，雨水无法排出，造成积水。排水管网能力评估主要通过水力模型进行模拟评估。

泵站设施：分析现状排涝泵站的泵排能力。针对城市内涝积水情况，判断泵站的排放能力是否满足要求，是否是造成城市积水的原因之一。泵站排放能力评估也主要通过水力模型进行模拟评估。

以某市研究区域内部积水点为例，由于雨水篦子未覆盖，排水能力不足，以及泵站排水能力不足，造成积水。通过模型模拟显示，研究区域的易涝积水区主要分布在启承路周边区域、冯俞宅周边区域与光华路以南区域、丁新路与日新路交叉口4处。其中积水点4为丁新路与日新路交叉口，在50年一遇的长历时降雨条件下，平均积水深度可达0.57m，积水量可达4890m^3，积水时间在9h以上，详见图6-77、图6-78。

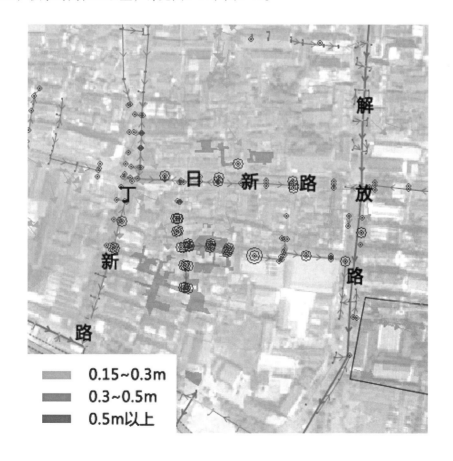

0.15~0.3m
0.3~0.5m
0.5m以上

图6-77 积水点4积水情况分析图

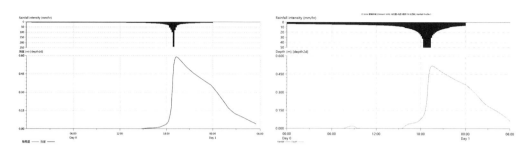

图6-78 50
年一遇积水量
变化曲线和积
水 深 度 变 化
曲线

该区域排水能力不足，且管径过小，该处现状积水点下方管线仅DN300，无法有效应对超标降雨，无法排出的雨水在地面形成积水。

该处部分区域缺少雨水篦子，且地势过低，高程在2.1～2.3m之间，周边地形普遍高于2.4m，地面积水无法通过地表转移，在地表蓄滞，导致积水深度和水量增加。

下游干管能力不足及泵站能力不足，导致顶托。此处靠近附近区域的主干排水管，从断面可见，暴雨峰值期间，干管超负荷，形成较高顶托水位，泵站满负荷运行，排水重点排水不畅。此处积水收到外部顶托效应，无法外排，加重积水时间。

6.3.2.3　模型评估

随着研究的不断深入，人们需要借助数值模拟模型解决的问题越来越复杂，模型的应用也越来越广泛。海绵城市建设过程中，水力模型如暴雨洪水管理模型SWMM、InfoWorksICM、MIKE等软件应用正慢慢普及，此类模型可用以模拟海绵城市建设中的径流、汇流、管道流等过程，对评估城市内涝风险、城市排水能力，均具有一定的参考价值。

下文对三种模型的适用性进行分析，其计算引擎关系到哪种模拟结果更符合城市模拟情况。不同城市排水模型计算引擎[51]详见表6-58。

不同城市排水模型计算能力汇总　　　　　表6-58

模型种类	计算引擎	说明	评估
MIKE	地表产汇流（16种）管网及设施水力模型； 2维地面洪水演进模型； 河道及其水工建筑物的水力模型； 低影响开发模型； 水质模型	模型计算引擎完整，但模型耦合时需外部耦合多个软件，方便性差，稳定性差，低影响开发不完善	管网能力、城市内涝风险评估
SWMM	简单的产汇流模型（3种）； 管网模型； 低影响开发模型； 水质模型	模型计算引擎不完整，智能性差，稳定性差	管网能力评估
InfoWorksICM	地表产汇流模型； 管网及设施水力模型； 2维地面洪水演进模型； 河道及其水工建筑物的水力模型； 低影响开发模型； 水质模型	模型计算引擎完整，不同子模型间耦合方便，计算稳定性高	管网能力、城市内涝风险评估

1. 管网排水能力评估

管网排水能力除受自身约束外，还受外界水位影响。例如某市水系稠密，管线距离相对较短，大部分管线就近接入周边河道及水体中，管道能力受外界水位影响较大。

采用管道在设计降雨下最不利时刻的超负荷状态，评价管道的设计能力达多少年一遇，同时模型通过水力坡度与管道坡度之比定义超负荷状态，超负荷状态按照小于1、等于1和等于2三种类型进行划分。

（1）超负荷状态小于1：表明管道尚未充满，排水能力达到设计降雨的重现期标准，如图6-79所示。

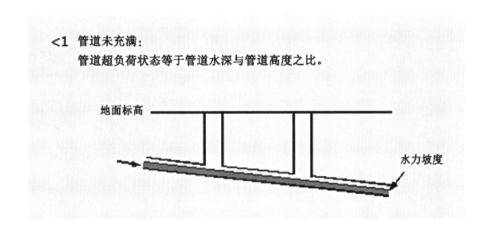

图6-79 超负荷状态小于1的管道示意图

（2）超负荷状态等于1：表明管道已充满，水力坡度小于管道坡度，管道的排水能力未达到设计降雨重现期的标准，且管道的排水能力主要受下游管道顶托的限制，如图6-80所示。

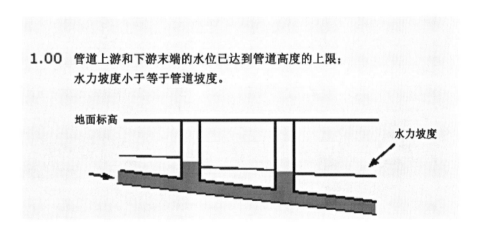

图6-80 超负荷状态等于1的管道示意图

（3）超负荷状态等于2：表明管道已充满，水力坡度大于管道坡度，管道的排水能力未达到设计降雨的重现期标准，且排水能力受自身管径的影响，如图6-81所示。

评估方法：在管网排水能力模型评估中采用充满度评估（无水位顶托）、充满度评估（有水位顶托）、压力流评估（有水位顶托）三种方法对现状管网能力进行评估。其中充满度评估（无水位顶托）、充满度评估（有水位顶托）以超负荷状态为基础，进行管网能力评估；

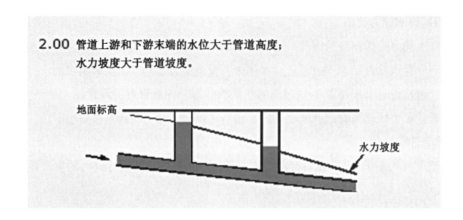

图6-81 超负荷状态等于2的管道示意图

压力流评估以管道超负荷状态、雨水溢流为基础，利用压力流对管网能力进行评估。

以南方某市为例，基于InfoWorksICM模型软件，依据上述评估方法对研究区域管网能力进行评估。

（1）充满度评估（无水位顶托）。依据管段是否发生压力流而超载的状态，超负荷状态等于1和等于2的管道均视为超负荷运行管道。根据运行结果显示主干管道三分之一管道能力不足1年一遇，半数管道能力超过三年一遇，整体排水能力充足，如图6-82所示。

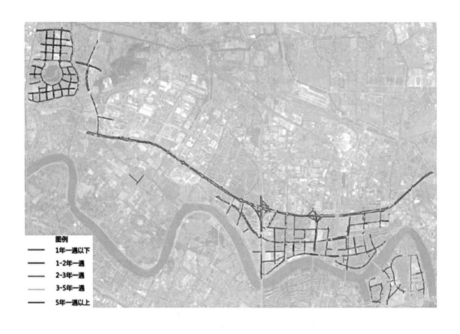

图6-82 充满度评估管网能力分布图（无水位顶托）

（2）充满度评估（有水位顶托，常水位1.1m）。由于研究区域的特殊情况，外河水位对管网能力存在较大影响，故建议在考虑外河水位的情况下进一步评估管网能力。设置常水位边界条件和警戒水位边界条件，重新通过充满度评估法评估管道能力，由结果可见，若结合该市特点考虑外河水位，鉴于该市的河网水系情况，管道排水能力受到较严重的制约，如图6-83所示。

（3）压力流评估（有水位顶托，常水位1.1m）。通过压力流评估方法评估现状管网能力，约27%的管网不满足3～5年一遇标准，约67%管网满足5年一遇设计标准，如图6-84所

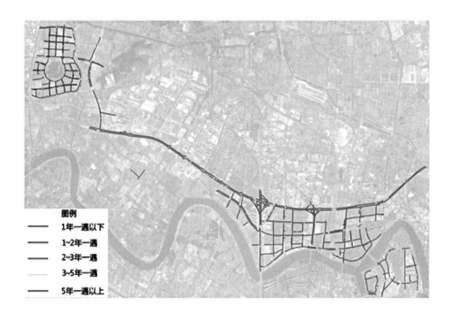

图6-83 充满度评估管网能力分布图（有水位顶托）

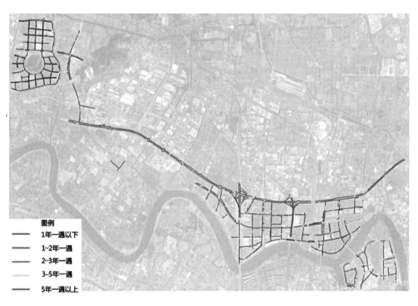

图6-84 压力流评估管网能力分布图（有水位顶托）

示。在外排无顶托情况下，内部管网能力基本充足，内部排涝安全主要受外部河网水力条件限制。

　　根据上述评估方法，确定研究区域内管网评估能力，详见表6-59。

研究区域管道能力评估一览表　　　　　　　　　表6-59

设计标准	管道充满度评估方式（无顶托）		管道充满度评估方式（有顶托）		管道水力坡度评估方式（有顶托）	
	长度	比例	长度	比例	长度	比例
1年一遇以下						

设计标准	管道充满度评估方式（无顶托）		管道充满度评估方式（有顶托）		管道水力坡度评估方式（有顶托）	
	长度	比例	长度	比例	长度	比例
1～2年一遇						
2～3年一遇						
3～5年一遇						
5年一遇以上						
合计						

2．内涝风险评估

内涝风险模拟是以区域所在城市的内涝防治标准和防洪标准为边界条件，在排涝标准对应设计降雨条件下，对研究区积水进行模拟，根据城市内涝风险等级对城市内涝风险进行模拟评估。

以南方某市为例，基于InfoWorksICM对城市研究区城市内涝进行评估，并依据城市内涝等级划分绘制内涝风险图。

（1）确定内涝风险评估边界条件：根据《室外排水设计规范》（2016年版）GB 50014—2006、《浙江城镇防涝规划标准》DB 331109—2015、《治涝标准》SL 723—2016以及当地防洪排涝专项规划，确定研究区域的内涝标准如下：中心城区城市建成区内涝防治标准为50年一遇，乡镇和村庄排涝标准为10年一遇，24h降雨24h排至设计水位。

（2）城市内涝风险等级划分：城市内涝积水保证24h降雨24h排至设计水位，根据城市积水深度、淹没时间划分城市内涝风险等级。

1）积水深度是内涝风险的最重要影响因子，直接影响内涝风险的严重程度，深度较小，不会导致内涝风险；深度过大，会产生较大的内涝风险。因此，针对最大积水深度进行专门分析，其划分结果如下：

①0.02m以下的深度基本为地面产流所需要的深度，内涝风险评估不考虑，积水深度将以15cm作为积水临界值。

②当积水深度超过15cm时，会对交通产生一定影响。

③当积水深度超过30cm时，会对居民财产造成一定影响。

④当积水深度超过50cm时，无论是对交通还是居民财产、居民生命安全都会造成一定影响。

因此，本次评估选择15～30cm、30～50cm和50cm以上作为评估的划分标准。

2）淹没时间也是内涝风险的重要影响因子。因此，本次评估也针对淹没时间进行专门分析。考虑到：

①淹没时间小于30min，一般情况下人们耐受程度较好。

②淹没时间小于60min，人们尚可接受。

③淹没时间达到120min，是人们接受程度的极限，超过2h，人们很难接受。因此，本次评估选择低于30min、30~60min和60~120min作为评估的划分标准。

综上所述，根据积水深度与淹没时间划分，确定内涝风险等级，详见表6-60。

内涝风险等级划分标准　　　　　　　　表6-60

淹没时间 积水深度	0~30min	30~60min	60~120min
0.15~0.3m			
0.3~0.5m			
>0.5m			

（3）城市内涝风险模拟：构建研究区域排水系统模型，模型由排水管网模型、河道模型、水工建筑物模型、汇水区模型、地面模型组成。选取中心城区、乡镇、村庄排涝标准所对应的长历时设计降雨（10年一遇和50年一遇），在该设计降雨条件下，对研究区域进行积水模拟。根据积水模拟结果，结合内涝风险划分等级，评估研究区域的内涝风险情况。

通过InfoWorksICM软件的时间序列结果分析统计工具，对积水超过0.15m的位置进行淹没时间和积水深度统计，得到10年一遇和50年一遇长历时工况下风险图，见图6-85、图6-86，整个区域的洪水风险分布图结果显示，内涝以中、高风险为主。

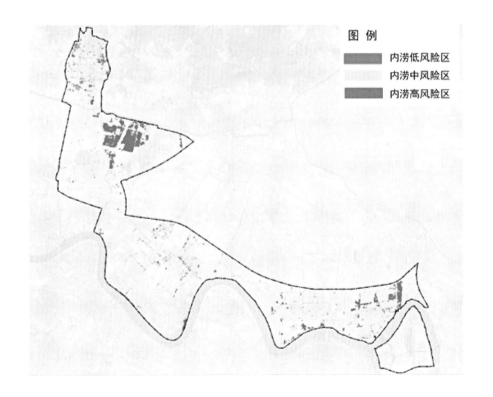

图例
内涝低风险区
内涝中风险区
内涝高风险区

图6-85 内涝风险评估图（10年一遇长历时）

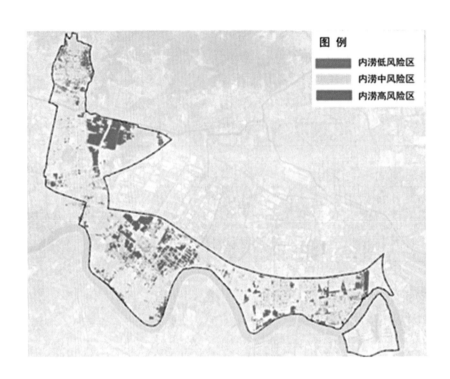

图6-86 内涝风险评估图（50年一遇长历时）

6.3.2.4 常见积水原因及对策

近年来城市内涝现象频繁发生，给城市安全和经济造成很大影响。根据前述章节，可知城市内部积水是由外部系统原因和内部系统原因共同作用，其中外部系统原因包括河道水位顶托、山洪等；内部系统原因包括城市硬化率高、地势低洼、排水管网设计标准偏低、城市水面率降低等。以下结合具体原因提出针对性解决对策。

1. 地势低洼或排水能力能力不足

地势低洼段是指研究区域或地块内部地势低洼，低于周边高程，极端降雨条件下，内部积水无法排出，造成积水；研究区域或地块内排水管网排水能力不足，雨水无法排出，也会造成积水。

解决对策：针对位于未利用地或者绿地的积水点，其积水原因主要是由地势低洼造成。后期地块建设，可通过控制性规划，建设时合理控制场地竖向或通过绿地自身进行调蓄，同时地块严格落实海绵城市指标，部分雨水通过地块内的LID设施消纳，部分雨水通过市政管网排走，进而消除积水。针对居住用地、道路用地的积水点，其积水原因一般是由地势低洼、排水能力不足造成。通过周边地块源头减排项目建设，减少地表径流，降低排水压力，消除积水；在源头减排项目建设亦不能消除该处积水的情况下，可通过雨水管网改造，提高雨水管网排水标准，快速排出雨水；对不能进行改造的老城区积水点，可在排水末端建设强排泵站，强排区域内积水，消除积水点。

2. 外江顶托或潮位顶托影响

由该类型因素引起的积水，主要为河道水位或潮位过高，对城市排水系统造成顶托，致使雨水无法通过排水管网排出。

解决对策：通过海绵城市源头减排项目建设，降低地表径流，减少汇入管网的水量，消除积水点；在源头减排项目建设亦不能消除该处积水的情况下，可通过泵站、闸门建设，增强河道、排水管网的排放能力，彻底解决积水问题。

3．山洪入城，截洪泄洪设施系统不健全

对于具有山城特征和截洪泄洪设施系统不健全的城市，极端降雨条件下，山体径流量大，并直接进入城区排水系统，造成排水系统压力增大，在低洼处形成积水。

解决对策：健全山体的截洪沟设施系统，避免山洪进城，造成积水；在截洪设施不健全的区域，构建城市内部的行洪通道，避免山洪进入排水系统，降低排水管网压力，消除积水。

4．排水体制不健全，排水系统不完善

由排水体制不健全、排水系统不完善造成的积水，主要发生在一些合流制的老城区。该区域内部排水管网建设较早，随着城市的发展，老城区排污量增大，致使排水管网排水压力增大，极端条件下，低洼地段极易形成积水。

解决对策：对有改造条件的老城区，可通过雨污分流改造或源头减排项目建设，健全排水系统，减少地表径流，降低排水管网压力，保证低洼地雨水快速排出；对不具备改造的老城区，在地势低洼处建设强排泵站，极端降雨下，可通过泵站快速排出雨水，避免形成积水。

5．河、湖、低洼地被侵占，城市调蓄能力不足

城市湖泊、河道、低洼地被填占挤压的现象较为普遍，正是由于河道、湖泊、低洼地的侵占造成城市内部调蓄空间减少，且部分区域亦处于低洼地段，极端降雨条件下，极易形成积水。

解决对策：针对处于低洼段的积水点，可通过源头减排或管网、泵站建设消除积水；针对河道、湖泊被占区域，可通过河、湖建设增加区域水面率或低洼地保护，恢复其调蓄能力。

6.4 水资源问题分析

水资源调研主要内容为区域现状非常规水资源利用情况、城市再生水和雨水资源利用对象及用水潜力、非常规水资源利用设施运行情况及存在的主要问题等。调研目的主要为明确现状非常规水资源利用情况，根据水资源平衡情况及现状非常规水资源设施利用情况，对区域雨水资源与再生水资源的应用潜力进行分析，并对系统化方案实施期限内可实施的解决思路进行论证与分析。

6.4.1 非常规水资源现状供需情况分析

6.4.1.1 现状水资源量

调研区域多年平均水资源量（地表水、地下水和重复计算部分）、人均水资源量、人均用水量等，调研为分析区域现状水资源量及水资源供需平衡提供基本数据支持。现状水资源量信息统计表见表6-61。

现状水资源量信息统计表   表6-61

区域	年降水量	地表水资源量	地下水资源量	重复计算量	多年平均水资源量	人均水资源量	人均用水量
1							
2							
…							

6.4.1.2　供水现状及非常规水资源利用情况

调研区域水源地分布情况及供水情况、非常规水资源开发利用情况（再生水、雨水和海水淡化等）、设施建设现状及运行情况等，统计相关信息表及设施分布图。某区域供水现状信息表见表6-62。

某区域供水现状信息表   表6-62

供水水源		供水量（万m³）
地表水源供水量	蓄水工程供水量	
	引水工程供水量	
	提水工程供水量	
	引黄、引江水量	
其他水源供水量	污水处理回用量	
	海水淡化量	

调研主要了解现状区域供水情况、非常规水资源利用情况，为后续分析城市再生水和雨水资源利用对象及用水潜力提供支撑。

6.4.1.3　现状水资源供需平衡分析

调研研究区域所在的大区域现状水资源供需平衡情况，特别是生态用水量及比例。通过统计分析，明确大区域内是否存在缺口或问题。

6.4.2　非常规水资源用水潜力分析

根据水资源平衡情况及现状非常规水资源设施利用情况，对区域雨水资源与再生水资源等非常规水资源的利用对象和用水潜力进行分析，并对实施期限内可实施的解决思路进行论证与分析。

1. 利用对象

雨水资源常见利用方式有建筑与小区绿化、道路浇洒，观赏性景观河道、景观湖泊及水景用水等；再生水利用根据水质可分为地下水回灌用水，工业用水，农、林、牧业用水，城市非饮用水和景观环境用水等，进而结合规划范围现状设施情况及需求确定利用对象。

2．应用潜力

确定利用对象后，对规划区非常规水资源用水潜力进行预测，常见需求量为建筑与小区、市政道路与公共绿地浇洒利用量等。

需求量主要根据规划区不同地块下垫面的组成来确定。绿地及道路用水量可参考《城市给水工程规划规范》GB 50282—2016等，例如，道路用地用水量指标为0.2～0.3万m³/km²/d，绿地与广场用地用水量指标为0.1～0.3万m³/km²/d。根据绿地浇洒和道路冲洗的需水量及规划区下各地块下垫面组成计算得知整个区域的潜在用水量。工业用水需求量可结合规划区工业用地规模及相关现状调研需求进行预测。景观补水量可根据景观需求或生态基流量等方式确定。

以某市海绵城市试点区为例，区域非常规水资源需求主要为建筑与小区、市政道路及公共绿地等地块浇洒用水，以及河道景观补水。

（1）浇洒需水量

根据绿地及道路用水量指标范围，结合试点区缺水情况，试点区道路和绿地浇洒额度分别取0.25万m³/km²/d和0.2万m³/km²/d。试点区绿化、道路浇洒需水量见表6-63，试点区共分三大汇水分区，统计各分区绿地和道路广场面积，可计算区域浇洒用水需求量为20590m³/d。

某市试点区绿化、道路浇洒需水量 表6-63

汇水分区	绿地面积（hm²）	道路面积（hm²）	绿地浇洒需水量（m³/d）	道路浇洒需水量（m³/d）	总用水量（m³/d）
1	73	93	1460	2325	3785
2	346	154	6920	3850	10770
3	138	131	2760	3275	6035
合计	557	378	11140	9450	20590

（2）河道景观补水

河道内生态需水，为保障河道水文过程完整性的基础流量需水、水面蒸发需水和渗漏需水的总和，即：河道需水量=基础流量需水+水面蒸发需水+渗漏需水。以某市试点区内某河道为例，将河道需水量减去流域降水补充量作为河道景观补水需求量。

1）河道基础流量

河道基础流量可根据生态流速法计算。根据《水力学方法估算河道内基本生态需水量研究》，在用流速法计算河道基本生态需水量时，以满足鱼类产卵的最低流速和鱼类喜欢的最低流速作为生态需水量计算的适宜流速，取0.3m/s[50]。根据$Q=Av$（Q为流量，A为断面面积，v为流速）要确定基础生态流量还需要确定过水断面。为简化计算方法，计算时，将本区域内的河道过水断面简化为矩形过水断面。$A=BH$（B为河道宽度，H为水深），平均水深可用水力半径代替，河道的水力水深根据曼宁公式得到，糙率按经验值取0.03。根据不同河段现状不同，可分别计算得出各河段生态基流量。某河道不同补水河段生态基流量计算见表6-64。

某河道不同补水河段生态基流量计算表　　　　表6-64

河段	1号段	2号段	3号段
平均坡降	0.005	0.005	0.005
水深（m）	0.07	0.16	0.04
河道宽度（m）	20	5	30
河道补水宽度（m）	10	2	12
生态基流量（m³/d）	18121	3624	21745

2）蒸发、下渗量

蒸发量根据区域平均蒸发量及河道参数进行计算，试点区日平均蒸发量为3.04mm。下渗量根据区域单位面积日渗透量及河道参数进行计算，结合区域土壤渗透性，试点区单位面积日渗透量取20L/m²/d。根据河道水面面积可计算河段蒸发及下渗量。某河道不同补水河段蒸发及下渗量见表6-65。

某河道不同补水河段蒸发及下渗量统计表　　　　表6-65

河段	1号段	2号段	3号段
蒸发量（m³/d）	1004	172	644
下渗量（m³/d）	463	79	297

综上，可计算得出各段河道需水量，见表6-66。

某河道不同补水河段需水量统计表　　　　表6-66

河段	1号段	2号段	3号段
生态基流量（m³/d）	18121	3624	21745
蒸发量（m³/d）	1004	172	644
下渗量（m³/d）	463	79	297
合计	19588	3875	22686

6.4.3 非常规水资源利用难点分析

非常规水资源利用难点主要表现在以下几个方面：

（1）缺乏系统规划与管理。部分地区对非常规水资源利用尚没有实质性的扶持政策和系统规划，相关配套设施建设滞后，或实际投入使用较少。

（2）设施建设滞后、缺乏维护。非常规水资源利用设施覆盖率较低，日常运营维护较困难。

（3）雨水资源利用驱动力不足。雨水资源相对自来水、再生水等难以稳定供给，收集利用较为困难，同时日常运营维护的市场需求较弱，缺乏良好的发展机制。

总体来说，非常规水资源利用仍有较大发展空间，合理开发利用非常规水资源，对于缓解地区水资源短缺尤为重要。水资源调研中，应着重调研当地水资源量、可应用对象、现状非常规水资源利用设施及运行情况。

6.5 源头改造可行性分析

6.5.1 地块建设情况统计

为对源头地块进行改造可行性分析，需首先调研研究范围内地块现状，统计地块建设情况，具体应包含但不限于地块用地类型、现状/规划情况、排水体制、土壤地质条件、房屋建设、绿化景观、停车位、道路铺装、设施完好度和雨水利用设施建设空间等内容。

1. 用地类型

源头地块按用地类型主要分为建筑小区、市政道路、公园绿地和工厂企业，见图6-87。建筑小区主要指以居住为主的小区，下垫面类型包括建筑屋顶、硬化铺装、绿地和水面等；市政道路是指有城市建设部门管理的公共道路空间，下垫面类型以道路铺装为主，主干道路一般包含绿化带、人行步道等；公园绿地是指向公众开放的具有生态维护、环境美化等功能的绿化用地，下垫面类型以绿地、铺装和水面为主；工厂企业主要指用以生产货物的工业建筑物，下垫面以建筑屋顶和硬化铺装为主，绿地覆盖率一般较低。对以上四种不同的用地类型应采用针对性改造措施。

2. 现状情况

对建筑小区、市政道路、公园绿地和工厂企业等不同用地类型的源头地块进行调研时，应明确地块的建设年代、容积率、绿地率、铺装等情况，具体见表6-67。对于建设年代较新、绿地率高、铺装完好的地块应尽量避免改造，对建设年代较久、绿地和铺装维护不佳的地块应优先改造。

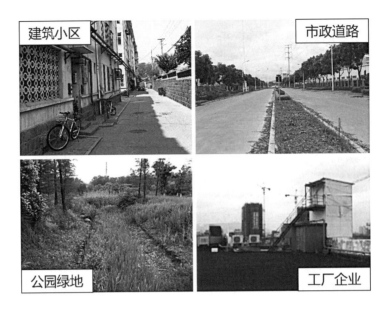

地块现状情况调查信息表　　　　　表6-67

地块编号	地块名称	建设年代	容积率（%）	绿地率（%）	铺装情况
1	××小区	19××			
2	××小区	20××			
…					

3. 规划情况

结合研究区域上位城市总体规划、控制性详细规划和其他专项规划，确定地块近远期规划用地情况，包括规划用地性质、容积率、绿地率等指标，具体见表6-68。对现状和规划情况变化较大的地块，应结合上位规划在源头改造设计方案中一并考虑。

地块规划情况信息表　　　　　表6-68

地块编号	地块名称	现状用地性质	规划用地性质	规划容积率	规划绿地率
1	××小区	R			
2	××学校	A			
…					

4. 排水体制

根据排水规划，确定研究区域所属排水体制。对于雨污分流排水体制区域，要对地块内阳台污水管与雨落管混接情况进行调研，改造的同时解决雨污混接问题。对于雨污合流排水体制区域，要对地块内部进行分流，最终将污水接入市政污水管网，雨水接入市政雨水管网或经处理后就近排入河道。

5．土壤地质条件

对研究区域内土壤地质等条件进行分析，判断地块是否可以改造，并为后续改造过程中低影响开发设施厚度、下凹深度、植物选取、排水管布置等提供依据。

6．房屋建设

调研分析地块内各类建筑物建设年限、楼间距、排水形式、周边绿地情况、屋顶形式（坡屋顶/平屋顶）、屋顶承载负荷、地下空间是否满足渗透要求等，形成信息统计表，见表6-69。

房屋建设情况统计信息表 表6-69

地块编号	地块名称	建设年限	楼间距（m）	排水形式	周边有无绿地	屋顶形式	屋顶承载负荷	地下空间情况
1								
2								
...								

7．绿化景观

调研分析地块绿地景观建设情况，是否满足技术上改造要求，是否满足建设低影响开发设施的空间和要求。

8．停车位

调研分析地块停车位建设情况，现状是否有改造和扩建需求，竖向和排水情况是否满足技术改造要求。

9．道路铺装

调研分析道路铺装分隔带、绿化带、街旁绿地情况，现状是否有老旧、破损、排水不畅等情况，道路竖向和排水情况是否满足技术改造要求，地下调蓄设施是否有建设条件。

10．设施完好度

调研地块内路灯、围墙栏杆、健身设施等完好程度，结合居民意愿，改造时一并考虑。

11．雨水利用设施建设空间

调研地块地下室顶板覆土深度与覆盖范围，判断是否有雨水利用设施的建设空间，并根据竖向和排水情况确定建设位置。

结合上述要求将地块信息统计为表6-70。

地块统计信息表 表6-70

地块编号	地块名称	绿化情况	停车位情况	道路铺装情况	设施完好度	地下室顶板覆土深度	地下调蓄设施建设条件
1							
2							
...							

6.5.2 可行性分析

1. 建筑小区

主要从以下几个方面进行改造可行性分析：

（1）地块现状绿化程度是否相对集中。若现状绿地集中且连片，可设置雨水花园并通过植草沟转输周边绿地、铺装或屋顶雨水；若现状绿地多呈条带状，可设置植草砖转输周边雨水最终汇入雨水花园或其他末端设施进行处理。

（2）阳台污水是否混接入雨水立管。对已汇入雨水立管的，可将雨水立管改为污水管收集至地块污水系统，并新建雨水立管用于收集屋面雨水。

（3）雨水立管是否可断接至周边绿地。对雨水立管周边有可改造绿地的，可就近断接至绿地并设置消能设施；对周边没有可改造绿地的，可使用快速净化设施将屋面雨水处理后排放至市政雨水管道。

（4）绿地是否可通过适当改造用于接纳周边雨水。改造时应注意路缘石开口位置、宽度、数量，并适当设置导流或防冲刷设施。

（5）屋面是否能做屋顶绿化。建议对平屋顶且屋顶空闲面积较大的进行改造，改造前需对屋顶荷载进行复核，改造中需注意防渗，可使用整片围挡或容器拼接形式。

（6）地下室比例以及顶板覆土深度。对顶板覆土深度不足以设置海绵设施的，应做好防渗措施，转输至其他区域处理。

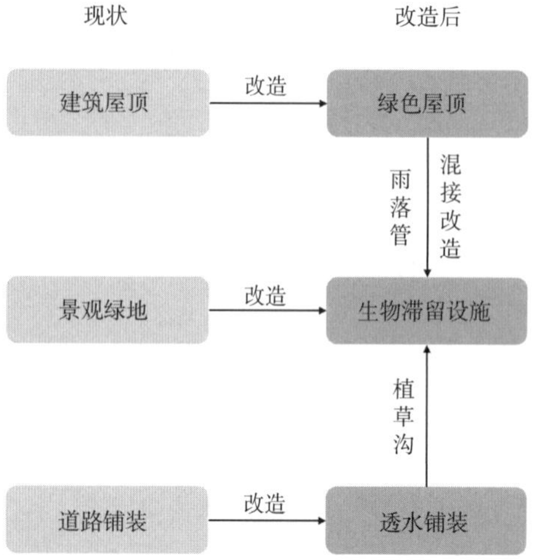

建筑小区改造技术路线见图6-88。

2. 市政道路

主要从以下几个方面进行改造可行性分析：

（1）是否有绿化带，绿化带是否可通过适当改造用于接纳人行道和车行道雨水。需根据接纳范围面积设计生物滞留设施容积。

（2）人行道是否可改造为透水铺装。改造时可选择进行统一喷涂，并坡向生物滞留设施，方便雨水汇集。

（3）车行道对荷载有何要求，是否可改造为透水铺装。对于无法改造的，需将道路雨水通过

图6-88 建筑小区改造技术路线

路缘石开口或雨水篦子收集到生物滞留设施或快速处理设施处理后排入市政雨水管道。

（4）道路纵坡与横坡大小是否影响海绵设施收水。对道路横坡较大的，建议路缘石开口设置消能设施；对道路纵坡较大的，建议对路缘石开口进行适当改造。

市政道路改造技术路线见图6-89。

3.公园绿地

主要从以下几个方面进行改造可行性分析：

（1）现状绿化程度是否有条件通过适当改造收纳周边雨水。若现状绿地集中且连片，可设置雨水花园并通过植草沟转输周边绿地、铺装或屋顶雨水；若现状绿地多呈条带状，可设置植草砖转输周边雨水最终汇入雨水花园或其他末端设施进行处理。

（2）人行步道、车行道路、硬化铺装是否可改造为透水铺装。改造时需注意铺装坡向及连接处竖向等问题。

（3）车行道对荷载有何要求。若要求较低，建议使用透水混凝土等材料进行改造。

（4）道路铺装竖向是否可调整为坡向绿地。

（5）水面是否有条件进行人工湿地改造，改造后是否有条件作为地块内雨水排放末端处理。

公园绿地改造技术路线见图6-90。

4．工厂企业

主要从以下几个方面进行改造可行性分析：

（1）是否存在挥发性的工业污染物，装卸、运输过程中是否存在环境污染风险。

（2）货运通道对荷载有何要求，是否可进行透水铺装改造。对于人行道路及荷载较低的硬化区域，可进行透水铺装改造。

（3）厂区内是否有员工宿舍，是否存在生活污染。

（4）地块现状绿化程度是否相对集中。若现状绿地集中且连片，可设置雨水花园并通过植草沟转输周边绿地、铺装或屋顶雨水；若现状绿地多呈条带状，可设置植草砖转输周边雨水最终汇入雨水花园或其他末端设施进行处理。

（5）屋面雨水系统是外排水或内排水，雨水立管是否可断接至周边绿地。雨水立管周边有可改造绿地的，可就近断接至绿地并设置消能设

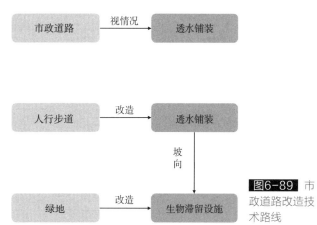

图6-89　市政道路改造技术路线

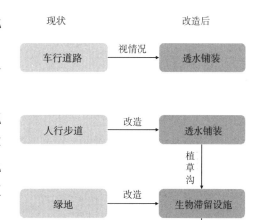

图6-90　公园绿地改造技术路线

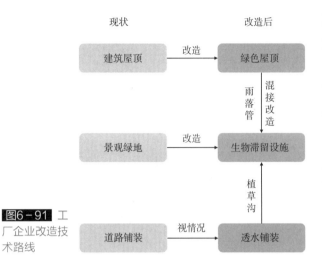

图6-91 工厂企业改造技术路线

施；周边没有可改造绿地的，可使用快速净化设施将屋面雨水处理后排放至市政雨水管道。

（6）绿地是否可通过适当改造用于接纳周边雨水。改造时应注意路缘石开口位置、宽度、数量，并适当设置导流或防冲刷设施。

（7）屋面是否能做屋顶绿化。建议对平屋顶且屋顶空闲面积较大的进行改造，改造前需对屋顶荷载进行复核，改造中需注意防渗，可使用整片围挡或容器拼接形式。

工厂企业改造技术路线见图6-91。

此外，对于存在雨污混接、内涝积水、排水设施损坏等问题的项目应优先改造，并同步推进低影响开发建设。部分项目无明显雨污混接、内涝积水等问题时，若业主需求迫切（如停车位不足，健身器材、路灯等基础设施缺失，景观绿化效果欠佳，外立面破损等），希望进行雨水资源利用、提升厂区绿色环保形象等，海绵城市建设应选取该类项目进行改造，充分结合业主需求，在海绵改造的同时，完成对地块整体环境的提升。具体情况见图6-92。

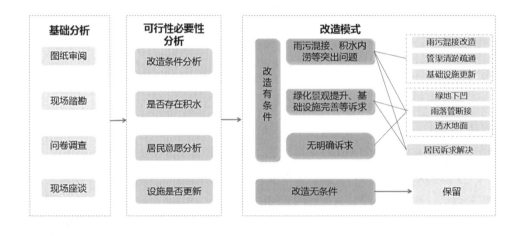

图6-92 地块改造可行性分析技术路线

6.5.3 改造必要性

1. 项目内涝情况

分析地块内内涝积水情况，结合地块内竖向和排水条件，对内涝积水点及周边进行适当改造，通过设置透水铺装、植草沟、雨水花园等设施，将积水引入设施进行处理。

2. 小区排水设施分析

通过测绘图纸梳理、现场踏勘，确定现状小区是否有独立的排水系统，确定存在混接和合流情况的小区是否有阳台污水接入雨水管的情况，对阳台污水混入雨水管和雨污合流的情况，进行雨污分流改造，改造后小区污水排入市政污水管道，雨水经处理后排入市政雨水管道。

3．内部水体水质情况

分析现状小区、公园或广场内的水体水质情况，对现状水体水质较差或居民有强烈改造意愿的进行治理，或改造为人工湿地，收纳地块内部雨水。

6.5.4 改造意愿

通过调研，深入了解群众业主对建筑小区、市政道路、公园绿地、工厂企业现状的改造诉求。采用现场调研、走访了解和问卷调查相结合的形式，形成调研情况统计表和统计分析结果。

1．调研内容

（1）建筑小区

业主诉求调研内容包括：1）修复破损路面或铺装；2）消除内涝积水情况；3）提升景观环境；4）增加停车位和集中活动场地；5）改善小区卫生环境；6）消除安全隐患；7）进行雨水资源利用。

（2）市政道路

群众及业主诉求调研内容包括：1）道路拓宽；2）道路白改黑；3）消除内涝积水情况；4）提升景观环境；5）修复破损路面或铺装。

（3）公园绿地

群众诉求调研内容包括：1）提升绿化景观环境；2）修复改造破损步道、自行车道、路面及铺装；3）增加活动场地和健身设施；4）改善湖塘水质，增加亲水设施。

（4）工厂企业

业主诉求调研内容包括：1）雨水资源利用需求；2）提升厂区环保形象；3）增加停车位；4）提升景观环境；5）增加员工活动空间；6）改善厂区卫生环境；7）修复破损路面；8）消除积水情况；9）消除安全隐患。

2．拟定调查问卷

采用调查问卷调查居民对所生活小区进行改造的诉求。根据改造诉求拟定调查问卷表（表6-71），通过街道散发调查问卷表并统计调查结果（表6-72）。

居民改造需求调查问卷表

表6-71

姓名：×× （可不填写）	联系方式：×× （可不填写）	小区名称：××小区 （必填）	
调查内容	问题	需求	建议与意见
一、希望消除小区内涝积水问题	您居住小区下雨时内涝积水情况？ □积水严重 □积水一般 □很少积水	您希望通过工程改造消除内涝积水问题吗？ □希望 □不希望，不希望反复施工影响生活	您有什么好的建议和意见

续表

姓名：×× （可不填写）	联系方式：×× （可不填写）	小区名称：××小区 （必填）	
调查内容	问题	需求	建议与意见
二、希望改善小区水质水环境	您居住小区内有水塘吗，水塘水质情况如何？ □没有 □有，水塘水质差，无水草和鱼虾 □有，水塘水质较好，水草肥美，鱼虾成群	您希望通过工程改造改善小区水质水环境吗？ □希望 □不希望，不希望反复施工影响生活	您有什么好的建议和意见
三、希望修复小区破损路面	您居住小区内路面破损情况如何？ □破损严重 □破损一般 □未有破损	您希望通过工程改造修复小区破损路面吗？ □希望 □不希望，不希望反复施工影响生活	您有什么好的建议和意见
四、希望提升小区绿化品质	您居住小区内绿化景观如何？ □景观品质差，植被长势不好 □景观品质一般 □景观品质很好	您希望通过工程改造提升小区绿化品质吗？ □希望 □不希望，不希望反复施工影响生活	您有什么好的建议和意见
五、希望满足小区停车需求	您居住小区内停车位充足吗？ □车位少，停车困难 □车位充足	您希望通过工程改造满足小区停车需求吗？ □希望 □不希望，不希望反复施工影响生活	您有什么好的建议和意见
六、希望改善小区卫生环境	您居住小区内卫生环境如何？ □卫生干净整洁 □卫生条件差	您希望通过工程改造满足小区卫生环境吗？ □希望 □不希望，不希望反复施工影响生活	您有什么好的建议和意见

居民改造需求调查统计表　　　　　　　　表6-72

小区名称	小区居住户数	实际调查户数		
		支持改造 户数（%）	不支持改造 户数（%）	无所谓 户数（%）

6.5.5 技术可行性

综合建筑小区、市政道路、公园绿地、工厂企业等项目，结合改造可行性分析、改造必要性、居民改造意愿三方面，确定优先改造、可改造和近期不宜改造项目清单及改造要求。

（1）对近期新实施改造的项目，尽量不进行重复施工更新改造，影响居民生活。

（2）对近期正在实施改造的项目，应符合居民改造意愿要求，且满足改造技术可行和需求，与有关建设部门沟通，将海绵城市改造纳入改造项目中。

（3）对尚未实施改造的项目，应符合居民改造意愿要求，且满足改造技术可行和需求，结合实际情况进行改造。

1. 建筑小区改造情况分析结果

综合小区改造可行性分析、改造必要性、居民改造意愿三方面，确定优先改造、可改造小区和近期不宜改造小区。

（1）基本情况

总结概述建筑小区主要分布区域（位于编制区的位置、面积）。说明新旧小区、类型（居住、商业、公共设施、工业等）、绿化率、楼间距等基本情况。具体如图6-93和表6-73所示。

图6-93 不同类型小区分布情况图

图例
公建设施
工业厂房
建筑小区
城中村

可改造小区基本情况调研统计表　　　　　　表6-73

地块名称	建设时间	绿地率（%）	铺装率（%）	管网问题	内涝问题	改造建议
××学校	2010	33	37	雨污混接	无	改造
××大厦	2003	33	45	无	无	改造
××图书馆	2013	33	25	无	无	改造
××酒店	1999	30	26	无	无	改造
××公寓	2004	30	26	无	无	改造
…	…	…	…	…	…	…

（2）可实施性调研

按照用地类型，选取典型小区（图6-94）详细分析其改造可行性：根据小区的绿化情况、铺装情况、排水情况（是否散排、是否雨污合流、是否雨污混接等）、建筑内排水/外排水、屋顶形式（是否适合屋顶绿化）、有无雨水收集系统、雨落管是否断接或阳台废水接入等、内涝问题、景观问题、停车问题、下垫面情况、地基沉降问题等分析确定其可实施性。

图6-94 典型小区现状平面图与实景图

同时根据研究区域调研结果绘制分析图，可改造条件分析图示意中分可行性强、可行性一般、可行性差三种。问题分布图既按照问题区分，还根据问题严重程度分严重、中等、一般、良好四级。具体包括建筑小区绿化情况可改造条件分析图、建筑小区屋面建设可改造条件分析图、建筑小区铺装可改造条件分析图（停车、铺装）、建筑小区排水和内涝情况问题分布图（散排、雨污合流、雨污混接阳台废水接入雨水管、雨落管未断接，以及内涝积水等）、小区设施和景观问题分布图（内部水池水体污染、景观差、卫生环境差、地面破损、停车难问题等）等。按照加权平均法叠加以上分析图，得到最终的可实施性分析结果，详见图6-95。

图6-95 建筑小区改造可实施性分析结果

图例
□ 项目区范围
▨ 水系

改造类别
□ 近期改造
■ 暂不改造
□ 规划管控

2．市政道路改造情况分析结果

综合市政道路改造可行性分析、改造必要性分析，确定优先改造、可改造和近期不宜改造市政道路。

（1）基本情况

按照市政道路分级（城市快速路、主干道、次干道等）说明道路的级别、宽度、长度、断面形式等基本情况。具体如图6-96和表6-74所示。

图6-96 市政道路分布情况图

不同市政道路基本情况调研统计表　　　　　表6-74

序号	道路名称	道路分级	宽度 （m）	长度 （km）	断面形式
1	××大道	城市快速路			
2	××路	主干道			
3	××街	次干道			
...					

（2）可实施性调研

根据绿化情况（分割带和绿化带）、非机动车道铺装情况、道路坡向、管线情况、道路积水点分布等分析道路可实施性，绘制各断面图，可改造条件分析图示意中分可行性强、可行性一般、可行性差三种。问题分布图既按照问题区分，还根据问题严重程度分严重、中等、一般、良好四级。具体包括各道路断面分析图、道路内涝问题分布图、道路管线问题分布图（排水不足、雨污合流、混接等，雨水篦子堵塞或不足）、道路绿化情况可改造条件分析图、道路铺装情况可改造条件分析图等。按照加权平均法叠加以上分析图，得到最终的可实施性分析结果，详见图6-97。

图6-97 道路改造可实施性分析结果

3. 公园绿地改造情况分析结果

综合公园绿地改造可行性分析、改造必要性分析，确定优先改造、可改造和近期不宜改造公园绿地。

（1）基本情况

说明公园绿地的面积、类型等基本情况。绘制公园绿地分布情况图和公园绿地基本情况调研统计表。

（2）可实施性调研

对研究区域内所有公园和绿地，根据绿化情况、铺装情况、坡向、管线情况、积水点分布、水质水环境状况等分析改造可实施性，绘制分析图，可改造条件分析图示意中分可行性强、可行性一般、可行性差三种。问题分布图既按照问题区分，还根据问题严重程度分严重、中等、一般、良好四级。具体包括内涝积水点问题分布图、管线问题分布图（散排、不足、雨污合流、混接等）、内部水体水质水环境污染问题分布图、铺装情况可改造条件分析图。按照加权平均法叠加以上分析图，得到最终的可实施性分析结果。

4. 案例

以某市国家海绵城市试点区为例，经过现场走访调研，深入了解各地块现状情况和改造实施条件，通过技术可行性分析和实施可行性分析，结合居民诉求，提出试点区地块改造总体建议，并作为确定源头项目的参考。具体如表6-75和图6-98所示。

某市海绵城市试点区近期源头项目汇总表　　　　表6-75

性质	序号	项目名称
改造	1	新桥大街（龙六路—云台山路）滨河绿化
	2	新桥大街（长江路—新龙二路）北侧滨河绿化
	3	云河路（长江路—新龙二路）人行道及海绵改造工程
	4	仁和路（辽河路—红河路）人行道及海绵改造
	5	腾龙苑
	6	新龙小区
	7	新盛花苑
	8	新桥中学初中部
	9	旅游商贸高等职业学校
	10	第四人民医院
新建	11	新桥中学周边道路
	12	崇仁大街（崇义路—长江路）及雨水工程
	13	乐山路及绿化工程
	14	新景花苑四期
	15	宇洋达大厦
	16	科技金融中心
	17	总部经济区电商大楼
	18	新阳大厦
	19	两馆两中心
	20	新龙湖公园

常州旅游商贸高等职业技术学校

常州市第四人民医院

总部经济区

新桥中学初中部

新景花苑四期

两馆两中心

新龙小区

新龙小区

新龙小区

科技金融中心

新龙湖公园

新盛花苑

新桥大街

腾龙苑

腾龙苑

改造项目

新建项目

图6-98 某市海绵城市试点区内近期源头项目分布图

第7章 编制方法

7.1 目标指标的确定

海绵城市建设的目标是宏观的，指标是微观的，应充分考虑编制区的自然、人文、建设条件，结合城市水问题和发展需求，制定适合编制城市的目标，以区域本底及现状特点为基础，统筹考虑城市问题及规划引领，对目标进行分解，因地制宜地提出合理的指标要求，通过具体的工程建设，最终达到海绵城市建设的总体目标。

系统化方案的目标体系包括两部分内容，即总体目标和分项指标。总体目标作为城市发展的大方向，引领城市开发建设；分项指标作为重要抓手，实现总体目标达标。

7.1.1 总体目标

根据国办发〔2015〕75号文件精神，结合方案编制区现状情况及城市发展方向，大致将总体目标总结为三个方面，分别为："解决现状重点问题，提升老城区的生活品质"；"利用海绵城市理念，引导城市的开发建设"；"优化目标管控体系，加强政策的深化落实"。

1. 解决现状重点问题，提升老城区的生活品质

伴随传统模式的城市开发建设，城市硬化率急剧上升，内涝积水、水体黑臭及水资源短缺等问题频发，导致人居环境恶化。为提升百姓生活品质，优先从水环境、水安全、水生态、水资源四大方面明确现状重点问题及成因，以问题为导向，解决洪涝积水、水环境污染、水资源短缺、蓝绿生态空间遭到侵蚀等问题。

2. 利用海绵城市理念，引导城市的开发建设

为建设新型现代化生态城市，应打破传统的开发模式，借助海绵城市建设契机，协同建筑、市政、规划、园林、环境、交通等部门，优先保护山水林田湖生态格局，城市开发建设过程中，结合已建区及未建区特点，分区域构建海绵城市规划体系，进一步引导城市的开发建设。

3．优化目标管控体系，加强政策的深化落实

为便于管控部门的政策落实，在上位规划要求的基础上，结合现有重点问题及需求，以目标近期可达为原则，明确分项指标的目标要求，以目标管控为抓手，加强政策的深化落实。

4．案例

为便于理解，以南方某城市某区试点区海绵城市系统化方案为例进行分析。试点区依山傍河，西北侧紧邻某河，东北侧紧挨某河，南侧有某山，整体地势较低且平坦，区域全年降雨充沛，多年平均降雨量高达2031mm，地下水位埋深较浅，水资源丰富；约64%的区域处于尚未开发阶段，地下水生态本底条件较好；试点区片区混接严重，农村面源及养殖业较多且未得到有效控制，导致试点区虽无黑臭水体，但水质整体较差且未达到水功能区划标准；片区整体地势较低，雨水管网多为淹没出流，河道均与外江连通，受外江潮位影响较大，同时试点区南侧有山洪风险，以上特点导致试点区积水问题极为突出。

综上分析，该试点区在水资源及水生态方面的需求相对较弱，水安全及水环境问题需求相对较强，在制定方案总体目标时，应结合编制区水系水质不达标、积水问题突出等重点问题，考虑政策落实及海绵建设多方面因素综合制定。因此，该试点区系统化方案的总体目标为：以海绵城市建设理念引领城市发展，促进生态保护、经济社会发展和文化传承，以生态、安全、活力的海绵建设塑造城市新形象，实现"水生态良好、水安全保障、水环境改善、水景观优美"的发展战略，建设"旧城更新、新城管控"的海绵城市特色；通过系统的海绵城市工程体系建设，解决试点区水环境及水安全等核心问题，实现"小雨不积水、大雨不内涝、水体不黑臭、热岛有缓解"的海绵城市建设目标，和"水清、岸绿、景美、生态"的河道整治目标。

7.1.2 指标的确定

7.1.2.1 分项指标的确定

在城市快速发展建设进程中融入海绵城市建设理念，依据城市特征及现状重点问题，制定规划区总体的目标，并将目标通过指标管控的方式实现。由于系统化方案实施期限一般为1~5年，故指标的确定应因地制宜，在调研充足的情况下，分析规划区的生态本底情况及空间改造的可行性，参考国家级上位规划要求，结合本地现状值，对分项指标给出合理可达的数值。避免指标制定过高，在实施期限内无法达标。通常分项指标从水环境、水生态、水资源、水安全四个层面进行制定，本书初步提出13项指标供读者参考，读者可以根据项目区域的特点以及需求，对指标进行增删和调整。具体指标的确定见表7-1。

1．水生态指标

水生态指标一般包含年径流总量控制率、生态岸线率、水面率等分项指标。

（1）年径流总量控制率

根据各城市现状普遍存在的问题，以及现状硬化率高，导致径流雨水未得到有效控制，同时考虑径流雨水携带大量污染物入河，严重影响水体水质，故将年径流总量控制率作为强

海绵城市建设指标体系表　　　　　　表7-1

类别	序号	指标	指标性质
水生态	1	年径流总量控制率	强制性
	2	生态岸线率	引导性
	3	水面率	强制性
水环境	1	水功能区水质达标率	强制性
	2	年径流悬浮物（SS）总量削减率	强制性
	3	污水处理率	强制性
	4	污水厂排放标准	引导性
水资源	1	污水再生利用率	引导性
	2	雨水资源利用率	引导性
水安全	1	内涝标准	强制性
	2	防洪（潮）标准	强制性
	3	防洪堤达标率	强制性
	4	雨水管渠设计标准	强制性

制性指标纳入水生态指标控制体系。

（2）生态岸线率

伴随城市的开发建设，建筑密度逐步增大，同时也出现了河道岸线三面光、硬质等问题。生态岸线作为河道的生态屏障，也是海绵城市优先恢复保护的生态本底，不仅可以减少面源污染的入河，还可以加强河道的自净能力，故将生态岸线率纳入水生态指标控制体系，但考虑多数城市岸线拆迁困难等问题，仅作为引导性指标。

（3）水面率

以往城市建设过程中，为满足城市用地需求，已有多数河道水系进行裁弯取直、回填，造成河道行洪能力下降，水安全问题频发，故为在未开发建设中优先保护水面不被侵占，将水面率作为强制性指标纳入水生态指标控制体系。

2. 水环境指标

水环境指标包括水功能区水质达标率、年径流悬浮物（SS）总量削减率、污水处理率、污水厂排放标准等。

（1）水功能区水质达标率

考虑现状城市水体黑臭问题，并结合各城市水功能区划要求，进一步提升人居环境，同时为保证城市开发建设过程中水体水质不低于现状水质标准且消除黑臭水体，将水功能区水质达标率作为强制性指标纳入水环境指标控制体系。

（2）年径流悬浮物（SS）总量削减率

根据方案编制经验，多数城市面源初期雨水对河道水质影响较大，有些仅雨季面源的污染负荷就已经超过了受纳水体的水环境容量，为进一步将雨水面源初期污染控制在允许的范围内，保证水质达标，故将年径流悬浮物（SS）总量削减率作为强制性指标纳入水环境指标控制体系。

（3）污水处理率

根据方案编制经验，多数城市地下管网混接、生活污水直排入河现象严重，导致水环境恶化。为加强地下管网的完善，故将污水处理率作为强制性指标纳入水环境指标控制体系。

（4）污水厂排放标准

污水厂排放标准代表着所有经污水厂处理排放入河的水质标准，也是上位规划中的重点要求，同时也是污水厂新改建的指导方向，故将污水厂排放标准纳入指标体系。但目前污水厂水质标准普遍较高，在海绵城市建设中的负荷较小，故仅作为引导性指标纳入水环境指标控制体系。

3. 水资源指标

水资源指标包括污水再生利用率、雨水资源利用率等。

（1）污水再生利用率

伴随现状污水处理厂的提标改造，水质标准均达到了较高标准，但又因污水再生利用在大部分城市未大面积应用，实施过程需根据实际空间用地情况及落地性建设，故将污水再生利用率作为引导性指标纳入水资源指标控制体系。

（2）雨水资源利用率

为了将有限的雨水留下来，增加雨水资源的利用，将雨水资源利用率纳入指标体系，但大部分城市尚未大范围落实雨水资源的回用，故仅将雨水资源利用率作为引导性指标纳入水资源指标控制体系。

4. 水安全指标

水安全指标包括内涝标准、防洪（潮）标准、防洪堤达标率、雨水管渠设计标准等。

（1）内涝标准

根据国办发［2015］75号文件精神，进一步实现"大雨不内涝、小雨不积水"的目标，同时结合各城市现状水安全问题，内涝积水无不作为重点解决的问题，故将内涝标准作为强制性指标纳入水安全指标控制体系。

（2）防洪（潮）标准及防洪堤达标率

为保证水安全外部系统的构建，同时作为城市内部水安全体系运行的基础，防洪（潮）标准及防洪堤达标率发挥着关键性的作用。只有外部水安全体系得到保证，内部水安全体系才能发挥应有的作用，故将防洪（潮）标准及防洪堤达标率作为强制性指标纳入水安全指标控制体系。

（3）雨水管渠设计标准

雨水管渠设计标准作为内涝点整治的关键因素，也承担着未来新建区建设水安全的重要角色，故将雨水管渠设计标准作为强制性指标纳入水安全指标控制体系。

7.1.2.2 分项指标目标的确定

1．水生态

（1）年径流总量控制率

释义：通过自然和人工强化的渗透、滞蓄、净化等方式控制城市建设下垫面的降雨径流，得到控制的年均降雨量与平均降雨总量的比值[52]。

指标制定方法：第一，优先分析城市多年径流深及土壤渗透性，了解城市的本底条件；第二，分析国家、上级省市、上位及相关规划中相关要求；第三，制定合理可达的年径流总量控制率指标。

关键性内容：多年径流深，现状年径流总量控制率，国家、上级省市、上位及相关规划中相关要求，降雨径流关系（年径流总量控制率与设计降雨量对应关系、不同降雨量对应的降雨次数频率）。

1）国家政策文件要求

根据《海绵城市建设技术指南》文件中年径流总量控制率分区示意图的要求，分析方案编制区所在的位置，初步确定其年径流总量控制率范围值。

2）多年平均径流深分析

分析方案编制区域多年平均径流深与多年平均降雨量的比值，例如多年平均降雨量2042mm，多年平均径流深1255mm，多年平均径流深与多年平均降雨量比值约为0.61。

3）本底条件分析

本底条件分析包括气候条件分析、土壤及地下水分析。其中气候条件分析主要分析规划区中、小雨（≤25mm）占比，年径流总量控制率宜对高频率的中、小雨进行控制；土壤、地下水条件分析主要分析土壤渗透性及地下水埋深，若土壤渗透性较差或地下水埋深较浅，径流总量控制率不宜过高。

4）上位规划分析

分析方案编制区域上位规划指标要求，如海绵城市专项规划。

5）径流污染控制需求

年径流总量控制率不仅是一个水生态控制指标，更是一个污染控制指标，需依据年径流悬浮物（SS）总量削减率指标值，参考海绵设施污染物（SS）平均去除率，反算达到年径流悬浮物（SS）总量削减率指标所需年径流总量控制率的最低值。

综上多个因素分析，因地制宜地制定适合编制区域的年径流总量控制率指标。

（2）生态岸线率

释义：为保护城市生态环境而保留的自然岸线或经过生态修复后具备自然特征的岸线长度占水体岸线总长度的比值。

计算方法：河道生态岸线率=（生态岸线长度+自然岸线长度）/岸线总长度

指标制定方法：第一，分析生态岸线比例现状值；第二，分析上位及相关规划中相关要求；第三，根据现场新建、改建、扩建的可行性，结合现状及规划要求制定适合编制区域的近期、远期生态岸线比例指标。

关键性内容：现状生态岸线比例，国家、上级省市、上位及相关规划中相关要求，近期、远期可新建、改建、扩建生态型岸线长度。

1）生态岸线类型

自然岸线：即完全保留自然原生态，没有过多人工干预的，经过长期或多年水流冲刷而成的自然岸线，其水下有适应生长的沉水、浮水、挺水植物，岸坡有乔灌木等生长。驳岸形式如图7-1所示。

图7-1 自然岸线实景图

人工生态岸线：指具有自然河流特点的可渗透性人工驳岸，可以充分保证岸体与河流水体之间的水分交换和调节，同时也具有一定的挡土和抗洪功能的柔性驳岸。驳岸形式如图7-2所示。

2）岸线总长度

岸线总长度计算方法分为两种。第一种，岸线总长度一般指所有岸线长度的总和。第二种，存在以下情况时可对岸线总长度进行调整：其中河道岸线均为住宅（图7-3），无改造可能的岸线可不计入；岸线为港口等却无可能做成生态岸线的区域可不计入。以上两种方法均可，建议采用第一种方法。

3）现状生态岸线率分析

分析方案编制区域现状生态岸线长度及岸线总长度，计算现状生态岸线率。

4）岸线改造可行性分析

分析现状岸线生态恢复的可行性，例如，现状河道岸线为住宅且近期无搬迁计划，港口、闸站等有防洪特殊要求的河段等，核算方案编制区近期可达值。

5）上位及相关规划要求

上位及相关规划一般包括某市海绵城市专项规划、河湖水系低影响开发专项规划、水岸

图7-2 人工生态岸线实景图

线保护利用规划等，考虑规划期限、编制时间及指标值情况，建议优先参考编制时间较近的指标值。

综合以上因素分析，得到生态岸线率应不低于现状值且不高于编制区近期生态岸线率可达值，综合分析并参考上位及相关规划要求，得出生态岸线率指标。

（3）水面率

释义：城市一定地区内的河流、湖

图7-3 河道两岸为住宅的岸线

泊、湿地、坑塘等自然或人工水体占该地区总面积的比例。

指标制定方法：第一，分析水面率现状值；第二，分析上位及相关规划、规范中相关要求；第三，根据相关控制性规划用地分析规划水系占比，结合现状及规划要求制定适合编制区域的近期、远期水面率指标。

关键性内容：水面率现状值，国家、上级省市、上位及相关规划中相关要求，规划水系占比。

2. 水环境

（1）水功能区水质达标率

释义：不在水质功能区划内且非黑臭的水体满足海绵建设后水质不劣于海绵建设前或旱季下游断面水质不劣于上游来水水质条件的地表水体面积，位于水质功能区划内且具备达标条件的地表水体面积与消除黑臭水体面积的总和占地表水体总面积的比例。

指标制定方法：第一，分析规划区现状地表水水质及黑臭情况；第二，分析规划区地表水体位于水功能区划情况；第三，分析国家、上级省市、上位及相关文件中对地表水水质的要求。综合以上因素确定近期、远期地表水体水质达标率指标，黑臭水体须全部消除。

关键性内容：位于水功能区划范围的现状地表水水质达标率，国家、上位规划及规范等文件要求。

1）国家文件要求

国务院2015年4月印发的《水污染防治行动计划》（简称"水十条"）提出了2020年及2030年水质指标要求。

2）省级文件要求

省级文件在落实国家要求时会对目标要求进行分解，需核对相应指标并进行对比，一般省级指标高于或执行国家要求。

3）上位及相关规划要求分析

上位及相关文件一般包括海绵城市专项规划、地表水环境功能区划、"一河一策"治理分类指导方案，以上文件仅作为参考，各区上位规划及指导方案等文件名称及类别存在一定差异，需根据方案编制区实际规划及文件要求分析。

4）现状地表水水质及黑臭情况分析

首先分析方案编制区域现状城市内河涌是否位于当地水功能区划范围内，其次分析方案编制区域现状城市内河涌现状水质及黑臭情况，主要分析COD、NH_3-N、TP等污染物浓度，对于未在水功能区划内的河涌可参考上位规划中要求核算，计算现状水质达标率并统计黑臭水体数量。

5）特殊情况分析

若规划间或相关文件对水质标准出现不一致情况，如各区编制了"一河一策"方案，且落地性较强，指标低于相关规划，可近期执行低值，远期执行较高指标，反之则需要进一步分析现状水质与指标要求值的差距，近期是否可达，若确不可达则定为低值，可达定为较高值。若方案编制区存在黑臭水体，但上位及相关规划指标过高，该处指标建议定为消除黑臭水体，将高指标定为远期指标。

（2）年径流悬浮物（SS）总量削减率

释义：通过自然和人工强化的渗透、滞蓄、净化等方式控制城市建设下垫面的降雨径流产生的悬浮物（SS），得到全年控制的径流悬浮物（SS）总量与全年地表冲刷产生的悬浮物（SS）总量的比值[48]。

指标制定方法：第一，评估、分析径流污染对城市水环境污染的贡献率；第二，分析国家、上级省市、上位及相关规划、规范中相关要求；第三，综合以上因素结合规划年径流总量控制率确定径流年悬浮物（SS）总量削减率指标。

关键性内容：城市等级，上位、相关规划及规范要求。

1）国家要求

根据国办发〔2015〕75号文件精神，要求"到2020年，城市建成区20%以上的面积达到目标要求；到2030年，城市建成区80%以上的面积达到目标要求"[13]。

2）特殊情况

如政府下发了任务要求，需核对是否涉及编制区域，参考以上要求合理制定该指标。

（3）污水处理率

释义：收集并输送至城市污水处理厂处理的生活污水量与生活污水排水量之比[53]。

指标制定方法：第一，现状生活污水收集处理率；第二，分析国家、上级省市、上位及相关规划、规范中相关要求；第三，根据改造可行性分析，综合以上因素确定近期、远期生活污水收集处理率指标。

关键性内容：现状生活污水收集处理率，上位、相关规划及规范要求。

1）国家要求

"水十条"文件提出了城市、县城的污水收集率指标要求，即到2020年，全国所有县城和重点镇具备污水收集处理能力，城市、县城污水处理率分别达到95%、85%左右。

2）上位及相关规划

上位及相关规划包含污水系统专项规划、海绵城市专项规划等。

（4）污水厂排放标准

指标制定方法：第一，分析污水厂执行的现状排放标准；第二，分析国家、上级省市、上位及相关规划、规范中相关要求；第三，在污水厂现状排放标准的基础上，分析提标的可行性，分近远期严格执行国家及省市标准的较高值。

关键性内容：上位、相关规划及规范要求。

3．水资源

（1）污水再生利用率

释义：污水再生利用量与污水处理总量的比值。

指标制定方法：第一，分析现状再生水回用率；第二，分析国家、上级省市、上位及相关规划、规范中相关要求；第三，核算污水再生利用率可达值。综上，在现状分析的基础上，考虑城市需求及可达值，分近远期制定适合该城市的再生水回用率。

关键性内容：现状再生水回用率，上位、相关规划及规范要求。

1）再生水回用用途

再生水回用可用于河道补水、城市景观环境用水、市政杂用水、工业用水，但公共建筑的冲厕用水和中央空调冷却水等城市杂用水宜谨慎使用再生水。

2）核算污水再生利用率可达值

可根据污水净化厂再生水规模估算城市污水再生利用率。表7-2所示为某城市污水再生利用核算表。

某城市污水再生利用核算表

表7-2

	近期（2020年）	远期（2030年）
全市污水量规模（万m³/d）	128.5	211.6
再生水厂规模（万m³/d）	31.83	68.25
污水再生回用率（%）	24.8	32.3

（2）雨水资源利用率

释义1：雨水收集净化并用于道路浇洒，园林绿地灌溉，市政杂用，工农业生产、冷却，景观、河道补水等的雨水总量（按年计算），与多年年均降雨量的比值。

计算方法：雨水资源利用率=（雨水年利用总量÷汇集该部分雨水的区域面积）/多年年均降雨量

释义2：雨水收集净化并用于道路浇洒，园林绿地灌溉，市政杂用，工农业生产、冷却，景观、河道补水等的雨水总量（按年计算），与一定区域年总用水量的比值。

计算方法：雨水资源利用率=雨水年利用总量/年总用水量

指标制定方法：第一，分析现状雨水资源利用率；第二，分析国家、上级省市、上位及相关规划、规范中相关要求；第三，在现状分析的基础上，考虑城市水资源需求，分近远期制定适合该城市的雨水资源利用率。

关键性内容：现状雨水资源利用率，上位、相关规划及规范要求。

4. 水安全

（1）内涝标准

关键指标：内涝防治设计重现期。

指标制定方法：第一，分析城市一定地区的现状、近远期规划人口规模及中心城区常住人口，评估城市等级；第二，分析上位及相关规划、规范中相关要求；第三，分析外江潮位对内涝防治的影响。综合上述因素制定适合该地区的内涝防治设计重现期。

关键性内容：城市等级，国家、上级省市、上位及相关规划、规范中相关要求，外江潮位。

1）城市等级及防洪标准

《防洪标准》GB 50201—2014要求城市防护区应根据政治经济地位的重要性、常住人口或当量经济规模指标分为四个防护等级，其防护等级和防洪标准见表7-3。

城市防护区的防护等级和防洪标准

表7-3

防护等级	重要性	常住人口 （万人）	当量经济规模 （万人）	防洪标准 [重现期（年）]
I	特别重要	≥150	≥300	≥200
II	重要	≥50，且＜150	≥100，且＜300	100~200

续表

防护等级	重要性	常住人口（万人）	当量经济规模（万人）	防洪标准[重现期（年）]
Ⅲ	比较重要	≥20，且<50	≥40，且<100	50~100
Ⅳ	一般	<20	<40	20~50

2）外江潮位对内涝防治的影响分析

建议南方等外江潮位对内涝影响较大的区域专门做外江潮位与内涝防治标准关系的研究。

（2）防洪（潮）标准

释义：城市防洪标准应综合考虑城市规模、城市设计经济地位、洪水类型特点、自然及技术经济条件和流域防洪规划要求等因素确定，以防御的洪水或潮水的重现期表示[54][55]。

指标制定方法：第一，分析城市一定地区所在防洪保护区内的现状及规划期末城市常住人口规模，考察地区的经济地位；第二，分析历史洪涝灾害成因；第三，分析地区内部河涌山洪等威胁；第四，分析国家、上级省市、上位及相关规划、规范中相关要求；第五，分析地区流域。综合以上因素制定适合该地区的防洪指标。

关键性内容：城市规模，社会经济地位，历史洪灾成因，国家、上级省市、上位及相关规划、规范中相关要求，流域范围。

（3）防洪堤达标率

释义：城市一定地区内达到防洪标准的防洪堤长度占防洪堤总长度的比例。

指标制定方法：第一，分析防洪堤现状执行标准；第二，分析国家、上级省市、上位及相关规划中相关要求；第三，根据提标、新建可行性分析，结合上述因素综合确定该地区的近期、远期防洪堤达标率。

关键性内容：现状防洪堤达标情况，分析确有必要增加防洪堤工程的区域，国家、上级省市、上位及相关规划中相关要求。

（4）雨水管渠设计标准

释义：即雨水管网设计重现期。

指标制定方法：第一，分析雨水管网现状设计重现期；第二，分析地区性质、城市等级、地形和气候等因素；第三，分析国家、上级省市、上位及相关规划、规范中相关要求。根据改造可行性分析，综合以上因素确定近期、远期雨水管网设计重现期指标。近期除确有困难地区可暂时执行较低标准，远期及近期其他区域均严格执行规划及规范中相关要求。

关键性内容：现状雨水管网设计重现期，城市等级，上位规划及规范要求。

7.2 技术路线

7.2.1 总体技术路线

系统化方案的编制应按照流域划分，根据排水分区制定方案，做到一区一策。方案编制区包含老区（建成区）和新区（规划建设区）两种情形，且新区及老区的方案制定思路不同，编制分区方案时，针对同时包含老区（建成区）和新区（规划建设区）的排水分区，需结合新区和老区两种编制思路进行，即先对该排水分区内的水安全、水环境、水资源、水生态问题及成因进行分析，再制定目标和指标体系；其次针对问题制定源头减排—过程控制—系统治理的工程体系，再按照排水分区内水安全、水环境、水资源、水生态目标扣除工程体系承担的部分，即为新区部分应承载的任务，通过天然生态本底保护、竖向控制、自然径流的水量、水质控制等方式分解该部分目标，对新区进行合理有效管控，从而达到新旧结合编制区的编制目的。

首先，通过对现场踏勘、走访座谈、监测评估、模型分析等方式，针对区域内内涝积水、水环境恶化、水资源不足等现状问题进行详细科学的分析，并对其原因进行深入分析。

其次，针对问题提出具体解决问题的目标，并将各个目标分解落实为具体的建设项目指标和要求。

再次，针对新老区分别制定方案。

对于老区（建成区），坚持从问题解决出发提出系统化的工程体系，从源头减排、过程控制、系统治理三个方面对各种建设项目进行综合统筹，生成具体明确的建设要求，老区系统化方案编制技术路线见图7-4。

对于新区（城市规划建设区），以目标为导向，结合可实施性提出生态本底保护，协调并落实蓝线和绿线保护，通过合理规划、协调和管控，保留低洼地和径流路径，明确具体地

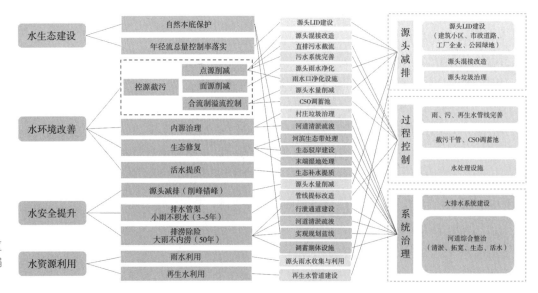

图7-4 老区系统化方案编制技术路线

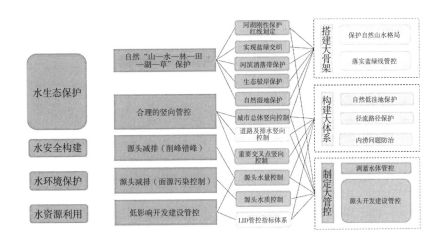

图7-5 新区系统化方案编制技术路线

块、道路等建设要求，从源头对降雨径流的水量、水质进行管控，新区系统化方案编制技术路线见图7-5。

最后，提出工程落地和项目实施完成后的保障措施，包括政策制度、技术标准、资金保障等体系，综合促进编制区海绵城市建设。

7.2.2　分项技术路线

根据系统化方案编制经验，分别从水安全、水环境、水资源、水生态四大方面介绍相应的技术路线，具体技术路线需根据方案编制区特点及问题进行制定，以下仅提供参考。

1. 水安全方案分项技术路线

防洪排涝体系一般由堤防、水闸、外江内河、泵站和雨水管网等设施组成。当遇风暴潮或上游过境洪水时，利用堤防及水闸进行防御；当方案编制区遇暴雨产生洪水时，一方面利用内河滞纳洪水，另一方面在遭遇外江高潮位顶托区内雨水无法自排时，利用泵站进行抽排，以确保区域的防洪排涝安全。

水安全方案技术路线（图7-6）的编制需在区域防洪系统构建基础上，根据方案编制区现状积水问题与需求制定。通过加强排水管网建设、新建泵站等措施，同时结合源头海绵化改造进行削峰减流，以应对强降雨下可能造成的内涝，构建行洪安全、排涝通畅的防洪排涝减灾体系。具体技术路线详见以下内容。

区域防洪排涝：结合闸站建设，抵御外江潮水，防止外江顶托；按标准新建排洪渠，并对现状水系、堤岸进行整治，保障片区防洪排涝安全。

提高管网标准：结合道路建设计划、积水点整治及道路海绵化改造，按标准新改建雨水管渠，并对现状淤积暗渠管道进行清淤整治。

源头削峰错峰：结合源头整治项目，控制地块径流，源头削峰减排。

现状积水点改造：结合积水点原因分析，通过改造雨水管渠、新建排水泵站等方式，综合考虑上游山洪影响，提出积水点整治解决方案。

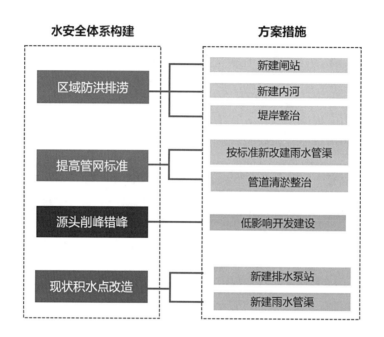

图7-6 水安全方案编制技术路线

2. 水环境方案分项技术路线

水环境方案技术路线（图7-7）需优先分析方案编制区水系现状、水环境问题及成因，同时结合片区空间条件进行制定。根据水环境的问题及成因，分别从控源截污、内源治理、生态修复、活水提质四个治理方向进行分类归纳，从源头—过程—末端进行系统性的总结。

造成水环境问题的原因包括外部原因及内部原因。其中，外部原因有点源及面源，造成点源入河的原因主要为源头的混接错接、管网空白区、工业废水偷排、合流制溢流等；内部原因有岸线垃圾、河道底泥淤积及水体流动性差导致水环境容量不足等。技术路线编制过程中应结合以上问题，分析导致水环境问题的主因及次因，以准确指导水环境方案的编制，并制定适合方案编制区的具体措施。例如，控源截污的具体措施一般总结为源头混接改造、直排污水截流、污水系统完善、源头雨水净化、源头径流削减等；内源治理的具体措施一般总结为垃圾清理、河道清淤等。水环境容量的提升可从生态修复及活水提质两个方面开展，其中生态修复的具体措施一般包括生态驳岸建设、末端湿地处理等；活水提质的具体措施一般为生态补水等。

3. 水资源方案分项技术路线

水资源方案技术路线的编制一般分为雨水资源利用方案及再生水利用方案。其中，雨水资源利用方案需根据规划区实施条件进行制定。例如，北方城市多属于缺水型城市，雨水资源可用于市政绿化浇灌，同时要求新建区至少有雨水资源利用的指标。再生水利用方案需综合分析规划编制区较易实现的用水户，因地制宜地编制。例如，某方案编制区分布着大量的工业园区，同时污水厂出水水质标准均达到了一级A标准，可将再生水用于工业园区。

雨水资源多用于道路浇洒，园林绿地灌溉，市政杂用，工农业生产、冷却、景观、河道补水等方面。根据国家标准《城镇污水再生利用工程设计规范》GB 50335—2016，将城市污水再生利用对象分为五类：①农、林、牧、渔业用水；②城市杂用水；③工业用水；④环境

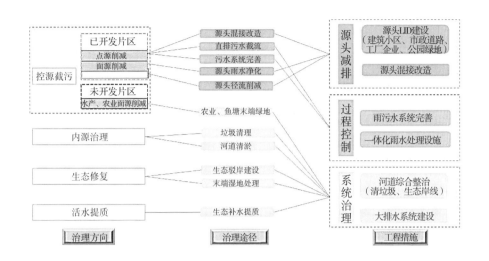

图7-7 水环境改善技术路线

用水；⑤补充水源水。目前再生水资源主要用于景观环境用水、城市杂用水、工业用水。技术路线编制时可参考选取。

4. 水生态方案分项技术路线

水生态方案技术路线的编制一般可总结为源头径流控制方案及生态岸线修复方案。其中，源头径流控制方案需根据改造必要性，分析梳理需要进行源头径流控制的地块及道路，同时结合水安全的源头地块类混错接改造、水环境的水生态修复及水资源的源头调蓄设施情况，综合确定源头径流控制项目。生态岸线修复方案需根据现状方案编制区的可改造的硬质类、三面光等岸线情况制定。

7.3 建成区编制方法

建成区系统化方案的核心是以问题为导向，重点是确定解决涉水问题的工程和非工程体系，在上位规划的指导下，结合区域特点和可实施性，提出解决问题的具体工程措施。具体产出是通过系统分析和梳理工程项目，提出近期可实施的工程体系，明确工程项目清单，确定各项目应承担的责任、具体要求和相关标准，将这些要求和标准反馈到后续的项目设计中，整体把控和指导设计，避免项目碎片化，有效解决区域现状涉水问题。

7.3.1 水生态方案

7.3.1.1 明确核心保护线范围

1. 蓝线保护

结合城市总体规划、海绵城市专项规划及水系相关规划，参照城市蓝线管理办法，进一步明确河、湖、库、渠、人工湿地、滞洪区等城市河流水系地域界线，明确界定核心保护线及生态岸线范围。

（1）对在上位规划中已经明确了蓝线的河湖水体，需进一步加以落实，协调好蓝线、绿线与周边建设用地的关系。

（2）针对部分河段，也可以综合统筹蓝线、绿线，局部段突破蓝线限制，形成蜿蜒曲折的自然河道形态，避免渠道化的顺直人工河道形态。

（3）蓝线界定应注重河湖水系的消落带，以洪水水位对应的区域空间为基础适当外延，恢复河湖水系的自然深潭浅滩和防洪漫滩。

（4）分析现状水面率，结合城市开发建设，确定合理的水面率作为城市河湖控制保护的另一个量化指标。

2．消落带保护

识别区域自然河流由于洪水位涨落形成的消落带，将其纳入蓝线保护范围，同时应采取生态措施恢复消落带自然生态系统。根据消落带淹没水深和时间，结合景观构建滨水水生生态系统。

3．绿线保护

结合城市总体规划、海绵城市专项规划及绿地系统相关规划，参照城市绿线管理办法，将城市自然林地、湿地、园林绿地、河湖水系两侧绿地纳入城市绿线进行严格管控，明确界定绿线保护线。同时要加强蓝线和绿线的协调，实现蓝绿交织。

4．示例

以某市某片区为例，结合城市总体规划、海绵城市建设专项规划及水系相关规划进行控制，原则上参照城市蓝线管理办法进行保护和建设，蓝绿线划定范围见图7-8，内河蓝线宽度见表7-4。

在不影响防洪安全的前提下，结合防洪堤对城市河湖水系岸线进行生态型岸线改造，达到蓝线控制要求，恢复其生态功能，城市内河以亲水性景观岸线改造为主。

（1）登云溪—化工河、磨洋河在现状基础上应按照规划蓝线宽度建设河道两侧绿带。

（2）凤坂一支河应在现状基础上按照规划走向与宽度建设。

（3）晋安湖应按规划湖体面积建设。

（4）加强对金鸡山公园、牛港山公园的保护。

（5）注重对北三环路、鹤林路、化工路、前横路、连江北路等道路两侧街旁绿地的保护。

某片区内河蓝线宽度 表7-4

序号	内河名称	河道蓝线宽度（m）	绿线宽度（m）
1	登云溪	20	10
2	化工河	20~30	10
3	竹屿河	7	10
4	凤坂一支河	12	10
5	磨洋河	25	10~15

图7-8 某片区蓝绿线划定范围

7.3.1.2 保护低洼地和汇流路径

1. 低洼地保护

低洼地是规划区内部重要的雨洪调蓄空间，可通过规划区内部自身蓄滞平衡实现对部分径流的有效控制。城市建设用地选择应避让自然低洼地块，保障河、渠、坑、塘、低洼湿地等重要汇水通道，避免填充占用，增强易涝地区的滞水、排水能力，维护城市水安全。

结合洼地的分布情况及所处位置，提出不同的保护策略。

（1）已建成区域洼地：可通过提升周边管网排水能力，增设泵站、调蓄池，局部填高等措施加以保护，提高应对内涝风险的能力。

（2）未建成区域洼地：可尽量留做公园绿地、广场用地或调蓄空间，同时控制开发强度。

（3）临近水系的未建成区域洼地：可考虑留做湿地公园，同时可作为滞洪、调蓄的空间，并兼顾部分水质净化功能。

（4）临近山体区域洼地：可考虑留做公园绿地，同时可作为滞蓄山洪的空间，减少山洪对城市管网系统的冲击。

以A市某片区为例（图7-9），利用GIS软件提取片区的自然低洼地块，低洼地主要分布在凤坂一支河中下游两侧。明显低洼地有16处，面积总计0.67km²，约占片区城区面积（北部山体除外）的6%。凤坂一支河中游西侧的低洼地已完成建设，东侧的低洼地目前为未建地块。城市建设用地选择应避让自然低洼地块，保留天然滞水空间。凤坂一支河下游两侧低

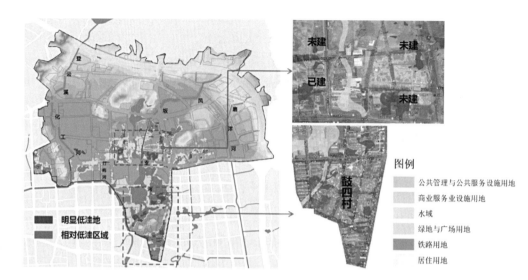

图7-9 A市某片区低洼地分布图

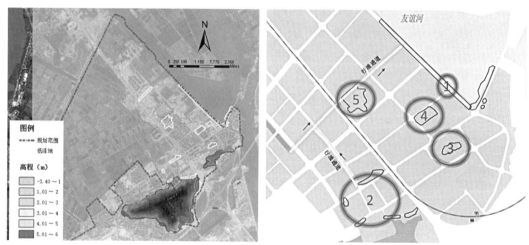

图7-10 B市试点区低洼地分布图

洼地目前为城中村，低洼地的规划用地类型多为居住和商业用地，建议对该类地块的规划用地类型进行调整，规划为林地、公园绿地等，保留自然下垫面，维持蓄水、渗水能力。

以B市试点区为例（图7-10），经分析现状区域共存在5处低洼地，根据片区控制性详细规划及现状场地竖向分析，片区建设用地规划控制标高为3.2m，下穿立交标高尽量高于外江潮水位，同时对低洼地和径流路径进行保护，具体低洼地保护措施如下：

（1）白藤河西侧及南侧低洼地处于白藤河蓝线控制范围，要求严格遵循蓝线保护办法。

（2）白藤山脚处白藤社区居委会及华丰宾馆处的低洼地为已建成用地，亦为经常性的水浸黑点，周边无有效的调蓄或行泄通道，通过改造区域管网以及泵站抽排等方式对其进行积水点整治，保证区域排水安全。

（3）白藤一路东及白藤二路合围内的低洼点现状已形成自然湿塘，能够解决周边区域的涝水行泄，建议对其进行现状保留，不得侵占作为建设用地。

（4）白藤三路旁侧低洼地现状为未建设绿地，控制性详细规划中已明确为特殊教育用地，经排水模型模拟，其承泄周边道路溢流涝水，建议对该地块建设时改造白藤三路现状管网，保证排水安全。

（5）白藤四路旁侧低洼地现状为未建设绿地，控制性详细规划中划定为居住用地，其北侧已规划有5m的行泄通道，两侧防护绿地各5m，能够保证区域排水安全。

2. 汇流路径保护

结合GIS空间分析和现状水系分布，提取现状条件下的自然降雨汇流路径，并根据汇流流量对路径进行分级，作为自然降雨产流的潜在汇流通道，明确大的竖向管控，保留绿带、道路等自然汇流路径，采取相应保护措施保障排水通畅。

径流路径保护方式：根据汇流路径分级进行不同保护。

高级汇流路径：以河道方式保留，根据需要划定蓝线保护范围，并在规划建设用地上体现其水域用地范围。

中级汇流路径：当与现状河道重合或基本重合时，应通过调整河湖水系周边竖向，保证自然汇流能通过自流或涵管进入河道。当不重合时，应结合道路排水管线设计或道路两侧绿地LID设施进行保留，保证汇流通畅。

低级汇流路径：尽量通过绿地形式进行保护，如确需开发，应在评估内涝风险基础上进行合理调整及适当改造，可通过地表（如道路）或地下（如地下大箱涵）保护等方式保障径流不受阻断。

例如，某市某片区的2级汇流路径（图7-11）走向与片区竹屿路等道路走向基本一致，3级汇流路径与登云溪、化工河、凤坂一支河、磨洋河等河道走向基本一致，已得到基本保

图例

1级汇流路径

2级汇流路径

3级汇流路径

图7-11 某市某片区汇流路径图

护。在城市后续开发建设中，还应注意保留自然地貌下的其他汇流路径，避免填充占用，保障河、渠、坑、塘、低洼湿地等重要汇水通道畅通。

7.3.1.3 落实年径流总量控制率

雨水径流量的控制包括两方面：一是通过源头项目建设，使雨水缓排、少排，涵养地下水，充分实现水文自然循环。根据实际建设情况可分为源头改造项目和源头新建项目，新建项目主要在上位规划的基础上落实指标管控，改造项目需结合问题导向和指标要求统筹确定改造需求。二是通过末端设施建设，减少雨水排放，控制径流量，从而达到区域径流控制目标。

1. 新建项目源头径流总量控制方案

新建项目以目标为导向，重点是明确管控要求。新建项目应保证可实施性强，地块类项目在上位规划的基础上，根据规划设计条件中的绿地率、建筑密度及坡度等条件给定年径流总量控制率目标；道路类项目根据规划道路断面、坡度等条件给定年径流总量控制率目标，按照既定目标进行建设。新建项目径流控制率指标确定思路大体如下：

（1）根据相应规定确定各用地类型典型项目下垫面组成，包括建筑密度、铺装率和绿地率等。

（2）根据规范和可实施条件确定各用地类型典型项目低影响开发设施比例。

（3）根据雨水利用需求计算各用地类型典型项目调蓄设施的规模。

（4）计算各用地类型典型地块年径流总量控制率。

（5）利用模型对各用地类型典型地块的年径流总量控制率进行模拟验证。

（6）通过校核后确定最终典型地块指标。

（7）考虑绿地率、屋顶率、坡度变化等因素，给定各用地类型典型地块指标浮动范围。

（8）给定实施期限内的新建项目年径流总量控制率、城市径流污染削减率、雨水资源利用率等强制性指标，以及透水铺装率、下凹式绿地、生物滞留设施率、其他调蓄设施容积等引导性指标。

以某市某片区为例，源头新建项目主要分为建筑与小区、绿地与道路等，根据控制思路分别计算各类典型项目的径流控制指标。

建筑与小区类项目主要包括居住用地、公共管理与公共服务设施用地、商业服务业设施用地、公用设施用地、工业用地、物流仓储用地等用地类型。

（1）典型用地地块下垫面组成确定

典型建筑与小区地块下垫面由绿地、铺装、屋顶组成，见表7-5。区域城市绿化条例对绿地率要求：新建住宅建设项目不低于30%，城市旧区改建住宅建设项目不低于25%，新建学校、医疗机构和公共文化、体育设施不低于35%，工业、商业、城市道路以及其他建设项目的绿地面积标准按照国家有关规定执行。同时，区域城市管理技术规定中，对建筑与小区地块各用地类型的建筑密度有相关规定，建筑密度可一定程度代表屋顶率。综上，得到建筑与小区地块中各类型用地的典型下垫面组成。

典型建筑与小区地块下垫面组成　　　　　表7-5

用地类别代码	用地类别名称	屋顶率（%）	铺装率（%）	绿地率（%）
R	居住用地	25	45	30
A	公共管理与公共服务设施用地	30	35	35
B	商业服务业设施用地	45	35	20
U	公用设施用地	45	40	15
M	工业用地	45	35	20
W	物流仓储用地	45	35	20

（2）低影响开发设施比例确定

根据《建筑与小区雨水控制及利用工程技术规范》GB 50400—2016中规定，硬化地面中透水铺装面积比例不宜低于40%，下凹式绿地面积占绿地面积的比例不宜低于50%。另外，结合不同用地类型绿地及建设条件等对设施有所调整，如商业服务业设施用地人行道路较多，且绿地分散，将其透水铺装率上调至50%，下凹式绿地下调至40%。典型建筑与小区地块低影响开发设施比例组成见表7-6。

根据《海绵城市建设技术指南》，下凹式绿地深度一般在100～200mm，考虑到区域土壤的下渗性能，此处取平均值150mm；生物滞留设施面积与汇水面积之比为5%～10%，此处选取汇水面积5%的比例做生物滞留设施。

典型建筑与小区地块低影响开发设施比例组成　　　　　表7-6

用地类别代码	用地类别名称	下凹式绿地率（%）	生物滞留设施率（%）	下凹深度（m）	透水铺装率（%）
R	居住用地	18	17	0.15	35
A	公共管理与公共服务设施用地	21	14	0.15	35
B	商业服务业设施用地	25	25	0.15	50
U	公用设施用地	25	25	0.15	35
M	工业用地	25	25	0.15	35
W	物流仓储用地	25	25	0.15	35

（3）其他调蓄设施规模计算

由于区域水资源缺乏，在雨水滞留、净化的同时，应充分考虑雨水资源的回用，因此需要一定的其他调蓄设施如蓄水池、调蓄水体，对滞留、净化雨水进行储存与回用，用于地块内绿地浇灌和道路浇洒，结合雨水回用方案，按照3天一换水，依据绿地灌溉、道路浇洒用水定额计算项目调蓄设施规模。

（4）年径流总量控制率计算

利用容积法计算地块的调蓄容积，结合年径流总量控制率与设计降雨量的关系，确定建筑与小区各类型地块的年径流总量控制率。

以一典型的居住用地为例，取地块面积为1hm^2，绿地率30%，屋顶率25%，铺装率45%。根据径流系数表，选取绿地、下凹式绿地径流系数为0.15，透水铺装径流系数0.3，铺装径流系数0.9，屋面径流系数0.9，下凹式绿地深度0.15m，调蓄容积按（3）中计算取50m^3。可得一个新建的居住用地在利用低影响开发设施并有雨水回用调蓄池控制径流的情况下，调蓄容积为176m^3，对应降雨量为30.3mm，年径流总量控制率可达到77%。

依据以上方法，计算出建筑与小区各类地块能够达到的年径流总量控制率，见表7-7。

建筑与小区各类典型用地年径流总量控制率　　　表7-7

用地类别代码	用地类别名称	其他调蓄设施规模（m^3）	年径流总量控制率（%）
R	居住用地	50	77
A	公共管理与公共服务设施用地	48	80
B	商业服务业设施用地	36	71
U	公用设施用地	36	73
M	工业用地	36	70
W	物流仓储用地	36	70

（5）年径流总量控制率核算

根据上述低影响开发指标，采用暴雨洪水管理模型SWMM模型对容积法算出的典型用地类型的径流控制效果进行模拟校核，降雨数据选取典型年数据，典型居住用地出流量与降雨量对比见图7-12。

根据模型验证与容积法计算的结果，给定典型地块的指标结果，见表7-8。

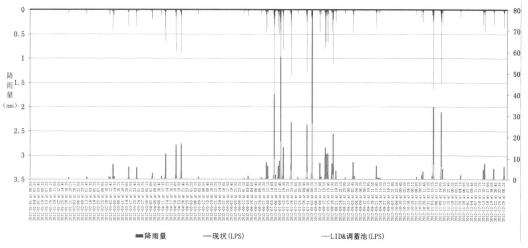

建筑与小区各类典型用地模拟结果表　　　表7-8

用地类型	年总降雨量（mm）	地块滞蓄量（mm）	地块出流量（mm）	年径流总量控制率（%）
居住用地	632.9	508.2	124.7	80.3
公共管理与公共服务设施用地	632.9	541.8	91.1	85.6
商业服务业设施用地	632.9	482.3	150.6	76.2
公用设施用地	632.9	501.9	131.0	79.3
工业用地	632.9	494.9	138.0	78.2
物流仓储用地	632.9	494.9	138.0	78.2

（6）典型建筑与小区项目年径流总量控制率确定

对比容积法和模型模拟法计算得出的各类用地的年径流总量控制率结果，容积法计算结果相对模型模拟结果较低，为保险起见，选用容积法计算结果确定各类型典型地块的年径流总量控制率，见表7-9。

典型用地容积法计算与模拟核算年径流总量控制率结果对比表　　　表7-9

用地类型	容积法计算结果（%）	模型模拟结果（%）	推荐值（%）
居住用地	77	80.3	77
公共管理与公共服务设施用地	80	85.6	80
商业服务业设施用地	71	76.2	71

续表

用地类型	容积法计算结果（%）	模型模拟结果（%）	推荐值（%）
公用设施用地	73	79.3	73
工业用地	70	78.2	70
物流仓储用地	70	78.2	70

综合以上分析，得到不同类型用地的指标体系，见表7-10。

不同类型典型用地指标体系表　　　　　　　　表7-10

用地类型	屋顶率（%）	铺装率（%）	绿地率（%）	年径流总量控制率（%）	下凹式绿地率（%）	生物滞留设施率（%）	透水铺装率（%）	其他调蓄容积（m³）
居住用地	25	45	30	77	18	17	35	50
公共管理与公共服务设施用地	30	35	35	80	21	14	35	48
商业服务业设施用地	45	35	20	71	25	25	50	36
公用设施用地	45	40	15	73	25	25	35	36
工业用地	45	35	20	70	25	25	35	36
物流仓储用地	45	35	20	70	25	25	35	36

（7）不同情景各用地类型地块浮动范围确定

地块类项目年径流总量控制率与绿地率、坡度等因素存在紧密联系，可结合区域实际给予一定浮动调整，此处针对坡度大小和绿地率高低给予年径流总量控制率一定的浮动范围，见表7-11。

①绿地率高于典型地块绿地率时，年径流总量控制率可上浮0~5%；绿地率低于典型地块绿地率时，年径流总量控制率可下浮0~5%。

②坡度较大时，年径流总量控制率可下浮0~5%。

建筑与小区项目年径流总量控制率调整原则　　　　　　表7-11

建设条件	年径流总量控制率
绿地率	上下浮动0~5%
坡度	下浮0~5%

绿地类与道路类项目径流控制思路和建筑与小区项目类似，下垫面及低影响开发比例设

置有所不同，采用类似方法计算得出区域源头新建项目控制指标，见表7-12、表7-13。综合各类新建项目指标，给定实施期限内所有新建项目年径流总量控制率、城市径流污染削减率等指标。

典型街头绿地指标体系表　　　　　　　　　表7-12

用地类型	铺装率（%）	绿地率（%）	年径流总量控制率（%）	下凹式绿地率（%）	生物滞留设施率（%）	透水铺装率（%）
街头绿地	10	90	90	10	5	50

常见道路指标体系表　　　　　　　　　表7-13

道路断面类型	道路组成（人行道+绿篱+车行道+绿篱+人行道）	年径流总量控制率（%）	下凹式绿地改造	透水铺装改造
40m主干道	4+1+30+1+4	32	绿篱全部下凹	人行道全部采用透水铺装
30m次干道	4+1+20+1+4	39		
24m次干道	4+1+14+1+4	46		
20m城市支路	2+1+14+1+2	36		
18m城市支路	4+1+8+4+1	58		
14m城市支路	2+1+8+2+1	48		

2．改造项目源头径流总量实施方案

改造项目的选取以问题导向为主，目标导向为辅。改造项目优先解决存在的问题，其次根据实际的下垫面条件与前述源头改造可行性分析结果，进行海绵化改造。

改造项目落实径流控制指标时，需统筹水环境综合整治、水安全整治、水资源综合利用方案中对源头减排、源头径流控制的项目改造需求，结合源头项目的改造可实施性分析，将综合改造内容和要求纳入该项目改造方案中，合理设置设施规模，并按新建项目中径流控制计算方法及思路确定最终控制指标。

以某市某片区为例，改造地块按照改造需求可分为六大类：雨污混流问题地块、客水入侵或内涝问题地块、排水管道淤塞或排水设施损坏地块、可形成1+N模式地块、公建地块、其他有条件改造的老旧小区地块。现状调研梳理出各类地块数量，经调研，该片区存在雨污混接的地块共9个，其他有条件改造的老旧小区地块36个，具体见表7-14、表7-15。

存在雨污混接地块改造项目列表　　　　　　　　　表7-14

序号	名称	存在问题
1	翠湖小区	阳台污水接雨水管

续表

序号	名称	存在问题
2	虎山新苑	雨污混接
3	裕丰小区	雨污混接
4	A-216地块	阳台污水接雨水管
5	公检法地块	不明污水直排、雨污混接
6	帅潮实业	雨污混接
7	楼山后社区	雨污混接
8	帝都嘉园	雨污混接
9	南渠片区危旧房	雨污混接

其他有条件改造老旧小区项目列表　　　　表7-15

序号	类型名称	序号	项目名称
1	百通依山小居改造工程	19	文安路小区改造工程
2	枣园路老居住区改造工程	20	文昌渔花苑改造工程
3	大枣园社区整治工程	21	惜福家园改造工程
4	东大村小区改造工程	22	新俪都改造工程
5	国通嘉苑改造工程	23	馨苑小区改造工程
6	海信南岭风情改造工程	24	邢台路10~18号楼改造工程
7	虎山路小区改造工程	25	邢台路34~60号改造工程
8	金秋桂园改造工程	26	兴国社区改造工程
9	金秋小区改造工程	27	兴华路13号永年居改造工程
10	金水翠园改造工程	28	兴华路17号改造工程
11	聚福苑改造工程	29	兴华路19、21号改造工程
12	李沧区尚风尚水改造工程	30	兴华路47号改造工程
13	青山绿水改造工程	31	兴华苑改造工程
14	晟业小区改造工程	32	永平路39号改造工程
15	双城小区改造工程	33	永平路45、37号改造工程
16	唐街映象改造工程	34	永平路小区改造工程
17	同盛苑改造工程	35	永馨苑改造工程
18	万福山庄改造工程	36	御景山庄建设工程

明确现状问题后，需将同一个项目对水环境综合整治、水安全整治、水资源综合利用的改造要求纳入指标计算中，如水安全、水资源利用对调蓄设施的需求，水环境对径流污染控

制的需求等，将改造要求纳入低影响开发设施和调蓄设施规模设计中，结合各项目海绵化改造方案内容，按新建项目类似的计算思路给定各类型项目年径流总量控制率、城市径流污染削减率、雨水资源利用率等指标，具体见表7-16。

源头改造项目径流控制指标表示例　　　　　　　　表7-16

项目名称	项目类型	项目规模	年径流总量控制率（%）	面源削减率SS（%）	下沉式绿地率（%）	生物滞留设施率（%）	透水铺装率（%）	其他调蓄容积（m³）
沧口公园海绵改造工程	绿地与广场用地	8.28	91	60	32	6	37	190
翠湖小区整治工程	居住用地	27.42	73	55	36	7	46	500
国通嘉苑改造工程	居住用地	1.58	75	59	36	6	40	30
海信南岭风情改造工程	居住用地	5.49	74	56	29	6	39	130
湖畔雅居改造工程	居住用地	3.49	75	57	30	6	40	70
华泰社区整治工程	居住用地	0.57	72	56	36	7	46	130
乐亭路小区改造工程	居住用地	1.21	65	39	34	7	44	170
李沧区实验幼儿园改造工程	公共管理与公共服务设施用地	0.57	74	46	28	6	38	30
青岛沧口学校改造工程	公共管理与公共服务设施用地	2.40	75	54	35	7	45	135
青岛第二长途汽车站改造工程	道路与交通设施用地	0.74	71	56	40	6	45	110
青岛汾阳路小学改造工程	公共管理与公共服务设施用地	0.69	73	57	45	7	50	30
青岛三十三中学改造工程	公共管理与公共服务设施用地	1.41	77	49	27	5	37	180

3．末端径流总量控制方案

针对仅通过源头项目建设无法满足区域上位规划年径流总控制率要求的情况，可结合实际采取末端径流控制进一步控制径流量。常见方式有旋流沉砂、湿地及雨水调蓄池等措施。结合区域现状选取雨季流量较大的雨水干管排口，依据现状条件规划建设雨水管道末端净化设施，过滤、渗透、储存雨水中悬浮物、颗粒物及漂浮垃圾，削减雨季径流污染，同时提高径流控制。

方案制定中，可根据详细规划等上位规划径流总量控制目标，以及新建和改造区源头控制实施结果，确定需控制的末端径流总量。

以某市某片区为例，结合区域雨水管网现状，选取管径大于800mm的雨水排口建设末端净化设施，共修建排水口处理设施15座，排口总汇水面积1329hm²，占分区总面积的41%。结合区域控制要求和设施可采用处理规模，合理调整及制定区域末端设施布局方案，此处根据实际调研，可采用规模取1m³/s作为末端净化设施规模，结合各区域源头减排措施，最终达到区域整体径流控制目标。该片区末端净化设施布局见图7-13，具体信息见表7-17。

图7-13 某片区末端净化设施布局图

某片区末端净化设施一览表　　　　　　　　　　　　　　表7-17

序号	排口位置	排口管径（mm）	服务面积（hm²）
1	上王埠东	4000×1800	258
2	宜川路	1200	16
3	延川路	1500	63
4	青银西南	2500×1800	45
5	铜川路	1500	50
6	合川路	5000×1800	154
7	武川路	4000×1800	67
8	汉川路	1500	50
9	宾川路	1350	33
10	金水路东（金水河）	1650	39

续表

序号	排口位置	排口管径（mm）	服务面积（hm²）
11	广水路东（金水河）	8000×1800	230
12	九水路	1500	29
13	金水路东	5000×1800	127
14	金水路西	1200	27
15	广水路西	1000	44

7.3.2 水环境整改方案

水环境方案按照"近远结合"的思路，着重消除城市黑臭水体，同时与远期水环境质量改善统筹协调，从"控源截污、内源治理、生态修复、活水提质"等方面提出具体措施。

确定具体水环境方案之前，首先应定量分析水环境容量提升量和各类污染物消减量，明确水环境容量上限与污染物排放量之间的关系，定量把控整体方案。关于水环境容量分析与对比详见前述章节。

7.3.2.1 完善污水收集系统

1. 科学预测污水处理厂规模

对于实现完全分流的区域，一般根据污水处理厂现状进厂水量、水质数据，按照污水处理系统提质增效原则，核定现状污水厂能力潜力；根据流域内人口和建设用地增长情况，综合考虑污水厂服务范围内的漏排污水量、人口和用地未来发展规模，预测污水处理规模可参考《城市排水工程规划规范》GB 50318—2017及《室外排水设计规范》（2016年版）GB 50014—2006，采用城市单位人口综合用水量指标法估算。

对于存在较大范围的合流制区域，污水产生量分为晴天和雨天两种工况。晴天污水产生量包括日均污水产生量、地下水入渗量等，其中日均污水产生量根据分类建设用地指标法预测。雨天污水产生量包括晴天污水产生量、合流制区域截流雨水量等。

以某市为例，该市某污水厂服务面积19.4km²，服务人口约7.2万人。其中，建设用地面积约341hm²，排水体制为合流制，存在溢流口共15个。经测算，每个溢流口截流前平均晴天污水量为0.03m³/s，截流井截流倍数$n_0=3$，雨天合流制区域截流雨水量约为1.52万m³/d。经计算，该污水厂服务范围内晴天污水产生量为4.28万m³/d，雨天污水产生量为5.80万m³/d。综合考虑晴天和雨天两种工况，该污水厂规模预测为5.80万m³/d。

2. 合理优化污水处理设施布局

结合现状污水厂规模和未来污水量的预测，以及区域实际情况，新建或扩建污水处理厂，并进行布局优化。

污水处理设施布局优化遵循"充分利用、切实可行、节能减排、节约投资、近远结合"五项原则，具体如下：

（1）充分利用：尽可能充分利用现有设施，充分发挥处理能力。

（2）切实可行：污水处理厂、泵站规模、选址应切实可行，避免出现与规划不符，或因拆迁等因素无法实施的情况。

（3）节能减排：污水处理设施的布局应有利于节能降耗，特别是利于利用自然力量为河道提供生态水源。

（4）节约投资：按全生命周期计算，安排的工程项目，性价比应最高。

（5）近远结合：污水处理设施布局应能满足近期和远期的污水处理量需求，并保有一定应对雨季污水量增加、污水厂检修等带来的冲击负荷的能力。

以某市某流域污水处理厂布局优化为例，根据上述原则和多种方案比较，综合确定了近、远期的污水处理厂数量、规模以及泵站规模和布局方案，见图7-14、图7-15。

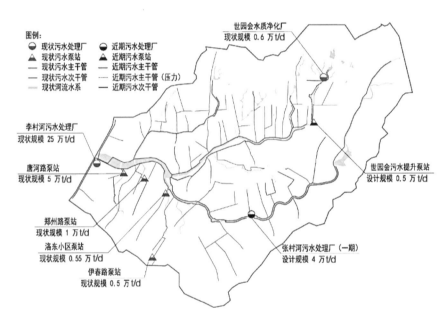

图7-14 某市某流域污水收集与处理设施近期（2020年）布局图

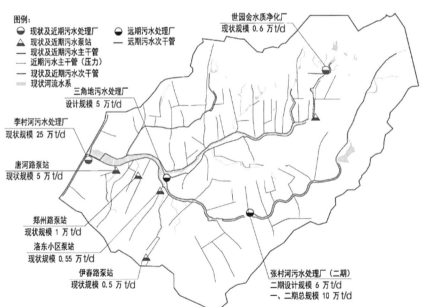

图7-15 某市某流域污水收集与处理设施远期（2030年）布局图

按照污水厂布局优化方案实施后，该流域由末端一个污水处理厂逐步转变为上、中、下游相结合、相对均衡的污水处理厂布局体系，实现了三个方面的整体优化：

（1）2020年，该流域污水处理厂处理能力可达到34.6～39.6万m³/d，除满足2020年该流域平均日污水处理需求外，还可保有一定应对雨季污水量增加、污水厂检修等带来的冲击负荷的能力，并确保污水处理设施能力基本满足2025年前李村河流域污水处理的需求。

（2）通过联合调度，可大大减少污水全部集中于下游处理带来的再生水运行费用高的问题，并缓解主要河道两岸污水干线的压力，降低溢流风险。

（3）合理布局全流域再生水补水体系，通过再生水厂多级配置，可减少河道下游补水管线5.4km，下游污水厂至上游交汇处主干再生水管线管径由DN1500降低至DN1200，并降低污水泵站扬程。

3．污水管网补空白

补齐空白区污水收集设施短板，明确城中村、城乡接合部、农村污水管网建设路由、用地和处理设施建设规模，加快设施建设，消除生活污水收集处理设施空白区，尽快实现污水管网"全覆盖、全收集、全管理"。

污水管网补空白应根据不同区域类型，分类实施，因地制宜，技术路线见图7-16。

（1）对于规划拆迁区域，例如现存的城中村、农村等区域，可根据村庄地势高程、人口及住房密度等条件，结合拆迁和规划情况，采用因地制宜、简单实用、管理方便的生活污水多元化处理模式，确保实效最大。其中，对于近期可实施拆迁的区域，随着地块开发同步建设市政排水设施，形成完善的污水收集系统；对于近期暂不实施拆迁的区域，通过建设临时性收集设施或分散式处理设施，消除生活污水收集处理设施空白区。

（2）对于非规划拆迁区域，人口少、相对分散或市政管网未覆盖，应因地制宜建设永久性污水收集处理设施。

（3）对于已有市政管网覆盖但尚未纳管的区域，尽快完成生活污水纳管服务，将污水接入市政主干管，送至生活污水处理厂进行处理。

（4）对于水体沿线未纳管的区域，近期根据实际情况建设临时截污设施，同时尽快实施周边排水系统改造，完善排水设施建设。

以某市某流域为例，流域内生活污水收集采用"城旁接管、就近联建、独建补全"三种补空白的方式。针对污水处理厂服务范围内尚未纳管的区域，优先考虑将村庄生活污水纳入城区污水收集管网统一处理；针对不易纳管、但污水量大、易于统一收集的村庄，采用集中式污水处理设施进行处理；针对居住相对分散、污水难以统一收集的村庄，采用分散式污水处理设施进行处理，见图7-17。

4．污水干线能力提升

核算现有污水泵站、污水主干管能力，通过破损管道更新或修复、管道清淤等措施，有效提高污水主干管的转输能力，保证截流污水可有效转输到污水处理设施。

例如，某市对现有污水主干管，包括主要河道沿线二级截污管、一级截污管、流域内主要道路合流制管道等进行全面清淤修复，保持管道长期畅通，清淤总长度约24.2km。

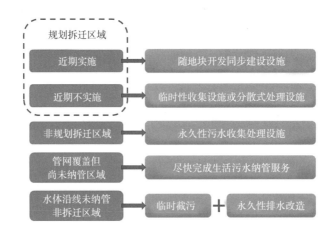

图7-16 污水管网补空白技术路线图

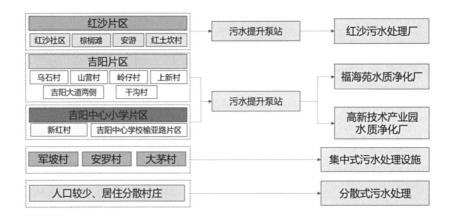

图7-17 某市某流域管网补空白方案

再如，某市某污水处理厂进厂污水主干线建设时间较长，管线上方地面为部队用地，后期检修维护不便，极易造成管网淤堵破损。为解决污水主干管不能充分发挥设计过水能力的问题，设计新建一根DN1500～DN2000、总长度约4.78km的进厂污水主干管，配套建设一座规模为15万m³/d的污水提升泵站，以保证片区污水输送至该污水处理厂，见图7-18。

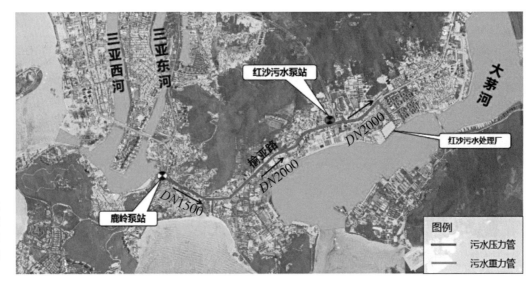

图7-18 某市某污水处理厂配套新建主干管网及泵站位置图

7.3.2.2　管网排查修复和检测

1．管网排查和修复

按照网络化排查的方式开展污水系统及接入情况排查。排查的重点是城中村、老旧小区和城乡接合部等区域，排查的目的是摸清污水收集系统存在的旱天污水直排、地表水体倒灌、管网错接混接、外水入渗、溢流污染、污水外渗、工业废水超标纳管等问题，找到主要矛盾和关键点。

管网排查修复主要包括三方面工作：一是通过污水管网的水质水量监测进行入渗入流程度评估，初步判断入渗入流位置和水量；二是针对性地进行精细管网排查，查明管网缺陷；三是针对性地采取雨污分流、混接改造、管网缺陷修复等措施。

（1）入渗入流预判

分析污水处理厂日进水量和进水水质数据，对入渗入流情况进行预判。一般来说，当出现雨天或河道水位增加的同时污水系统内流量大幅度增加、旱天进水水质低于典型生活污水污染物浓度、污水污染物浓度从源头到终端明显降低等情况时，可初步预判入渗入流现象较严重。同时，对比小区出口（污水源头）、污水泵站、污水处理厂的进水水质数据，若发现某污水泵站旱天污水平均浓度明显偏低时，该污水泵站服务的区域可作为重点管网排查区域。

对于城中村、农村等污水设施不完善的区域，无法根据污水泵站数据找到重点管网排查区域，则需要通过稀疏布设监测点位（主要监测点位布设在排口和主干节点），先对污水厂服务范围开展整体水质水量监测，再找出重点排查区域。

（2）入渗入流程度评估

1）监测布点及内容

一般来说，从源头到末端，将排水管网分为五个级别进行监测布点：第一级是排放源头（主要针对重点排污户和排水量较大的小区市政管道接口）；第二级是管网主干接点和分支接点；第三级是泵站；第四级是污水厂的进水干管；第五级是河道排口。排水监测指标分为水量和水质两大方面，监测内容包括流域降雨量监测、管网关键节点流量和水质监测、河道水位监测、河道排口流量监测等。

2）水质水量平衡计算

统计区域用水数据，根据水表数据计算排水单元的生活用水量，分别进行旱天、雨天水质水量平衡计算，主要计算内容包括以下几个方面：一是明确相关排水系统及泵站的流量分配关系，对降雨事件、降雨量等进行统计、识别；二是分析片区污水管网旱天水量水质变化，识别旱天典型流量；三是分析片区污水管网雨天水量水质变化，以及降雨入流入渗；四是对比分析片区污水管网旱天和雨天水质水量。

（3）精细管网排查

基于水质水量平衡计算结果，对造成管网入流入渗的要素（如雨污混接、客水入流、地下水入渗、河水倒灌等）进行程度评估，并在此基础上通过CCTV检测、超声波管探、管网内窥镜等手段（图7-19、图7-20），对管网展开精细排查，明确管网是否存在淤积、破损、

图7-19 CCTV检测手段

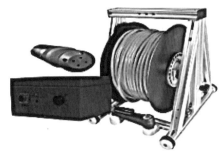
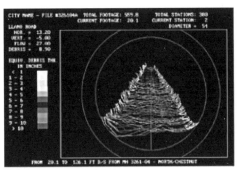

图7-20 声呐检测手段

变形、错位、支管暗接等结构或功能性缺陷，精准查找位置，并拟定修复方案。

（4）管网缺陷修复

综合水质水量监测和管网精细排查结果，实施混错接改造、上游清污分流、破损修复、管道清疏、防倒灌等管网修复工程。常见的管网缺陷修复方法主要有更换新管、疏通、废除封堵、内衬修复等，见表7-18。

修复时应根据实际情况采用开挖或非开挖修复技术。开挖修复需破除路面，对道路交通、周边环境和建筑物影响较大；非开挖修复利用先进的技术和手段，在地表破坏极小的情况下，实现管道的更换和修复，不会影响交通和正常的社会秩序。管网缺陷修复需根据实际情况，采用合适的方法和技术工艺，实现管网正常功能。

常见的管网修复措施　　　　　　　　　　　　表7-18

管道破损情况	修复方案
管道内部严重破裂导致坍塌/塌方	更换新管
管道破裂	
管内坍塌	
管道变形	
管道内部严重错位/结构性缺陷较多	
管口变形	

续表

管道破损情况	修复方案
管道内部结垢严重	疏通
支管暗接	废除封堵
轻度破裂	内衬修复

（5）动态评估

坚持"区域全诊断、问题全识别、方案全解决"，实现排水设施全过程、一体化运维管理。将排水设施数据入库，对各种设施的资产数据及运行状态进行效能评估与动态监控，辅助进行"管网—泵站—污水厂"联合调度，实现排水系统的智能化运行，并加强对违法排污的监管，规范排水管理。

2．管网周期性检测

建立管网周期性检测机制，建立专业化的运营维护管理队伍，并配备先进的管道检测和维护技术装备，做好排水管网的日常体检，及时发现管网运行问题；同时，以5~10年为周期循环检测一次污水管网，制定缺陷治理计划方案，做好管网运行的动态评估。

7.3.2.3　以排口为核心的控源截污工程

控源截污以排口为核心，统筹源头、过程、末端系统性关系，根据不同排口类型和污染物特征，"因口施策"，优先突出源头控制。图7-21为不同类型排口改造示意图。

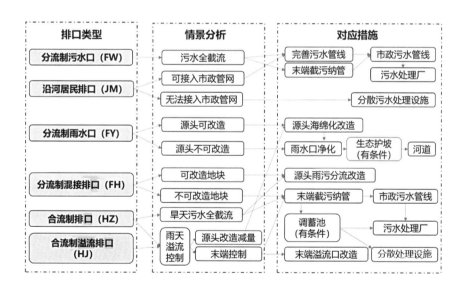

图7-21 不同类型排口改造示意图

控源截污包含点源污染控制和面源污染控制，面源污染控制又包括城市面源污染控制和农业面源污染控制。

1．点源污染控制

（1）污水直排治理

污水直排治理主要是针对分流制污水直排口（FW）、合流制污水直排口（HZ）、沿河居民排口（JM）等。对于分流制区域，一方面完善污水管线系统，将污水就近分段接入现状污水管道；另一方面，针对近期无法接入现状管道的，要在末端进行统一截流，实现污水全部截流。对于合流制区域，优先在有条件的区域完善污水管网系统，开展源头地块及周边配套市政道路的雨污分流改造；针对近期无法开展分流改造的排口，采取末端截污纳管方式；同时结合源头海绵化改造、末端调蓄池建设控制雨天溢流污染。对于散排区域，有条件的地区补齐管网空白，完善污水管网，使之接入市政污水处理系统；人口较分散、暂不具备条件的地区因地制宜建设分散污水处理设施。

（2）雨污混接治理

雨污混接治理主要针对的是分流制雨污混接排口（FH），一方面需要开展混接排口溯源，明确上游混接点位，具备源头改造条件的，均在混接点进行源头分流，形成彻底的雨污分流，从根本上解决雨污混接问题；另一方面，对暂时不可改造的地块，进行末端截污，保证旱天无污水排放。

（3）合流制溢流控制

合流制溢流控制主要通过分流改造、源头海绵城市建设等工程减少排入管网的雨水量与雨水径流污染，有条件的可修建调蓄设施。需考虑溢流频次、截流倍数等因素，合理确定调蓄池规模，原则上截流倍数不低于2，CSO溢流次数小于降雨频次（2mm以上）的10%；在溢流量较大的溢流口设置旋流沉砂器、截流井等污染控制设施，控制雨天合流制溢流污染。

（4）工业、养殖排放口

通过环保执法等行政措施，全面排查沿线违法排污情况，依法依规对工厂内部进行整改，实施内部截污改造或治理达标后排放；对养殖场进行搬迁、拆除、改造，对排水口进行封堵，清理周边环境卫生，确保无非法生产废水、养殖废水直排入河现象。

以某市黑臭水体治理为例，该市黑臭水体流域范围内城区污水管网建设时间相对较长，存在污水直排口。通过道路管网整治、混接改造、临时处理设施工程及封堵执法，共消除黑臭水体流域范围内污水排口98个，具体见表7-19。7条黑臭水体新建截污管道96km，24座污水处理设施，混接改造点30处。

某市排口治理措施统计表　　　　　　　　　表7-19

排口	个数	解决措施	主要工程量
分流制混接排口（FH）	23	截污纳管、混接改造	DN300~DN500管线就近接入市政污水管线30km、改造混接点30处
分流制污水口（FW）	28	临时处理站、截污纳管、封堵执法	临时处理站6处、污水管线3km、执法点19处
合流制排口（HZ）	6	截污纳管	DN300~DN500管线就近接入市政污水管线6km
沿河居民排口（JM）	41	截污纳管、临时处理站	DN300~DN500管线就近接入市政污水管线60km、临时处理站18处
合计	98		

针对城区污水直排入河，制定沿河排口截污措施，共建设截污管线36km，临时截污处理设施6座。针对城中村和城乡接合部生活污水处理，共治理村中34个排污口，通过新建临时污水处理站和新建污水管线，解决沿河排口排物问题。针对混接口进行溯源，具备源头改造条件的，均在混接点进行源头分流，彻底解决雨污混接问题；部分地区污水配套设施不完善的，采用新建污水管线的措施；对于一些商户私接乱排的现象，全面排查梳理排水情况，进行混错接改造就近接入周边市政管网。针对违法排污，对养猪场、鱼塘等进行拆除，对排水口进行封堵，并清理周边环境卫生，共消除19个违法排污口，确保流域内无非法生产废水、养殖废水直排入河现象。

2．面源污染控制

（1）城市面源污染控制

城市面源污染物通过雨水径流携带入河，应综合考虑建设条件、实施难度、基础设施管理水平等，选取源头绿色基础设施建设、初期雨水弃流、末端集中处置等控制措施。对于新区或者管理水平较高的区域，可多建设绿色基础设施，适当采用初期雨水弃流设施；对于老城区，可适当降低指标要求，源头能改尽改，末端设施兜底。

1）海绵城市源头改造

结合海绵城市建设，优先对具备改造条件的住宅小区、公共建筑、学校、公园绿地等类型地块进行源头海绵改造，开展绿色屋顶、透水铺装、生物滞留设施等LID设施源头改造，以实现城市面源污染的削减。技术路线见图7-22。

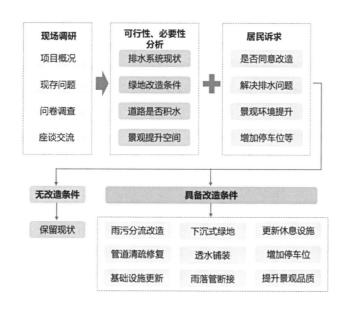

图7-22 海绵城市源头改造技术路线图

海绵城市源头改造项目应根据实际的改造难易程度、老旧程度、经济性等进行合理改造。通过海绵城市源头改造，重点解决建成区存在的地块客水入侵、内涝、雨污混流、雨污管道淤塞等涉水问题，降低进入城市分流制雨水管道或合流制排水管道中的雨水量，从而削减雨水管道沉积物冲刷入河量和合流制管道溢流量；末端排水口设置雨水污染快速净化设施，作为雨水净化和提升排放的辅助设施，以减少降雨期间管道冲刷污染物入河量，削减入河污染物总量，有效解决降雨后城市水体黑臭反复问题。

海绵城市的源头改造推荐采用"1+N"模式，即首要解决现状存在的涉水问题，其次进行低影响开发改造，并在海绵城市改造的同时，结合现状对居民最关心的非海绵问题进行同步提升改造，如景观优化、停车位增加、建筑外立面刷新、路灯增设、健身器材增设、休闲配套设施增设等，形成人居环境整体提升。

以某市某汇水分区为例，根据管网普查资料以及现场调研，该汇水分区面积为661.6hm²，共包括336个地块，源头改造中现状管网有问题的地块类项目共6个，总面积为36.18hm²，占地块数量的1.8%，占项目区面积的5.5%；按照源头改造项目选取原则及可实施性分析，区域内源头近期改造项目共44项（包括以上6项管网改造项目，同时这6个项目也进行径流控制改造），改造面积172.4hm²，项目类型包括建筑与小区、公园与绿地、道路与广场等，具体见图7-23和表7-20。

图7-23 某市某汇水分区源头改造项目分布图

某市某汇水分区源头改造项目类型统计表　　　　表7-20

项目类型	项目数量	项目规模（hm²）
建筑与小区	37	118
公园与绿地	5	51
道路与广场	2	3.4

通过新建下凹式绿地、雨水花园、植草沟、透水铺装等海绵城市源头改造措施，对该汇水分区的城市面源污染进行有效控制。例如，某小区采用"1+N"模式实施老旧小区海绵化改造。整体按照"因地制宜、改善现状、海绵城市建设与社区品质提升相结合"的思路，一方面更换透水砖铺装，阳台雨污水分流改造，检修更换破损雨污水管道，设置植草沟、下凹绿地、雨水花园等LID设施，另一方面在小区增设生态停车位、亮化设施和公共健身休闲设

施，达到海绵城市建设规划指标的同时，改善社区整体环境，提高居民生活质量。

该汇水分区源头项目共建设下沉式绿地53.56hm²，生物滞留设施10.66hm²，透水铺装46.59hm²，其他调蓄设施3920m³。源头改造工程实施后，整体年径流总量控制率由39%提高至57%，削减面源污染物排放量分别为SS 49.69t/a、COD 38.80t/a、NH₃-N 0.31t/a、TP 0.05t/a，分区各类污染物源头面源削减率分别达SS 30.0%、COD 22.7%、NH₃-N 14.1%、TP 15.2%。

2）雨天调蓄工程

部分合流制老旧小区、城中村等，存在绿化率低、建筑密度高、难以实现雨污分流等实际困难，仅通过海绵城市源头改造，难以完全实现面源污染控制目标。因此，需在源头改造的基础上，利用现状城中村、城乡接合部村庄坑塘及新建调蓄设施，调节雨季溢流污水及初雨污染。

3）雨水排口改造

对于用地情况复杂、面源污染较重的区域，为了达到更好的径流污染控制效果，可以通过增设碎石床雨水净化系统、旋流沉砂装置等末端雨水径流污染控制措施，结合末端净化湿地，对面源污染进行削减。

例如，某市某汇水分区部分地块近期无法实施海绵化改造，为进一步削减面源污染，在管径大于DN800的雨水排口建设旋流沉砂装置等末端净化设施共14座，位置见图7-24，排口总汇水面积393hm²。

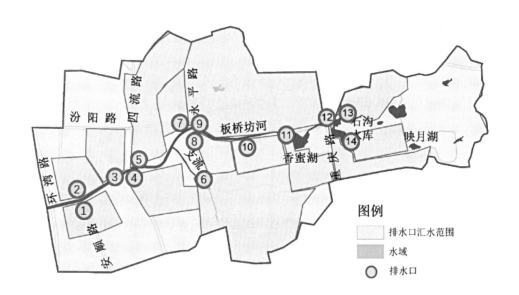

图例

☐ 排水口汇水范围
▨ 水域
◯ 排水口

图7-24 某市某汇水分区雨水排口末端处理设施位置示意图

（2）农业面源污染控制

农业面源污染主要是指农药、化肥以及农业浇灌水未经净化，通过农田排水渠直接进入河道，因此需从源头加强管理。农业面源污染控制根据污染的产生分类施策，一是制定农药、化肥使用量零增长行动方案，推广低毒、低残留农药使用，实施农药、化肥使用量零增长行动；二是推广测土配方施肥技术，优化施肥结构，提高肥料利用率；三是调整种植业结构与布局，建立科学种植制度和生态农业体系，鼓励使用人畜粪便等有机肥，减少化肥、农药和类激素等化学物质的使用量。同时，在有条件的情况下，建设生态沟渠，达到污染物削减的目标。

以某市为例，农田以大棚种植（主要为葡萄产业）为主，近年来该市不断调整产业结构，打造生态循环农业模式，鼓励农民从事"三高"（高产量、高质量、高效益）农业，追求"三个效益"（生态效益、社会效益、经济效益）的高度统一，使整个农业生产步入可持续发展的良性循环轨道。生态循环农业强调发挥农业生态系统的整体功能，以大农业为出发点，全面规划，调整和优化农业结构，使农、林、牧、副、渔各业和农村一、二、三产业综合发展，提高综合生产能力和环境保护效益。

7.3.2.4　岸上岸下统筹的内源治理工程

内源治理方案主要包括两个方面：河道底泥清淤和河道两侧垃圾清理。

1. 河道底泥清淤

河道内源污染主要是由底泥污染物的释放造成。底泥是水中各种污染物的源和汇，污染物通过大气沉降、废水排放、雨水淋溶等方式进入湖泊，大部分沉积于底泥中，富集成为水体内源污染物，其中积累的主要污染物有机物、氮磷化合物、重金属等含量比背景值高出几个数量级，对生态环境构成了严重威胁。

内源污染控制措施主要是底泥清淤。首先需结合河道防洪要求、底泥有机质含量、河道两侧护岸和房屋情况等综合确定清淤深度，同时需结合河道宽度、水量、水位、淤泥类型、护岸结构等确定清淤方式，最后结合河道两侧用地情况确定底泥临时脱水和安置区域，综合城市固体废弃物处置的整体规划，确定底泥处置的方式和场所。

（1）清淤标准及原则

结合底泥的淤积深度，综合考虑排洪防涝需求、稳定性、底泥有机物含量，以各大沟内淤泥断面实测高程为依据，合理确定清淤深度。清淤过程依照从上游向下游清理的原则，根据当地气候和降雨特征，合理选择底泥清淤时段，避免降雨时段的清淤工作，减少对下游河段的影响。

（2）清淤深度

清淤深度应尽量保留河道现状，避免大量开挖、回填。对于有防洪要求的河道，应根据两岸地面高程和防洪要求，合理确定防洪排涝的水位线，再根据防洪排涝流量确定河道清淤的纵断面、横断面。

清淤深度主要按照两个参数进行确定，一是规划河底标高h_1，二是不造成驳岸坍塌的最大清淤深度h_2。原则上可按照规划河底标高h_1进行清淤，但如果按规划河底标高清淤的过程中有造成驳岸坍塌，则按照不造成驳岸坍塌的最大清淤深度h_2进行清淤，即清淤深度=max（h_1，h_2）。仅通过清淤一般不能完全消除内源污染，在计算内源污染削减量时，可按照工程最大可实施的情况进行计算，剩余不能削减的部分，则通过提升河道自净能力进行进一步削减。内源污染的测算详见前述章节。

以某市某河道为例，河道内源污染排放量较小，河道淤积情况较少，清淤段为下游四流中路至入海口感潮段，清淤主要目的为减轻河道防洪风险，同时削减部分内源污染。清淤段河道长0.8km，清淤后河底主要坡度为0.3%，有机物含量小于5%，平均清淤深度0.6m，共需清走淤泥约9600m³，具体见表7-21和图7-25。

某河道清淤信息一览表　　　　　　　　　　　　　　表7-21

流域	清淤河段	长度（km）	清淤深度（m）	清淤量（m³）
某河	四流中路—入海口	0.8	0.6	9600

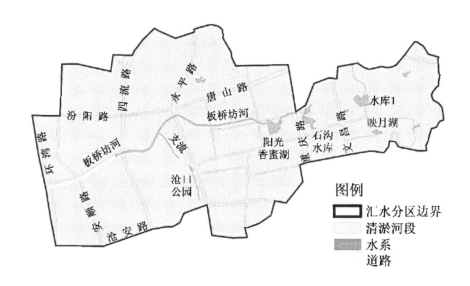

图7-25 某河道清淤河段分布图

据测算，清淤前该河道内源污染产生量为COD 0.09t/a、NH₃-N 0.05t/a及TP 0.03t/a，清淤后共可以削减内源污染物量分别为COD 0.08t/a、NH₃-N 0.04 t/a及TP 0.03t/a，内源污染物去除率平均约90%。

（3）清淤方式

一般根据项目所在地的河道情况、资金预算等合理选择清淤方式。常见的清淤方式主要有带水作业、干水作业、生态清淤三种。见图7-26。

对于水深、水量、河道断面满足通航条件，可以行船的河道，采用带水作业的方式，即将清淤机具装在船上，将清淤船作为施工平台，在水面上操作清淤设备进行清淤。常见的清淤船有抓斗式、绞吸式、斗轮式、链斗式等。带水作业不会堵塞河道，对两岸护坡影响不大，且操作较灵活，但整体存在挖掘深度有限、对底泥类型敏感等缺点。带水作业一般用于水面较宽的河湖清淤。

对于无法行船的河道，可以采用干水作业的方式，即临时进行分段围堰，再用水泵排干围堰范围内的河（湖）水，采用干土挖掘、水力冲填等方式进行清淤。其优点是清淤彻底，

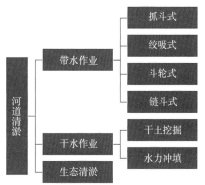

图7-26 常见清淤方式

易于控制清淤深度，成本较低；缺点是围堰排水对两岸护坡可能产生安全影响，对周边环境可能造成二次污染，也不适合雨期施工。因此，干式作业常用于中小型河道清淤，且具有一定施工空间的河道两岸。

生态清淤主要指对清淤精度和防治二次污染要求较高的带水作业。一方面以改善水质作为清淤的主要目标，另一方面尽可能避免在清淤过程中对水体环境产生影响。生态清淤适用于工程量较大的大、中、小型河道、湖泊和水库，多用于河道、湖泊和水库的环保清淤工程。其优点是对底泥扰动小，清淤浓度高，避免污染淤泥的扩散和逃淤现象，底泥清除率可达到95%以上，一次可挖泥厚度为20~110cm；同时具有高精度定位技术和现场监控系统，通过模拟动画，可直观地观察清淤设备的挖掘轨迹；高程控制通过挖深指示仪和回声测深仪，精确定位绞刀深度，挖掘精度高。缺点是成本较高且对水位有一定要求。

（4）底泥预处理

清理出来的河道底泥一般含水率在75%~90%之间，主要以泥水形式存在，不宜直接运输。因此需先将底泥就近脱水，然后运送到固定的处置点进行无害化处理。

底泥脱水场址应符合城市土地利用总体规划、当地城镇建设总体规划以及环境保护等相关规定，考虑就近原则。确定底泥脱水点的步骤如下：

1）初步估算污染底泥工程量和所需脱水场地容积。

2）通过咨询当地行政主管部门或查找当地小比例地形图或卫星图片的方式，收集可能的脱水场地信息资料。

3）初步实地调查可能的脱水场地，并征求规划、建设、环保等相关部门意见，初步确定候选脱水场地。

4）对候选脱水场地进行必要的勘测和地质调查，进行选址方案比选，最终确定脱水场地场址。

以某市为例（图7-27），化工河西侧有现状空置的工地，将其设置为一个底泥脱水点，就近对周边河道清淤的底泥进行脱水干化处理。

（5）底泥处理处置

底泥处理过程中，需从环境保护和经济成本两个方面综合考虑，符合"减量化、稳定化、无害化、资源化"的原则：

1）减量化。底泥减量化是通过采用过程减量化的方法减少底泥体积，以降低底泥处理及最终处置的费用。

2）稳定化。底泥稳定化是通过采用生物好氧或厌氧消化工艺，或添加化学药剂等方法，降解底泥中的有机质，进一步减少底泥含水量，杀灭底泥中的细菌、病原体，消除臭味，使底泥中的各种成分处于相对稳定的状态的一种过程。

3）无害化。底泥无害化处理是采用适当的工程技术去除、分解或者"固定"底泥中的有毒、有害物质（如有机有害物质、重金属）及消毒灭菌，使处理后的底泥在最终处置中不会对环境造成冲击，不会使意想不到的污染物在不同介质之间发生转移，更具有安全性和可持续性。

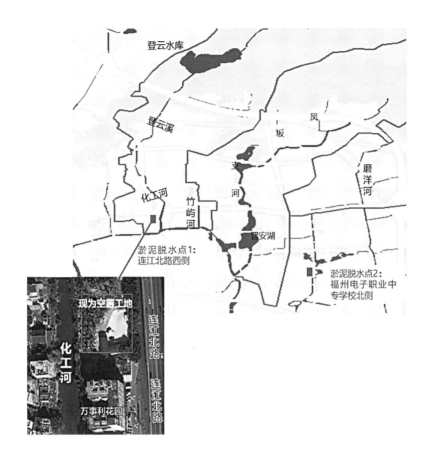

图7-27 某市底泥脱水点选址方案

4）资源化。底泥资源化是指在处理底泥的同时，回收其中的氮、磷、钾等有用物质或回收能源，达到变害为利、综合利用、保护环境的目的。

常见的底泥处置方式包括土地利用、填埋、建材利用、焚烧等。也可参考《城镇污水处理厂污泥处置 园林绿化用泥质》GB/T 23486—2009和《城镇污水处理厂污泥处置 制砖用泥质》GB/T 25031—2010等规范标准中相关指标，将重金属指标满足相关回用要求的河道底泥经脱水等后续工艺处理后，用于园林绿化或制砖。

2．河道两侧垃圾清理

垃圾清理主要包括城市水体沿岸垃圾临时堆放点清理以及河道内生物残体与漂浮物清理。城市水体沿岸垃圾清理是污染控制的重要措施，应结合河道整治项目同时进行，其中垃圾临时堆放点的清理属于一次性工程措施，应一次清理到位。水深植物、岸带植物和落叶等属于季节性的水体内源污染，需在干枯腐烂前清理，且河面长期被浮水植物覆盖影响河道生态系统演化更替和行洪。针对整个流域水系水生植物的季节性收割、季节性落叶及水面漂浮物的清理，可以考虑河道日常清捞。

一般根据现场调查情况，结合内源治理要求，计算出河道垃圾清理、水生植物打捞的工程量。在进行河底清淤时，同步进行垃圾清理和水生植物打捞工作，清理出的垃圾和植物残骸送至市政垃圾处理中心统一处理。清理的方式以人工清理为主，有作业空间的区域辅以机械清理。

针对河道两侧沿线违规垃圾倾倒点，应结合河道两侧城中村情况、城市垃圾收集转运相关规划，加强基础设施建设及公用设施管理，合理布置垃圾收集和转运设施，以保证垃圾有合理的出路，避免垃圾入河。

同时，将垃圾清理工作与项目运营挂钩，明确垃圾日常管理要求，并将其作为海绵城市建设期结束后一项重要的运维管理工作。

7.3.2.5　功能景观并重的生态修复工程

生态修复方案主要包括生态岸线构造以及河道内部生态修复，同时结合河道两侧现状条件，在有条件的重要节点打造亲水景观，实现蓝绿交织、人水和谐的目标。

1．堤岸生态修复

综合河道功能、流速、两侧用地条件等判断可实施性，因地制宜确定生态岸线修复的形式。对于具有防洪要求的岸线，应优先保障其防洪功能；对于可改造河道，应进行河道边坡生态修复，通过扩大水面和绿地、设置生物的生长区域、设置水边景观设施、采用天然材料的多孔性构造等措施实现河道生态驳岸的建设。

以某市某河道为例（图7-28），设计前河道为单一的行洪河道，驳岸生硬，城市道路界面与河道界面截然分离，植物品种单一，生态性较为缺乏。经过设计修复后，河道内近岸设计水深约50cm，芦苇、千屈菜、菖蒲、荷花等能适应水位变化、植株较高、有观赏价值、耐污能力强、能迅速形成种群、多年生的植物栽种在河道两岸湿地；垂柳、水杉、红枫、紫薇、洒金柏、迎春等乡土树种，搭配乔灌草，种植在河岸两侧复层绿化带，构成生态景观。

图7-28 某市某河道修复后实景拍摄图

2. 河道水生态系统构建

综合河道流速、盐度等合理选择设施和水生植物的种植，同时在河道周边因地制宜建设滨河湿地、植草沟等，消纳周边区域雨水。通过水生动植物恢复、微生物配置、生态浮岛、人工湿地、曝气增氧等措施，保持河道生物的多样性，恢复河道生机，构建河道水生态系统。

某市某河道内浅水区通过湿地岛与湿地泡增加竖向景观层次，为水体净化、多种鸟类和生物的栖息创造条件，并营造出丰富的景观效果。同时，对河床进行仿自然地形处理，形成高低错落的湿地泡，湿地泡根据不同动植物生存条件的需求设计不同的挖深，满足生物所需的生存环境。

3. 景观节点打造

充分尊重河道现状条件、周边用地、未来发展情况等，在有条件的河岸两侧分段分功能种植富有特色的花草及灌木，建设亲水平台，构建以河流系统为核心骨架的城市滨河休闲景观，为周边居民提供亲水空间和良好的休憩环境。

以某市某流域为例（图7-29），结合流域上游农村、中游工业区、下游城市的整体布局，根据河道不同功能定位，结合地域特色，突出休闲、运动、观光等主要功能，构建了多层次滨水景观体系[56]。

图7-29 某市某流域下游景观规划鸟瞰图

7.3.2.6　恢复水系动力的活水提质工程

活水提质方案的确定，首先应定量分析计算河道生态需水和生态基流量，计算方法见前述章节。然后需结合规划再生水利用设施，明确可用于生态补水的水源，综合利用再生水和雨水确定循环补水方案。同时，针对水动力不足区域应增加动力设施，如在河道水流死角或水体缺氧处设置推流设施等。

1. 非常规水资源利用

景观水系的全面改善，有赖于清淤、截留、补水等各个环节的综合治理，缺一不可。应充分利用城市再生水、雨水等非常规水资源对河道进行生态补水，保证河道生态基流。

以某河道为例（图7-30），该河为季节性河流，上游为有水河段，中游永平路橡胶坝以上为蓄水河段，其主要水源为汛期降雨，由于水动力条件极差，水体基本无流动，水环境容量有限。结合河道实际情况，采取了"近期循环补水、远期生态补水"的建设路线。近期河道循环水工程以河道内蓄存水量作为循环水水源，将下游水体经"河道水处理设施"处理后，通过循环水泵输送到上游河道；远期规划通过内源治理、生态修复等措施恢复河道生态蓄水空间，并以雨水、再生水作为补水水源。

图7-30 某河道循环补水系统示意图

通过近期及远期活水提质工程，可使该河形成一定的生态基流，提高河道水质和自净能力。

2. 河道水循环动力提升

对于近期没有条件利用再生水等进行补水的河道，可以进行河道内部水体循环并配备适量的临时处理设施，与远期再生水补水体系进行有效衔接。同时，补水中应坚持河道低水位运行，以提高水体自净能力，营造更好的河湖生态环境。

以某湖为例（图7-31），为提升湖内水循环动力，在一河、二河、三河、四河、六河与该湖的交汇处附近新建水循环泵，抽取湖水，通过水泵提升压力输送至河道起始段，河道起始段水位升高后，通过河湖水位差，使河道水体又回流至湖内，形成水循环系统。

3. 水系连通

河湖水系连通对于改善感潮河网地区水环境同样具有重要作用。通过恢复自然河道、新拓河道等措施，实现连续健康的城市河道，推进现状死水河道的水系连通，进一步解决河湖水动力性能差、河道淤积等问题。

以某河为例（图7-32），因施工淤积堵塞导致河道上游成为死水，水动力性能差。通过挖通和拓宽现状淤堵河道，全面清除河道中废弃施工围堰，同时新拓河道，将现状河道与周边其他河道连通，解决上游水动力不足问题。

7.3.2.7 综合确定工程建设项目

结合上述控源截污、内源治理、生态修复、活水提质四方面，综合确定工程体系，实现对内源、外源污染物的有效控制，保证水环境的长治久清。

图7-31 某湖水循环系统示意图

图7-32 某河水系连通工程示意图

　　具体来看，针对不同类型排口确定改造措施后，应综合梳理确定建设项目。

　　首先，针对源头小区，应结合小区问题和实际需求等情况，合理确定合流制改造、混接改造等措施。针对暂时无法进行改造的小区，需进一步提高年径流总量控制率等指标，减少进入合流或混接系统的水量，进而减少末端雨天溢流水量。同时为了更好控制面源，也要提出具体污染方面的控制指标，并对LID设施类型提出要求。

　　其次，针对混接改造、直排污水等收集，以及污水系统效率提高，需对污水管道进行完善和修复。

　　最后，在河道两侧应结合污水直排截流、合流制截流等要求，合理布置截流系统（截流管道和调蓄池等），设施布置应综合考虑下游管道和污水厂等能力，设置限流排放设施和就地处理设施，避免一边沿河截流一边厂前溢流。

同时，针对雨水排放口，应综合考虑坡度、河道两侧用地等条件限制，确定合理的雨水口处理设施。

7.3.3 水安全提升方案

城市水安全的提升应强调系统性，注重内外关系，按照"外部体系构建、内部体系控制和局部问题整治"的指导思想，在外部，建立蓄排平衡系统，通过"上截、中蓄、下排"，有效衔接与城市河道之间的关系，减少上游客水和下游顶托的影响；在内部，通过低影响开发源头地表径流削减，市政管网及其附属设施过程控制等措施，建立内部体系控制架构。内外结合，最终形成"源头、过程和末端"的综合控制体系，见图7-33。

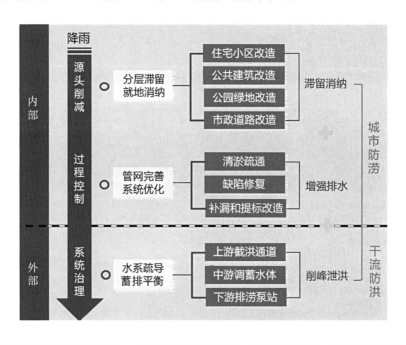

图7-33 水安全提升方案构建流程图

通过外部和内部体系的建立，城市的大部分积水点将得到解决，局部因特殊原因仍存在积水的区域，应根据积水特点，采取针对性措施，彻底解决积水问题，保障城市正常的运行安全。

7.3.3.1 内外部体系构建

1. 外部体系构建

合理利用自然条件，保护现状自然低洼地块，保障河渠、坑塘等重要汇水通道，避免盲目填充占用，增强地区的蓄水、排水能力，建立蓄排平衡系统。雨水调蓄设施应优先利用保护下来的天然洼地、河渠、坑塘等，新建公园水池、下沉式绿地和广场，合理布局蓄水空间，增加蓄水容积。另外，城市地块开发应尽量保留利用原有地表泄水通道，有条件的地方可在路旁设置植草边沟或排水干沟等。根据水力模型评估的城市内涝易发地区和内涝风险评估的高风险地区，结合近期绿地系统建设，规划雨水调蓄设施，落实项目建设用地，确保规划建设项目可以如期实施。

"上截、中蓄、下排"是城市防洪的主要措施，即"上游截流、中游调蓄、下游强排"，也是城市防洪治理的总体思路。

上游截流：上游有山洪入侵风险的城市，需对山洪采取拦截措施，将洪水引入河道，使之不会对城市地面造成影响，减轻城市洪涝压力。

中游调蓄：中游区域充分利用雨水调蓄设施，合理布置滞洪空间，增加蓄水能力。

下游强排：下游受河道湖库水位顶托，城市无法正常排水时，需设置排涝泵站，通过压力排水，将城市积留的雨水快速排除。

河道水系处于排水系统的末端，接受来自全流域管渠系统和排涝系统的雨水，是提升城市水安全至关重要的一环。因此，必须确保河道水系无淤积堵塞，排水通畅。对于不满足排洪要求的河道水系，需通过清淤疏浚和规划蓝线控制，确保河道具有满足设计标准的防洪断面。同时，控制好河道的水位，确保河道堤防工程的安全，防止河水倒灌，做好排水工程措施与河道系统的有效衔接。

2. 内部体系控制

通过低影响开发源头地表径流削减，市政管网及其附属设施过程控制等措施，建立内部体系控制架构。

（1）源头削减

源头削减主要依靠低影响开发（LID）技术，从住宅小区、公共建筑、公园绿地、市政道路等源头削减地表径流，提高对径流雨水的渗、滞、蓄能力，维持或恢复城市的海绵功能。

1）住宅小区与公共建筑

住宅小区与公共建筑源头削减思路（图7-34）如下：优先考虑雨落管断接方式，将建筑屋面的雨水引入周边绿地中，如雨水花园、植草沟中，如需对雨水进行收集回用，可将建筑屋面的雨水接入雨水桶等；坡度较缓（小于15°）的屋顶或平屋顶、绿化率较低的住宅小区，可考虑采用绿色屋顶；内部路面、停车场、步行道及自行车道等可改造为渗透性铺装。

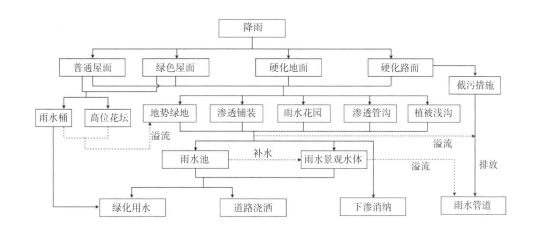

图7-34 住宅小区与公共建筑源头削减流程图

2）公园绿地

公园绿地源头削减思路（图7-35）如下：对于绿化面积较大、比较集中的绿地，可设计为下沉式绿地，除要消纳公园绿地内部的产流外，还要考虑与周边场地的衔接，将周边汇水面的雨水径流通过合理竖向引入；充分利用公园绿地内部的景观水体，可设计为雨水塘的形式，促进雨水的滞蓄、调节以及净化回用等；公园绿地低影响开发改造与景观设计相结合，可布置多功能的调蓄设施，对雨水径流量以及水质进行控制，并对雨水资源进行充分利用。

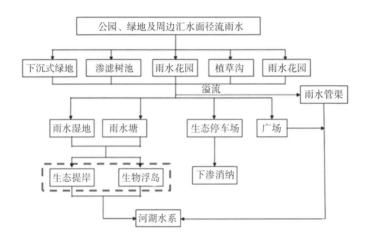

图7-35 公园绿地源头削减流程图

3）市政道路

市政道路源头削减思路（图7-36）如下：市政道路改造应结合道路红线内外绿地空间、道路纵坡及标准断面、市政雨水排放系统布局等，充分利用现有条件，通过降低绿化带标高、路缘石开口改造等方式，将道路径流引到绿化空间；通过在绿化带内设置植草沟、雨水花园、下沉式绿地、渗滤树池等滞留设施，净化、消纳雨水径流，并与道路景观设计紧密结合；自行车道、人行道以及其他非重型车辆通过路段改造，优先采用渗透性铺装材料。

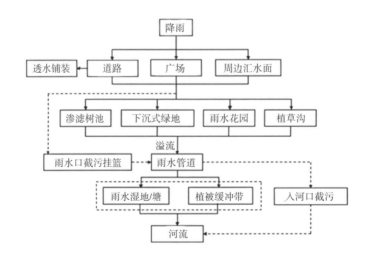

图7-36 市政道路源头削减流程图

（2）过程控制

过程控制是指对市政排水管网及其附属设施进行合理管控，主要管控措施如下：

新建区，注重城市市政基础设施建设，按照规范进行高标准建设，同时，提高施工质量，避免新敷设的管道出现破损或埋设不合理现象的发生。

已建区，通过排水管网调查，对不满足排放标准的管网进行局部提标改造，对有缺失的管网进行补漏，对淤积的管道进行疏通，对有缺陷的管网进行修复。

另外，雨水口是城市雨水管网系统的重要附属设施，地表径流的雨水首先通过雨水口汇流到雨水管网，再通过雨水管网排至城市河道。因此，应做好雨水口与排水管网的有效衔接，确保排水管网及其附属设施通顺通畅。

1）提标改造和缺失补漏

我国城市雨水管渠系统建设年代较早，建设标准偏低，难以应对新形势下的城市防汛排水，有些区域因建设时序问题，局部存在管网缺失。雨水管渠的提标改造和缺失补漏已成为城市建成区排水管网面临的重要问题。

排水管渠的提标改造应基于管道核算、管网模型评估等，从排水系统的整体性出发，系统解决提标问题。排水管渠提标改造的措施主要有：压力排水的区域可提高排水设施的规模，降低雨天管道运行水位；缩小排水范围，或相邻排水系统间建设连通工程，使有富余能力的一方承担另一方超标的水量；针对瓶颈点、重点地区进行局部改造；通过浅层调蓄措施，提高已建排水系统的排水标准等。

2）清淤疏通

管道清淤是指将管道进行疏通，清理管道里面的淤泥等废物，使之保持长期畅通，以防止城市发生内涝。利用高压清洗车，或者人工牵引、推拉等方法将管道内淤泥清理到管道外，然后运到指定地方，如管道需清理到无淤泥情况，应反复清洗管道内壁，可用管道检测CCTV可视影像拍摄画面，查看管道内部情况。

3）缺陷修复

埋设在地下的排水管道常常因材料质量、施工质量、腐蚀、地基处理不当、交通动荷载、地基沉陷等种种原因，存在管道接口错位、脱节，管体裂缝、破损，检查井井体渗水等结构性缺陷。为保持排水管道的通畅性和排水的安全性，需对存在缺陷的排水管道进行修复，保证其正常的使用功能。

排水管道缺陷修复的方法主要有两类，一类为开挖修复，另一类为非开挖修复。开挖修复需破除路面，对道路交通、周边环境和建筑物影响较大；非开挖修复利用先进的技术和手段，在地表破坏极小的情况下，实现管道的更换和修复，不会影响交通和正常的社会秩序。排水管道的缺陷修复需根据实际情况，采用合适的方法和技术工艺，实现排水管道正常的排水功能。

7.3.3.2　局部积水点整治

通过外部和内部体系的建立，城市的大部分积水点将得到解决，局部因特殊原因仍存在积水的区域，应根据积水特点，采取针对性措施，科学合理地选择相应对策，精准治理，确保地区排水的安全性。

　　某市通过防洪排涝系统的布局，构建了内外结合的水安全防控体系，对局部暴雨期间仍存在积水的区域，制定"一点一策"方案，从根本上消除内涝积水风险。以该市某区域"一点一策"方案为例，总结积水点治理的对策和经验。

　　（1）区域概况

　　该区位于楼山河汇水区（图7-37），地处文昌路以东、十梅庵路以南、十梅庵风景区以北，占地面积约5.2hm²，小区内部共23栋楼，约482户。

图7-37 区域地理位置图

　　（2）积水原因分析

　　该区为老旧小区，建设年代较早，小区内部仍沿用明沟排水，部分区域缺少雨水管道。同时，小区内部受东部山体客水的影响，暴雨期间存在积水现象。

　　（3）"一点一策"方案

　　根据区域内部地形条件和下垫面情况，针对积水原因和积水区域，建立内涝防控对策，具体措施（图7-38）如下：

　　1）外部客水截流：在山体客水入口处新设线形排水沟，将山体客水收集并引入外部十梅庵路排水渠，自东向西，排入楼山后河二支流。

　　2）内部源头削减：对小区内部雨水立管进行断接，将楼间绿地改造为雨水花园或高位花坛；将积水点附近的小区广场及居民楼前的地面改造为透水铺装，增加雨水的下渗功能；将广场南侧及道路两侧绿地改造为下沉式绿地。

3）雨水管渠控制：清通小区内部雨水管渠；现状明渠增设盖板，防止地面垃圾进入；在缺少雨水管道的地方，增设管道，局部增设雨水口，提高路面雨水的收水能力，合理安排雨水径流路径。

4）调蓄治理：合理利用道路竖向，对关键区域进行竖向调整，将其作为行泄通道；在合适位置增设减速带，将路面超标雨水引入小区广场下面的蓄水池，增加调蓄容积，实现超标雨水的有组织排放。

（4）治理效果

通过内涝防控的"一点一策"方案，区域积水点得到了根本的消除。2019年8月11日，成功抵御了台风"利奇马"的影响。积水点改造是所属区域内涝治理的样板，得到了小区居民的支持和认可，为城市内涝积水治理积累了宝贵的经验。

7.3.4　水资源利用方案

水资源利用方案需明确非常规水资源利用对象及原则，计算非常规水资源需求量，并结合实际建设情况统筹确定雨水和再生水等非常规水资源配置方案。

7.3.4.1　确定非常规水资源利用方式

非常规水资源开发利用方式主要有再生水利用、雨水利用、海水淡化和海水直接利用、苦咸水利用等，常见的利用方式为雨水及再生水利用。

非常规水资源利用对象主要包括绿化、道路浇洒，景观河道用水，工业用水等。其中，雨水资源的常见利用方向为小区道路和绿地的浇洒以及观赏性景观环境用水（表7-22）。根据《再生水水质标准》SL 368—2006中水质不同，再生水可分为地下水回灌用水，工业用水，农、林、牧业用水，城市非饮用水和景观环境用水五类（表7-23）。方案须结合非常规水资源利用方向及区域实际，明确非常规水资源利用对象。

雨水资源利用方向 表7-22

序号	水质标准类别	分类细目	主要利用方向
1	小区非饮用水	绿化浇灌	小区绿化浇灌
		道路浇洒	小区道路冲洗及喷洒
2	景观环境用水	观赏性景观环境用水	观赏性景观河道、景观湖泊及水景

再生水利用方向 表7-23

序号	水质标准类别	分类细目	主要利用方向
1	地下水回灌用水	地下水回灌用水	地下水源补给、防止海水入侵、防止地面沉降
2	工业用水	冷却用水	直流式、循环式
		洗涤用水	冲渣、冲灰、消烟除尘、清洗
		锅炉用水	中压、低压锅炉
3	农、林、牧业用水	农业用水	粮食作物、经济作物的灌溉、种植与育苗
		林业用水	林木、观赏植物的灌溉、种植与育苗
		牧业用水	家畜、家禽用水
4	城市非饮用水	冲厕	厕所便器冲洗
		街道清扫、消防	城市道路冲洗及喷洒、消防用水
		城市绿化	公共绿地、住宅小区绿化
		车辆冲洗	各种车辆冲洗
		建筑施工	施工场地清扫、浇洒、灰尘抑制、混凝土养护与制备、施工中的混凝土构件和建筑物冲洗
5	景观环境用水	娱乐性景观环境用水	娱乐性景观河道、景观湖泊及水景
		观赏性景观环境用水	观赏性景观河道、景观湖泊及水景
		湿地环境用水	恢复自然湿地、营造人工湿地

以某市某片区为例（表7-24），区域原为老工业区，现状存在部分工业区，根据实际情况并结合区域再生水专项规划，明确非常规水资源利用方式主要为小区和市政道路、绿化浇洒，工业用水及河道景观环境用水。

某片区非常规水资源利用方式 表7-24

序号	利用方式	范围
1	绿化浇洒	市政绿化、小区绿化
2	道路浇洒	市政道路、小区道路

续表

序号	利用方式	范围
3	工业用水	直流式、循环式
		冲渣、冲灰、消烟除尘、清洗
4	景观环境用水	观赏性景观河道、景观湖泊及水景

7.3.4.2 计算非常规水资源需水量

结合区域明确的非常规水资源利用对象，确定相应需水量，常见需水量包括绿化、道路浇洒量，景观河道用水量，工业用水量等方面。

（1）绿化和道路浇洒量

绿化和道路浇洒需水量可根据规范中绿地和道路浇洒用水定额进行计算，计算方法可参考前述章节的用水潜力分析，结合下垫面分析明确区域现状可采用非常规水资源，计算需浇洒的绿地和道路面积。对于新建地块可采用径流控制方案中典型用地地块下垫面组成进行计算。

（2）景观河道用水量

结合现状调研明确区域景观补水需求河道，其用水量通过河道内生态需水进行预测。常用河道生态环境需水量计算方法有Tennant法、生态流速法等。

Tennant法是根据水文资料以年平均径流量百分数来描述河道内流量状态。例如，多年平均流量的10%是保持大多数水生生物短时间生存所推荐的最低瞬时径流量，30%是保持大多数水生动物良好栖息条件所推荐的基本流量。北方河流的生态基流一般分汛期和非汛期两个水期分别进行计算，非汛期生态基流应不低于多年平均天然径流量的10%，汛期生态基流应达到多年平均天然径流量的20%~30%；南方河流生态基流量应取多年平均天然径流量的20%~30%[57]。

生态流速法以流速作为反映生物栖息地的指标，计算方法可参考前述章节。

（3）工业用水量

工业用水需求量可结合工业用地规模及用水定额进行计算，用水定额可参考《城市给水工程规划规范》GB 50282—2016及当地相关专项规划或现状调研进行确定。

7.3.4.3 统筹利用区域非常规水资源

水资源利用方案应结合区域供水情况、雨水和再生水资源利用条件，综合比较后确定雨水资源、再生水资源优先利用顺序及系统配置比例。对于北方缺水城市，应丰富雨水及再生水利用方式；对于南方水资源丰富区域，应统筹考虑雨水利用需求和实际用途，可优先于公共建筑等项目开展雨水收集利用设施。

再生水利用优先考虑用于市政道路和绿化的浇洒，工业用水以及景观河道补水等；雨水资源优先考虑用于建筑与小区内道路和绿化的浇洒，景观环境用水再生水补水量不足时，可考虑用水库等调蓄设施收集的雨水对下游景观河道进行补水。非常规水资源优先利用顺序见表7-25。

非常规水资源优先利用顺序　　　　　　　表7-25

序号	常见利用对象	非常规水资源优先利用顺序
1	小区道路绿化浇洒	优先雨水资源，其次再生水资源
2	市政道路绿化浇洒	优先再生水资源，其次雨水资源
3	工业用水	再生水资源
4	景观环境用水	优先再生水资源，其次雨水资源

1. 再生水资源利用

结合区域再生水用水需求和目标要求，以及可利用再生水水源水量、水质及分布等条件，统筹制定污水再生利用方案，明确回用方式、回用规模以及回用水质要求。现状污水再生利用设施不足的，应结合再生水利用相关规划及各区域用水需求，配套建设与需求或目标匹配的再生水利用设施，包括管线、泵站、调蓄设施、再生水厂等。根据区域污水再生利用量与污水处理总量计算得出再生水利用率。

以某市某片区为例（表7-26），项目区约有26%地区为未建区域，现状区域内无再生水厂及市政再生水系统，部分已建小区配有中水系统。经调研，明确区域再生水利用对象为旱季小区道路绿化浇洒补充、市政道路绿化浇洒及厕所冲洗等，其中，小区道路绿化浇洒补充为浇洒需求量与可利用雨水量之差。结合下游规划再生水厂及区域道路建设，配套建设区域再生水管线，再生水管线规划总长度31.41km，管径为200～500mm，见图7-39。

某市某片区再生水利用需水量　　　　　　表7-26

名称	需水量（m³/d）	年需水量（万m³）
小区道路绿化浇洒补充	4748	109.2
市政道路绿化浇洒	2640	60.7
厕所冲洗	5012	182.9
总用水量	12400	352.8

2. 雨水资源利用

雨水利用方式一般为地块内建设调蓄池供道路和绿地浇洒，水库对下游河道或景观水体补水等。根据区域雨水用水需求、用水对象分布、水质标准及雨水资源利用率要求，合理规划雨水收集利用设施规模，通过统计区域各类雨水资源利用量计算区域整体雨水资源利用率。

（1）建筑与小区道路及绿化浇洒利用

建筑与小区雨水资源利用思路见图7-40，结合源头项目可改造情况分析，明确源头控制回用、改造项目分布和主要工程量，进一步明确改造要求和改造内容。

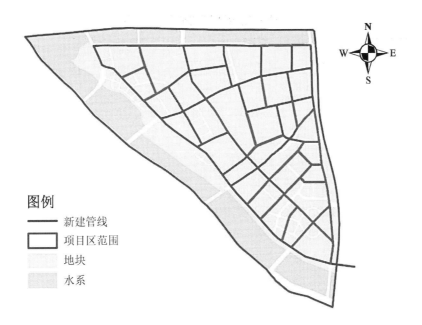

图7-39 某市某片区再生水管网布置图

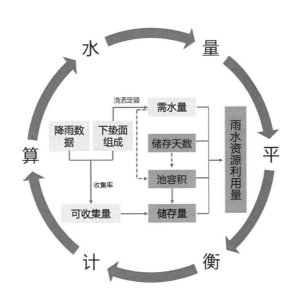

图7-40 建筑与小区雨水资源利用思路

首先确定合适的存储天数、调蓄容积，之后采取典型年降雨数据算出逐日雨水收集利用量，进而统计得到全年雨水利用量。其中，调蓄池雨水储存天数和调蓄池容积主要是考虑水质、利用量及其他调蓄功能等因素，雨水存储天数一般可取3～5d，调蓄容积可采用雨水存储天数乘以浇洒需求量得到。

（2）水库对景观河道补水

对于缺水区域，可通过统筹调度区域小型水库、塘坝等加强雨水资源利用。水库、塘坝不仅可以起到防洪作用，而且可以储存雨水，通过合理调度，可向下游河道及景观水体进行补水，进而有效利用雨水资源。

选取典型年降雨数据，考虑水库自身蒸发下渗损失水量、自身生态需水量，并按照每天向下游均匀补水的原则进行补水，做出水库每日水量变化及补水量变化曲线，并以维持水库正常生态系统为参考，最终确定合适的补水量，统计雨水资源利用量。

（3）回用率

结合源头雨水控制回用方案和水库雨水利用方案，计算区域全年雨水资源利用率。

以某市某片区为例，区域雨水资源利用对象为地块内建筑与小区道路及绿化浇洒利用、水库补水利用，分别计算雨水利用量。

1）建筑与小区雨水利用量计算

以建筑密度为30%的典型单位地块下垫面为例，地块面积选取$1hm^2$。计算参数如下：

绿地浇洒和道路冲洗定额：0.1万$m^3/km^2 \cdot d$。

调蓄池雨水存储天数：$5d$。

调蓄池容积：雨水存储天数×（绿地面积+道路面积）×绿地浇洒定额（道路冲洗定额）。

雨水可收集量：$\max$（降雨厚度$-2mm$，0）×地块面积×径流系数。

其中，考虑到2mm以内的降雨不产生径流，仅考虑2mm以上降雨收集。之后通过典型年降雨算出逐日调蓄池存水量和雨水利用量。建筑与小区逐日雨水利用量变化图见图7-41。

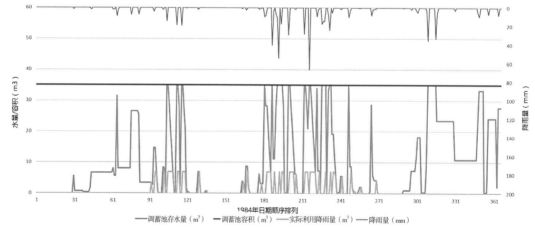

图7-41 建筑与小区逐日雨水利用量变化图

通过对不同下垫面单位面积雨水利用量的计算，最终得到规划区内建筑与小区雨水利用量结果，约每年224万m^3。

2）水库补水量计算

以某水库为例，基本信息见表7-27。

某水库基本信息表   表7-27

水库	汇水面积（hm^2）	总库容（万m^3）	调洪库容（万m^3）	兴利库容（万m^3）	死库容（万m^3）
某水库	330	22.07	5.42	16.65	0

通过选择4种不同的日补水量对下游河道进行补水，得到以下数据（表7-28）。日补水量为1150m³时，能够保证每天稳定的补水，补水保证率达到100%，此时水库内最低的存水量为5904m³。根据相关研究，一般水库型湿地最低生态水深为1m[58]。根据该水库水位库容曲线（图7-42），1m的生态水深库容约为2万m³，在日补水量为1150m³的情况下，水库最低存水量在2万m³的天数为17天，占全年天数的4.6%。而当日补水量继续上涨时，便存在不同天数的补水量不足甚至是水库干涸，无论对水库的生态系统维持还是统一调度都不利。

不同情景下某水库补水情况表　　　　　　　表7-28

情景	日补水量（m³/d）	保证补水天数（d）	补水保证率	生态需水量以下天数（d）	该情景下水库最低存水量（m³）
1	1150	366	100%	17	5904
2	1250	352	96%	45	0
3	1350	335	92%	60	0
4	1450	323	88%	70	0

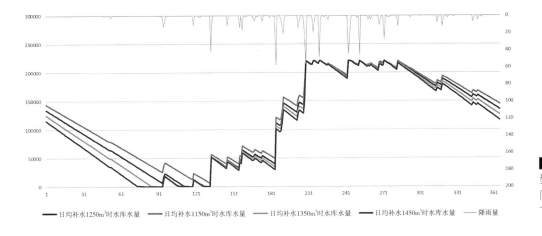

图7-42 典型年某水库不同补水量条件下库容变化图

综上，该水库每日可向下游补水的水量为1150m³。区域其他水库采用相同方式计算补水量，可得出区域总体水库补水量为每年185万m³。

结合区域源头地块浇洒量和水库补水量，按照典型年降雨数据计算，区域全年降雨量为6265.7万m³，全年雨水资源利用量为409万m³，雨水资源利用率为6.5%。

7.4 新建区编制方法

老城区的海绵城市系统化方案编制以问题为导向，梳理现状存在的水安全、水生态、水环境、水资源方面的问题，通过合理采用工程措施解决存在的问题，以提升城市的生态品质。而新城区的海绵城市系统化方案编制则以目标为导向，避免按传统的建设模式带来的

"城市病"，以目标管控为主。

编制思路上，城市新建区应首先保障城区水安全，其次将城市水体环境质量稳定在开发前的水平，再通过蓝绿线管控、源头设施建设等手段提升城市生态性能，最后通过灰绿结合的方式，挖掘新的水资源利用途径。

7.4.1 保安全

近年来，频发的"城市看海"问题已经成为越来越多的普通市民关注和讨论的热点话题，城市水安全问题已十分紧迫。城市新城区建设时，应首先保障城市水安全，具体包含以下途径。

1. 恢复自然水文循环

我国传统的城市开发建设大多建立在侵占、侵蚀原有的蓝、绿空间的基础上。据统计，2000～2010年间，我国城镇建成区面积扩张了64.45%，远高于城镇人口45.9%的增长速度。城镇化前后对比示意图见图7-43。

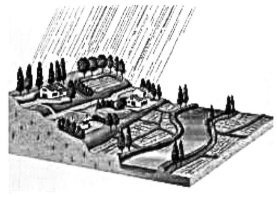

图7-43 城镇化前后对比示意图

同时，1990～2000年间，我国湿地面积减少了5万km²，2000～2010年间，又减少了3.4万km²。以湖北省某市为例，20世纪50年代，该市城区内共有湖泊127个，发展至今，城区内仅存38个湖泊。据统计，1991～2010年间，该城市的水域面积减少了38%。

因此，新城区建设时，首先应识别山、水、林、田、湖、草等生态要素（图7-44），充分认识生态本底特征，通过遥感解译、模型模拟等技术手段，定量分析城市开发前的水文特征。

其次，注重对原有生态系统的保护，根据上位规划确定的蓝线、绿线范围，划分禁建区与城市建设区，最大限度地保护原有的河流、湖泊、湿地、坑塘、沟渠等水生态敏感区，留有足够涵养水源且能应对较大强度降雨的林地、草地、湖泊、湿地，实行低影响开发，维持城市开发前的自然水文特征，结合城市开发前的径流总量控制率分析结果，合理确定新城区建设的年径流总量控制率目标值。

2. 保证区域蓄排平衡

通常情况下，未开发区域的整体标高低于城市建成区。城市开发后，大量的硬化场地将

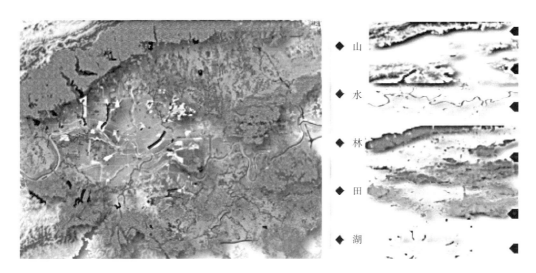

图7-44 自然本底识别

取代原有的农田、绿地，甚至部分河道、湖泊、湿地等天然海绵体，地表径流量相对于未开发前将大大增加。为了保障新城区的水安全而整体抬升场地标高，无疑会将增加的径流量转嫁至周边区域，增加下游城区的洪涝风险。因此，城市开发建设过程中，应坚持水面"零净损失"的基本原则，开发后的区域水面率应不低于开发前的水面率，条件允许的情况下，可适当增加城区水域面积，确保区域径流的蓄排平衡。

同时，由于规划重现期下的降雨产生的径流是一定的，在一定的空间范围内，河流水系湖泊等调蓄空间能够容纳的水量也是有限的，针对超标降雨本地无法容纳的水量，需要配置相应能力的排水设施进行外排，避免城市发生内涝积水现象。排水设施的排水能力需经过水力模型进行降雨过程模拟，根据内涝积水的峰值流量及径流总量来确定。

以浙江省某市的新建城区为例（图7-45），该区域建设前为基本农田，地面标高在1.5～1.8m之间。由于地势较低，该区域易受洪涝侵袭，经模型模拟评估，该区域在10年一遇、20年一遇降雨的工况下，内涝高风险区分别达到30%和44%，平均最大淹没深度分别为0.28m和0.44m。

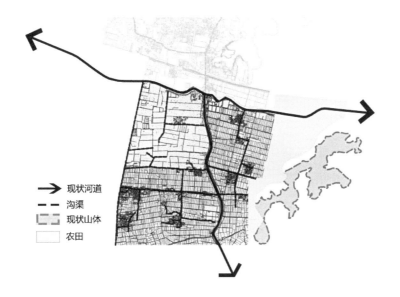

→ 现状河道
‑ ‑ 沟渠
现状山体
农田

图7-45 开发前基本情况

若按传统的城市开发模式，为保障该区域建成后不受洪涝侵袭，需将场地标高整体抬升0.4m以上，并增加泵站、管网的建设费用，资金投入巨大。同时，经模型评估，在3年一遇的降雨重现期下，该区域的外排流量将增加2400m³/h，无形中将原本蓄积在该区域的洪涝水转嫁至下游区域。

因此，为确保该区域的蓄排平衡，该区域在建设时开挖了直径为500m、调蓄容积约为20万m³的人工湖泊，以最大限度地消纳区域内地表径流。该区域开发前后影像图对比见图7-46。

图7-46 开发前后影像图对比

结合上位规划，该新建区的防涝设计标准为20年一遇，经计算，在该工况下，人工湖的水位预计可达2.1m。由于人工湖的常水位标高为1.1m，最高水位可达2.2m，为保证发生降雨强度超过20年一遇的降雨事件时，人工湖水位能维持相对稳定的状态，在新城五河与中横河连接处设置规模为6.08m³/s的排涝泵站，其位置见图7-47，水位上升至1.2m时逐台开启水泵，到达1.7m时完全开启，确保多余的涝水排至周边河道，保障区域水安全。

3. 合理控制区域竖向标高

合理的竖向控制，是有效组织雨水径流的基础条件，也是海绵设施能够实现海绵功能的重要前提。城市新建区的建设中，竖向控制是汇水分区（排水分区）划分的基础。竖向控制应以自然地形地貌为基础，根据规划用地布局合理地调整局部竖向标高。竖向控制包括场地竖向控制、道路竖向控制、河流水系水位控制。重点应做好场地竖向与道路竖向的衔接、道路竖向与市政管网竖向的衔接、管网竖向与河道水位的衔接。

仍以上述浙江省某市为例，前文提到，该区域由于开发建设前的场地标高较低，易受洪涝灾害侵袭。根据上位规划要求，该区域应达到100年一遇的防洪标准。因此，基于防洪安全的需求，该市在开发建设时，将区域的外围道路与防洪堤建设进行了结合，采用了路堤合一的方式，将外围道路的标高控制在3.43m以上，满足100年一遇的防洪要求，使得该区域成为一个相对封闭的区域。

　　同时，为了保障区域内排水通畅，确
保地块内部地表径流能顺利排至道路，道
路地表径流能顺利通过管网排入河道及中
心湖，在区域的竖向控制方面，地块的整
体标高均高于道路，并以外围道路为相对
高点，区域整体标高由外向内逐级降低，
环湖路平均标高约为2.5m，内外道路的标
高相差约为1m，区域竖向标高控制示意
见图7-48。

　　4. 保持天然径流路径

　　保护径流路径是保障城市排水安全的
重要举措。径流路径按重要程度可分为主
要径流路径、次级径流路径以及低级径流
路径三类。针对自然汇流路径分级结果，
明确不同级别汇流路径的保护方案。

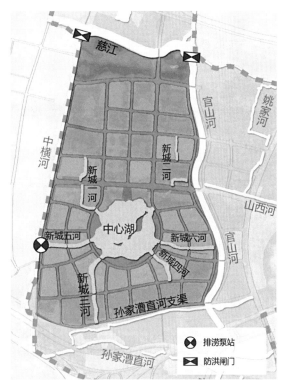

图7-47 人工湖泵站安装位置示意图

　　（1）主要径流路径保护方案

　　明确大的竖向管控，保留绿带、道路等自然汇流路径，保障河、渠、坑、塘、低洼湿地
等重要汇水通道畅通，尽量避免填充占用。天然河道是主要的径流路径，城市开发建设过程
中，应尽可能保护河道的生态性能，避免裁弯取直，甚至侵占、填埋河道。若与城市河湖水
系重合，应进一步落实河湖水系蓝绿线保护边界；若基本重合，应通过调整河湖水系周边竖

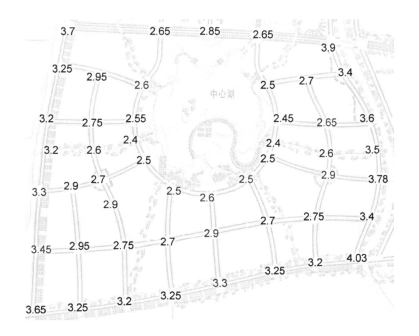

图7-48 西南区域竖向标高控制示意图

向，保证自然汇流能通过地表自流或涵管进入河道。

（2）次级径流路径保护方案

次级径流路径通常是指基于地形地貌特点产生的地表径流汇水路径，可利用GIS软件对原始地形资料进行水文分析，识别自然径流汇水路径（图7-49），并在城市的开发建设过程中，结合道路建设、竖向控制等方式保留或模仿原有的自然径流汇水路径，如在道路侧分带或两侧绿地建设LID设施，确保排水通畅。

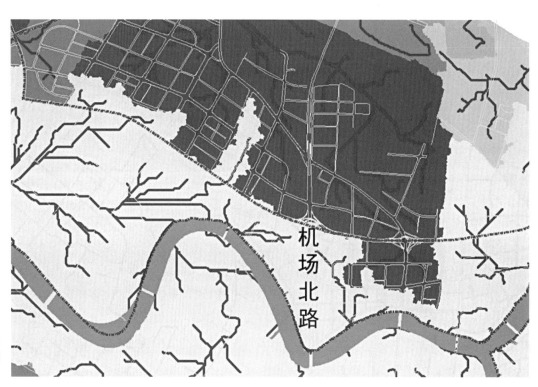

图7-49 自然径流汇流路径分析图

（3）低级径流路径保护方案

低级径流路径应以绿地的形式尽可能地进行保护，如确实需进行开发建设，则应在评估内涝风险的基础上进行调整。

5．保护低洼地

低洼地往往是小区域内水的最终汇集处，在区域雨水的收集与调蓄上发挥着重要作用。因此，可根据现状地形地貌，利用GIS软件低洼地识别功能，或者利用MIKE FLOOD快速内涝风险评估功能，识别区域内容易积水的低洼地区。新城建设过程中，应重视低洼地在城市排水系统中的作用，对低洼地进行合理的保护和建设。

以福建省某市为例，运用MIKE FLOOD评估该区域的内涝风险，该区域的内涝高风险区主要集中在凤坂一支河的中下游，而地势低洼是造成这些区域内涝风险较高的主要原因，具体分布情况见图7-50。

该片区目前处于城市开发建设的快速阶段，但仍有部分区域尚未开发，部分区域有城中村分布等。通过分析内涝高风险区的现状用地情况（图7-51），区域内河道的中游西侧已完

内涝高风险区

图7-50 某区域内涝高风险区分布示意图

未建 未建

已建

未建

图7-51 河道中游风险区分布和用地开发情况

成开发建设,但东侧区域目前为未建地块。根据上位规划,东侧未建地块的用地性质为住宅用地,考虑该区域为天然低洼地,应进行合理的保护,因此,应结合上位规划对该区域的用地类型进行调整,调整为绿地用地,并保持现有标高基本不变。

河道的下游现状用地为城中村(鼓四村),风险区分布和用地开发情况见图7-52,该区域的规划用地性质为住宅用地。考虑到该区域为城中村,地势低洼,近期又不具备拆迁条件。因此,近期应通过增设强排泵站等措施优先保障村庄不内涝,远期进行拆迁后,结合上位规划将用地性质调整为绿地,并保持现有标高基本不变。

7.4.2 保水质

新区的水环境保护,更应注重目标管控和规划理念的落实落地,从控制点源污染、削减面源污染、提高水体自净能力三个方面出发,实现水环境质量的有效保护。

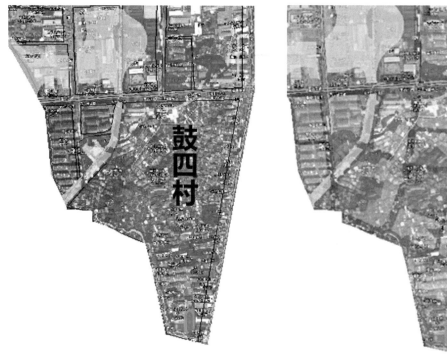

图7-52 河道下游风险区分布和用地开发情况

1．控制点源污染

点源污染是影响城市水环境质量的首要因素，往往具有污染量大、浓度高和集中排放等特点。对于新建区而言，主要控制措施有：落实分流制排水体制、控制合流制溢流。

（1）落实分流制排水体制

排水体制的选择，主要从环境保护、维护管理和投资等方面进行考虑。从环境保护方面看，分流制的排水系统更加完善和灵活，更适应社会发展的需要，且符合城市卫生的一般要求。从维护管理方面看，分流制的污水管内充满度和流速较高，不易发生沉淀和淤积，同时流入污水厂的水量和水质的变化也较合流制小得多，污水厂的运行易于控制。从投资方面看，分流制排水管道的造价一般比合流制要高20%~40%，但泵站和污水厂的造价比合流制低，总体上分流制的初期投资较合流制要高[40]。

综合来看，分流制排水体制总体更加符合我国的社会发展需要，应坚持落实。尤其在新建区的规划和建设中，更应贯彻和落实分流制排水体制。

随着海绵城市理念的发展，以及雨水径流控制、面源污染削减的需要，分流制排水体制也得到了相应的发展和完善，主要表现在两方面：

1）源头地块排水系统

传统分流制下，源头地块排水系统的建设思路是"雨污水分别收集且均走地下"，主要体现在：一是屋面雨水通过雨水立管直接接入雨水管网；二是绿地和道路雨水通过雨水箅子尽快收入雨水管网；三是生活污水和生产废水直接或通过化粪池等间接接入污水管网。

新型分流制下，源头地块排水系统的建设思路是"雨水优先经过地表设施蓄滞和净化，污水直接走地下"，主要体现在：一是绿地优先采用下沉式绿地、雨水花园等形式，增加蓄滞和净化雨水的空间；二是屋面雨水通过雨水立管断接，优先引入就近的下沉式绿地或雨水花园；三是道路雨水通过竖向调整和地表径流组织，优先引入就近的下沉式绿地和雨水花园；四是经过沉淀、净化以及超过下沉式绿地或雨水花园蓄滞能力的雨水，以溢流排放的方式排入雨水管网；五是生活污水和生产废水直接或通过化粪池等间接接入污水管网。

2）市政排水系统

传统分流制下，市政排水系统的建设思路是"快排"，主要体现在：一是污水通过污水排水系统接入污水处理厂进行净化处理和达标排放；二是雨水通过雨水排水系统就近排入水体或行洪通道。

新型分流制下，市政排水系统的建设思路是"初期雨水需经过调蓄和净化"，主要体现在：一是污水通过污水排水系统接入污水处理厂进行净化处理和达标排放；二是初期雨水通过雨水排水系统末端的截流和调蓄设施进行调蓄、净化处理或错峰输送至污水处理厂进行净化处理；三是中后期较为洁净的雨水通过雨水排水系统就近排入水体或行洪通道。

（2）控制合流制溢流

提倡分流制的同时，有时也要根据气候条件，因地制宜地选择合流制排水体制。例如年均降雨量小于400mm的西北半干旱地区，宜优先考虑选择截流式合流制排水体制。

但截流式合流制排水体制由于只有一套排水管网，发生中到大雨时往往容易产生溢流，造成城市水环境的严重污染。因此，选择截流式合流制排水体制时，应采用模型模拟等方法合理地确定截流倍数或调蓄空间，以减少溢流频次和溢流污染排放，保护城市水环境。

以某市某片区为例，该片区为合流制排水体制，通过模型模拟，当发生1年一遇的降雨时，即会发生溢流事件。典型年降雨条件下，年溢流频次为20次，年溢流量46.6万m³，COD污染物年溢流量25.6 t/a，见图7-53。通过建设CSO调蓄池对溢流污染进行控制，调蓄池规模7500m³。通过模型模拟，CSO调蓄池建成后，可削减30%的年溢流量和60%的溢流污染量（以COD计），能取得较好的溢流污染控制效果，见图7-54。

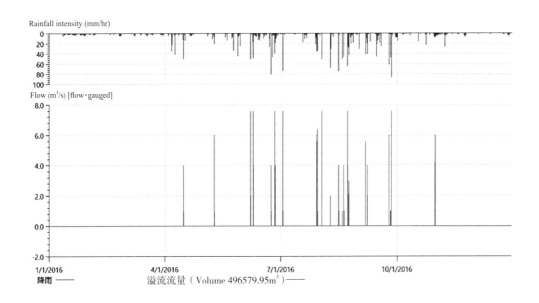

图7-53 CSO调蓄池建成前年溢流量示意图

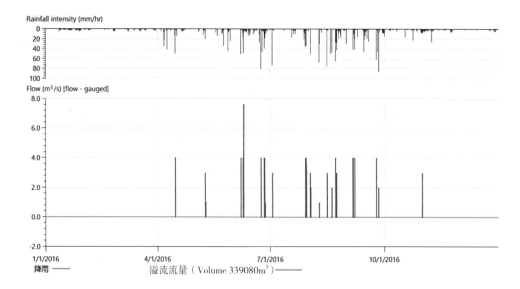

图7-54 CSO 调蓄池建成后年溢流量示意图

2. 削减面源污染

在点源污染得到有效控制后，面源污染往往成为影响城市水环境的重要因素，需通过源头海绵设施及末端调蓄净化设施等进行削减，从而实现城市面源污染的总体控制。

（1）源头削减面源污染

传统建设模式下，源头地块产生的雨水径流以及雨水冲刷产生的面源污染，通过雨水排水系统直接排入城市水环境，是造成城市水体污染的重要因素。通过源头地块的海绵设施建设，雨水径流污染能够最大程度地经过蓄滞和净化，不仅控制了雨水径流的排放量，也可以从源头上大幅削减城市面源污染的排放。据统计，低影响开发措施对悬浮物的年去除率一般可达40%~60%。

常见的面源污染源头控制设施有：下沉式绿地、植草沟、雨水花园、生态塘、小型景观水体等，见图7-55。

图7-55 常见面源污染源头削减设施（雨水花园）

（2）系统控制面源污染

面源污染经过源头地块海绵设施削减后，仍会有部分排入水环境中，为进一步降低面源污染对城市水环境的影响，需在雨水系统的末端对面源污染进行控制。

常见的面源污染末端控制设施有：CSO调蓄池和净化设施、初雨调蓄和净化设施、氧化塘、人工湿地等，见图7-56。有条件的城市在新建和扩建污水处理厂时，还可以考虑建设初期雨水的调蓄和处理单元（一级强化处理），以提高对雨水径流污染的处理能力。

图7-56 常见面源污染末端控制设施（人工湿地）

3. 提高水体自净能力

有效控制点源污染和面源污染的同时，往往还需提高城市水体的水动力，保护水体生态环境，进而提高水体的自净能力和生态修复能力。

（1）提高水动力

构建城市水体生态系统时，对于生态基流不足或水动力不足的城市河道，首先应对其进行生态补水，提高水体的水动力，为水体的生态修复奠定基础。

河道生态补水的水源，通常可选择河道上游水库、城市再生水厂以及雨水调蓄池。水库蓄水，具有明显的季节性特征，受降雨蒸发等气象条件影响，水量较不稳定，通常适用于雨季及雨季过后一定时期内的河道补水。城市再生水具有水质、水量稳定的特点，是进行河道生态补水的优先选项。雨水调蓄池，相对于水库蓄水，水量更加不稳定，且以城市杂用为主，较少用于河道生态补水。

进行河道生态补水时，应综合考虑各项水源条件的合理利用，例如雨季及雨季后一段时间优先利用上游水库的蓄水进行河道生态补水，旱季优先利用城市再生水进行补水，最大限度地保障生态补水水量，并节约成本。

（2）保护水体生态环境

为保护水体生态环境，往往需保护和恢复河道的生态性，即在满足防洪、排涝等功能的基础上，通过人工强化和自然恢复等措施，构建健康、完整、稳定的河道水生态系统。

生态河道（图7-57）的构建，应以自然修复为主，人工强化为辅，因地制宜、充分利用现状河道的形态、地形和水文等条件，物种的选择及配置宜以本土为主，构建具有较强的自我维持及稳定功能的水生态系统，既可以协调和保护河道的整体风貌，又可以降低建设和维护成本，实现河道生态系统的可持续发展。

常用的人工强化措施主要有：人工疏浚和拓宽、生态岸线建设、人工湿地建设、生态浮岛建设等。

图7-57 生态河道示例

7.4.3 促生态

1. 构建蓝绿交织的网络体系

河道、湖泊、湿地、林地、草地等天然海绵体具有强大的调蓄、涵养功能，是维持原有自然水文特征的重要元素，同时也是维持生态多样性的重要支撑。而城市的水面率、绿地率往往代表着城市的生态性能，因此，海绵城市建设中，构建蓝绿交织的网络体系是一项重要的内容，具体可从以下两方面进行考虑。

（1）识别与保护自然本底

海绵城市建设中，应充分评估城市开发对自然特征的影响程度，将自然本底的识别与保护作为首要考虑的内容，权衡开发与保护之间的关系，科学划定生态保护红线、城镇开发边界控制线，最大化地保护原有自然本底。

（2）科学划定城市蓝、绿线

在城市蓝线划定方面，应统筹考虑防洪排涝安全、水系保护与开发、水源地管理、周边用地的预留与景观效果等因素。同时，还应符合其他管理与控制的相关要求，如水系环境功能区划标准、水系周围的水利设施分布情况等。最后，根据水系周围的规划情况进行局部优化调整，如相关规划已确定水体周边防护用地但超过城市蓝线规定标准要求的，可将此类用地一并划入；如水体周边有广场、道路交叉口、公共设施等重要景观节点的，可适当考虑放大蓝线宽度[59]。

在城市绿线划定方面，可将城市绿线分为现状绿线、规划绿线和生态控制线。现状绿线与规划绿线划定时，应明确绿地类型、位置、规模与范围，生态控制线在上述要求的基础上增加用地类型标注。同时，绿线划定应与城市蓝线划定相结合，以形成蓝绿交织的网络格局，提升城市生态性能。

2. 河道生态性能保护与景观融合

河道作为城市主要且重要的汇水通道，除根据城市蓝线的划定情况对河道、湖泊等水域面积进行严格的保护以外，在城市内河建设方面，应更加注重河道的生态性能建设，并加强河道景观与城市景观的融合，从而打造人水相亲、人与自然和谐相处的生态环境。主要有以下要求：

（1）保留河道固有形态

从生态学的角度看，弯曲的河流具有更高的生态效益，可减少水土流失、扩大生境面积、增加生境多样性等。因此，应严格控制缩窄、填埋、改道、裁弯取直等对天然河道形态改变较大的工程措施，确需实施的，应进行充分的技术论证，防止因工程改变河道流态所造成的负面影响[60]。

（2）采用多断面护岸形式

平原地区的河段，除有通航要求、行洪要求的河段外，一般宜采用自然土质岸坡加植物防护等生态护岸形式，根据河道两侧的用地情况，结合景观需求，一般可选择生态护坡、浅滩湿地、松木桩岸线、石笼网箱、景石堆砌等岸线形式（图7-58），使河道景观与城市景观融为一体，并达到相得益彰的效果。

图7-58 常见的生态岸线形式图
（a）景石堆砌岸线；
（b）浅滩湿地岸线；
（c）生态护坡岸线；
（d）松木桩岸线

山丘区河段、流速较大的行洪河段，宜采用耐冲刷、透水性和透气性好的生态护坡形式，见图7-59。同时，河道两岸应留有足够的退让空间，该空间区域可建设成为生态护坡或栈道等形式，增加河道的亲水性能。

（3）河道绿化

在建设河道多类型的岸线基础上，河道两岸建设绿色生态长廊，能为水生、陆生、两栖动物，以及微生物创造一个比较适宜的生存环境，打造河道沿岸景观带，起到调节区域气候的目的。但需注意的是，河道绿化应结合河道岸坡防护措施，水土保持，植物对污染物的降

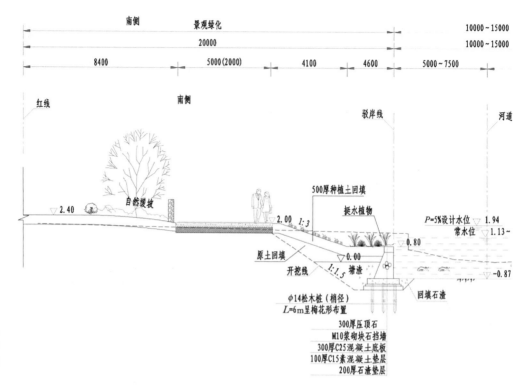

图7-59 具有行洪要求的河道岸线推荐形式

解作用，防护林、护堤林、经济林建设，以及区域绿化规划要求等统筹安排，提高绿化的综合效益，并尽可能选择本土植物，减少养护管理成本。

7.4.4 过渡期统筹

城市的开发建设是一个循序渐进的过程，因此，必然会存在一个从近期向远期发展的过渡时期，在这个时期内，城市的雏形已经产生，但仍具有未开发区域的基本特征，如何统筹解决过渡期内的问题，应分两种情况进行讨论。

1. 完全新建区域

对于完全新建区域，除了在远期开发建设时严格落实专项规划、详细规划、系统化方案等上位规划确定的各项海绵城市指标以外，解决城市大面积开发前的现状问题，也是系统化方案编制时应关注的重点。

以浙江省某市新建区为例，该区域是完全的城市新建区，也是"水敏感"城市的建设区，建设前的用地以基本农田为主，并分布有姚家河、山西河两条河道。按照上位规划的要求，该区域的地表径流需经过道路生物滞留带、滨河生物滞留带净化后排入河道（图7-60），最终汇入东湖。既保障了城市水安全，也提升了城区的水环境质量。

为保障官山河以西的出行需求，该区域于2015年开始，率先按"水敏感"城市的建设要求，完成了路网一期、二期工程，区域的道路框架基本形成（图7-61）。随着城市的不断发展，区域西南部的市委党校迁建工程开始建设，该地块同样按照海绵城市的理念进行建设。

除道路与市委党校外，该区域内的其他地块仍为基本农田，且近期不具备土地出让与建

图7-60 浙江省某市新建区域北部排水路径示意图

图7-61 已建道路与已建地块现场图

设的条件，因此，农业种植带来的农业面源污染、河道水环境质量差等问题，是该区域近期需重点解决的问题。

基于区域现状问题的分析，为在区域大规模开发前有效控制农业面源污染，改善区域水环境，将该区域划分为农田管控区、花海种植区与农业面源污染整治区，区域划分示意图见图7-62。

农田管控区是指近期无法通过土地预征收、租赁等形式进行统一管理的区域，属地政府应加强土地流转，"统防统治"，政策方面采取"一控两减三基本"的措施，具体为：

"一控"：严格控制农业用水总量，大力发展节水农业。

"二减"：减少化肥和农药使用量，实施化肥、农药零增长行动。

"三基本"：畜禽粪便、农作物秸秆、农膜基本资源化利用。

花海种植区（图7-63）是指通过政府预征收的形式进行统一管理的土地，该区域将以种植化肥、农药使用量少且景观效果好的景观植物为主，如柳叶马鞭草、大花金鸡菊等，从源头进行农业面源污染管控。

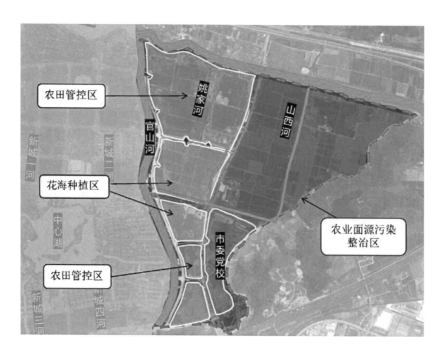

图7-62 区
域划分示意图

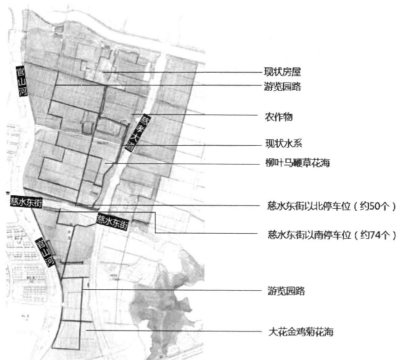

图7-63 花
海种植方案示
意图

对于农业面源污染整治区，首先应计算该区域的农业面源污染负荷、内源污染等，并与河道水环境容量进行比较。若污染负荷大于水环境容量，则应采取生态沟渠、三级处理塘、人工湿地等措施削减污染负荷。

本案例中，经污染物计算与河道水环境容量对比（表7-29），水环境容量大于污染物负荷，因此，为减少工程投资，无须在区域内布置农业面源削减设施，采取河道清淤、岸线整治等方式恢复河道通畅、消除内源污染即可。

农业面源污染与水环境容量复核表 表7-29

污染物（t/a）	COD	NH₃-N	总磷
农业面源污染物总量	10.07	0.18	0.08
底泥污染物总量	0.09	0.04	0.01
汇总	10.16	0.22	0.09
水环境容量	26.78	1.12	0.18

2. 新建区域已有建成地块

对于已有地块开发建设的情况，根据上位规划，明确区域内已建的地块现状用地性质、红线范围等与规划用地相比是否发生改变。

在区域内已建地块的用地性质、红线范围等与规划用地保持一致时，分析已建地块的建设年限、用地性质、绿地率、地下空间开发等基本情况，并赋予不同的权重，将已建地块分为保留地块与改造地块。保留地块不进行改造，改造地块经综合分析后，因地制宜地布置海绵设施。不同影响因素的权重分配如下所示：

用地性质：G类赋值为5分，A类赋值为3分，B、R类赋值为2分，U、M、S类赋值为1分。

绿地率：G类赋值为5分，其余用地性质以绿地率×10为赋值分数，如35%的绿地率对应赋值分数为3.5分，以此类推。

地下空间开发：建有地下车库、地下室的地块赋值为0分，未建的为2分。

建设年代：基于建设年代越久远，建设需求越强烈的情况，建成年代在2000年以前的赋值5分，2001～2005年的得4分，2006～2010年的得2分，2011年至今的得0分。

明确地块改造与否之后，可将改造地块的类型按建设需求分为"品质提升+海绵""管网改造+海绵""内涝治理+海绵"等，具体改造思路如下：

（1）"品质提升+海绵"。该类地块主要为年代较早的老旧地块，存在问题主要为停车位不足、道路破损、景观较差等。问题导向下，以小区品质提升为主，同时加上海绵城市改造，源头或末端布局绿色设施，管控初期雨水污染。因此，指标管控中，以径流污染为强制性管控目标（强制性指标），兼顾年径流总量控制率。

（2）"管网改造+海绵"。该类地块既包括年代较早的老小区，也包括一些近些年建成的地块，存在问题主要为污水收集系统不完善，包括雨污错接、混接、污水直排等。问题导向下，以管网改造为主，再根据地块绿地分布，布局源头的绿色设施，最后根据管网末端的建设条件，加以末端截流或调蓄设施。同样，该类型指标管控中，以径流污染为强制性管控目标（强制性指标），兼顾年径流总量控制率。

（3）"内涝治理+海绵"。该类地块主要为建成年代较早的低洼地区，存在问题主要为地势较低，汛期期间易受河水倒灌。问题导向下，以解决内涝积水为主，应根据内涝原因、地块竖向、管网建设、临河水位等具体条件，通过强排泵站、地块内调蓄、管网改造、控制水位等措施进行改造，在解决内涝问题的同时兼顾雨水径流污染控制和年径流总量控制目标[61]。

在现状用地与规划用地不一致时，根据城市建设计划，明确区域内是否存在集中建设区域，并划分近期建设区与规划管控区。近期建设区内的建设用地按照已编制的海绵城市专项规划、海绵城市详细规划等确定的指标进行开发建设。规划管控区内的已建地块近期保持现状用地属性不变，基于现状问题的分析，参照"完全新建区"的近期建设思路进行管控，远期与未开发地块结合建设计划逐步实施海绵城市建设。

7.5 用共同缔造理论确保方案落地

海绵城市建设的初心和使命是保障和改善民生、增进人民福祉，这一点应贯彻在海绵城市规划、设计、建设、运维全过程（图7-64）。始终将"尊重民意、汇集民智、凝聚民力、改善民生"贯穿海绵城市建设全过程，坚持"决策共谋、发展共建、建设共管、效果共评、成果共享"，落实海绵惠民。

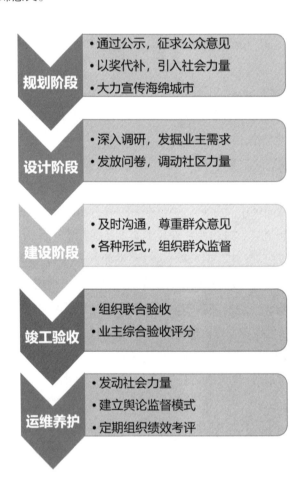

图7-64 "共同缔造"理念贯穿海绵城市规划建设全过程

7.5.1 决策共谋

充分运用"共同缔造"理念，完善群众参与决策机制，以群众的利益为出发点，充分考虑群众的需求，激发群众的参与热情，增强群众的获得感。海绵城市建设过程中，优先解决与群众生产生活密切相关的问题。群众可全方位参与项目规划、设计、施工、验收等各阶段工作，共同为海绵城市建设出谋划策。

7.5.1.1 广泛征求意见

1. 规划阶段

海绵城市建设涉及方方面面，除与建设规划协调统一外，还应格外注意规划范围内的历史文化名城保护、风景名胜区、城市综合交通、地下空间开发等专项规划。同时，在规划初期阶段，应建立"涉水问题+居民需求"双导向的工作机制，通过问卷调查、走访座谈等形式，广泛征求群众和相关单位意见。尤其在人口聚集的老城区，编制规划时应充分考虑群众各方面诉求，为规划指标确定和后续方案落地打好基础。

例如，编制《厦门市马銮湾国家海绵城市试点区海绵城市专项规划》的过程中，编制单位积极征求专家及公众意见，通过开展问卷调查（图7-65）、开通微信公众号、公布征求意见电话等方式，广泛收集市民群众的意见建议，累计开展机关党员进村居、村居党员进网格活动5200余人次，收集海绵城市建设相关建议240余条。

图7-65 深入社区开展问卷调查

2. 设计阶段

在各类海绵城市建设项目中，源头小区与群众关系最为密切。方案设计初期，可通过方案公示、公众宣讲等方式，充分征求小区业主和周边居民意见，包括停车位增设、积水问题改造、公共活动空间建设等，并将意见反馈充分融入设计方案中。入场施工前，可再次征集群众意见，优化完善设计方案。落实以人为本理念，坚持决策共谋，充分调动广大人民群众的智慧和力量。

例如，为做好李沧文化公园海绵提升改造工作，青岛市组织当地设计院与公园养护管理单位一起，在李沧文化公园主入口设专门展板，充分向广大市民介绍建设方案，听取、收集市民意见建议，解答市民疑问，现场群众积极参与、主动询问、献计献策，整个听取意见建议工作持续十天，见图7-66。

7.5.1.2 大力宣传科普

通过电视、报纸、微信、微博、网站等各类媒体开展系列报道，通过社区宣讲、企业座

图7-66 李沧文化公园改造方案征求居民意见

谈、校园论坛等各种模式大力宣传海绵城市理念，提高群众对海绵城市的认识。

例如，厦门市编写了全国首个适用于中小学生教育的海绵城市建设校本课程教材（图7-67），结合海绵城市试点项目展示和学校教育，在海沧区中小学开展海绵城市建设课程。

图7-67 厦门市小学四年级海绵城市校本课程教材

青岛市制作了适用于中小学生的海绵城市宣传册，并积极开展"海绵城市进校园、进企业、进社区"系列宣讲活动，深入中小学、高校、企业、社区等单位，开展海绵城市宣传工作。见图7-68。

萍乡市在央视新闻频道制作试点经验的宣传片，宣传海绵城市建设试点，提高大家对海绵城市建设的认知度。见图7-69。

7.5.2 发展共建

海绵城市建设应突出市场化思维，创新建设运用模式，充分发挥共同缔造精神，通过

图7-68 青岛市海绵城市各类宣讲活动

图7-69 萍乡市在央视宣传海绵城市

"以奖代补"等激励机制，鼓励企业、医院、学校等单位共同参与海绵城市建设。

厦门市、青岛市等组织与企业、高校等单位座谈，从海绵城市建设的生态效益、经济效益、社会效益等方面与各业主座谈交流，加深社会项目业主对海绵城市建设内涵的理解与认可。见图7-70。

深圳市积极探索"以奖代补"激励机制，出台《关于市财政支持海绵城市建设实施方案（试行）》《深圳市海绵城市建设资金奖励实施细则（试行）》等文件，设立海绵城市规划、设计、施工、平台建设、前期研究等10类资金奖励类别，每年最高奖补资金约5.14亿元。

图7-70 海绵城市建设主管部门领导与社会项目业主座谈
（a）厦门市；
（b）青岛市

7.5.3 建设共管

海绵城市建设与人民生活紧密相连。建设管理过程中，可以充分发动群众，共同监督项目进度和项目质量，共同参与设施运行维护和管理，提高群众参与度的同时，也有利于获得广大群众对海绵城市建设的支持和理解。

7.5.3.1 发动群众监督

通过发放征求意见书、制作宣传栏、组织宣讲会等方式，对海绵城市建设和改造流程、政策理论、资金使用、设计和实施方案等进行宣传，引导群众参与到海绵城市建设工作中。

例如，厦门市为每个项目建立一个微信群，群成员包括业主、设计、经信、建设、财政、代建、监理、施工等单位，施工过程中，业主可随时监督施工进展及质量，评估实施效果，发现问题可随时在群里反馈，由代建与监理单位负责督促整改。

青岛市通过网络问政的形式，由住房和城乡建设局领导亲自回答解决群众提出的各类海绵城市相关问题和投诉建议，及时进行项目现场调研反馈并限期整改。针对整改不到位的设计、施工、监理单位，进行通报批评并纳入企业信用管理。

7.5.3.2 精细运维管理

城市基础设施"三分建七分管"，海绵城市效益的发挥也离不开后期的精细化运维和管理。在海绵城市和低影响开发设施的运维管理上，一方面需针对地方特点，制订完善海绵城市设施运维制度，研究出台符合地方气候特点、植物特色和城市管理体制实际的运维标准和技术导则，建立完善的本土化、精细化的海绵设施运维管理技术体系；另一方面要充分发挥社会资本的技术、资金、管理经验优势和国有企业履行社会责任的担当作用，通过购买服务形式引入专业队伍参与海绵城市建设项目运维管理。同时，将海绵城市试点项目运维资金纳入财政预算，明确各类项目的运维主体、资金来源、付费标准和运维要求，保障已建成的海绵设施效益最大化。

例如，厦门市海沧区将海绵城市项目分为学校、工厂、市政道路、建筑小区、城中村等几类，其中建筑小区、工厂由所属物业管理单位负责管养，管养经费由物业自行筹措，区财政给予70%的补助；学校海绵设施由所在学校负责管养，养护经费纳入教育经费，直接拨付各个学校；市政道路由厦门海沧城建集团有限公司负责管养，维护费用纳入年度市政维护预算。

青岛市制定了《青岛市海绵城市试点区海绵项目运营维护管理办法（试行）》，整体遵循"按效付费"原则，并且明确了各类典型设施运营维护费用标准。青岛市将海绵城市项目分为政府投资的居住小区类改造项目、其他政府投资类项目、PPP项目三类，其中，政府投资的居住小区类改造项目，通过街道的管理方式进行海绵项目的运营维护，各相关街道办事处负责本辖区内海绵项目的监督管理和按效付费；政府投资的公共建筑、公园与绿地、道路与广场、管网建设、内涝治理、防洪工程、水系与生态工程类项目，按照现行政府投资项目竣工维护规定，由相关管理部门负责运营维护；采用PPP方式建设的海绵项目，按照PPP合同约定，由项目公司（SPV）负责相应海绵项目的运营维护，政府根据年度考核成绩按效付费。

7.5.4　效果共评

海绵城市的建设效果评价主要包括两方面，一方面是技术指标达标，另一方面是社会效益显现。针对这两方面的效果评价，需要分别建立评价体系。

针对技术指标，可采用"监测+模型"的评估方式，通过建立基于"设施—项目—分区"的海绵城市监测评估体系，定量化评估建设效果，并为海绵城市绩效考核和"按效付费"提供技术依据。

针对社会效益，可采用公众评议的方式，通过公众调查问卷的形式对海绵城市规划建设区域范围内的政府机构、社会团体、社区居民、商户等，进行海绵城市建设前后的效果调查，由利益相关方共同监督并反馈海绵城市项目建设效果。例如，厦门市邀请业主单位参与海绵城市项目验收，项目建设成果需业主认可并签字。若存在植物养护不到位、破路后路面恢复达不到要求、因开挖导致地下管线裸露于地表、围墙有坍塌风险等问题，业主单位可以拒绝验收，等施工单位整改到位后再进行验收。

7.5.5　成果共享

海绵城市建设以问题为导向，让人民群众共享海绵城市建设成果，加深对于海绵城市的认识和理解，激发大众参与海绵城市建设的热情，提高群众获得感和幸福度，共同推进生态文明建设。

7.5.5.1　改善人居环境

在对工业厂区、居住小区、城中村等老城区进行海绵城市改造的同时，采用1+N的模式，一方面通过海绵城市建设解决内涝、积水等一系列问题，另一方面结合业主需求，同步解决老城区停车泊位短缺、排水管网不完善、绿化休闲设施偏少、河道水系水质不稳定等群众关心的突出问题，把海绵城市工程当作民生工程，把好事办好，通过海绵城市建设切实改善老城区人居环境，使广大人民群众切实受益，获得感、幸福感显著提升。

例如，青岛市在海绵城市试点建设过程中，改造老旧小区84个，改造公园绿地21处，打造了楼山公园、沧口公园、李沧文化公园（图7-71、图7-72）等一批高品质城市公园，使翠湖小区、百通馨苑、华泰社区等一批小区的居住环境大幅改善，基本实现了试点区"小雨不湿鞋、大雨不积水""300m见绿、500m见园"，缓解了青岛城区热岛效应，城市生态品质

图7-71 李沧文化公园改造前后照片对比
（a）改造前；
（b）改造后

图7-72 李沧文化公园建成后全景图

和人居生活环境得到显著提升。

7.5.5.2　提升土地价值

通过海绵城市改造，改善了传统城市开发模式的水环境和生态环境，完成改造的地块整体环境得到有效提升，改善了居住条件和生活品质的同时，提高周边土地地块价值，使工业企业、房产业主、居民因租金或房价提高而增加收入，实现了政府、开发商、企业、居民多方共赢。

7.5.5.3　促进产业发展

作为市政行业的新鲜血液，海绵城市是与新旧动能转换等产业发展策略相结合的时代产物，可以有效推动相关产业发展，带动陶瓷、管道、砖土等传统建材企业转型，孵化培育规划设计、新型材料、新设备、施工、监理、模型、监测、咨询、运行维护管理等各类企业，可以有效推动地方产业转型升级与地方经济健康发展。